煤矿班组长安全生产实战培训数字化创新教材

煤矿运输班组长安全培训教材

组织编写　全国煤矿安全培训教材建设专家委员会
丛书主编　乔明翰　邵学庆　白国周　任自锐
本册主编　刘　苗　陈　利　刘祥龙

中国矿业大学出版社
·徐州·

内 容 提 要

本教材共分为3部分:第一篇为安全基础篇,主要介绍了班组长的角色与职责,安全生产方针与法律法规,灾害防治,自救、互救与现场急救,职业病防治等内容;第二篇为班组管理篇,主要介绍了班组长应具备的素质与能力、班组管理重点工作和优秀班组建设经验;第三篇为专业实战篇,主要介绍了运输专业技术知识、现场安全管理实战、安全风险分级管控与隐患排查治理和典型事故案例等。

本教材可供煤矿运输班组长、相关技术人员学习使用,也可供区队管理人员学习、参考使用。

图书在版编目(CIP)数据

煤矿运输班组长安全培训教材 / 刘苗,陈利,刘祥龙主编. — 徐州 :中国矿业大学出版社,2025. 3.

ISBN 978-7-5646-6629-3

Ⅰ. TD5

中国国家版本馆 CIP 数据核字第 2025V6H151 号

书　　名　煤矿运输班组长安全培训教材

主　　编　刘　苗　陈　利　刘祥龙

责任编辑　马晓彦　吴学兵

出版发行　中国矿业大学出版社有限责任公司

(江苏省徐州市解放南路　邮编 221008)

营销热线　(0516)83885370　83884103

出版服务　(0516)83885312　83884920

网　　址　http://www.cumtp.com　**E-mail**:cumtpvip@cumtp.com

印　　刷　江苏苏中印刷有限公司

开　　本　880 mm×1240 mm　1/32　**印张** 10.875　**字数** 303 千字

版次印次　2025 年 3 月第 1 版　2025 年 3 月第 1 次印刷

定　　价　39.00 元

《煤矿运输班组长安全培训教材》编写委员会

主　　编：刘　苗　陈　利　刘祥龙

副 主 编：王　涛　王　梅　白继儒　魏苍建

　　　　　张振华　李　政

参编人员：奥　博　陈　欢　尤少华　雷娟娟

　　　　　张　惠　谢永鹏　王平炎

前　言

煤矿生产充满风险与挑战，而班组是煤矿安全生产的基石，基础不牢，地动山摇。抓好班组建设，首要工作是培养一支特别有战斗力的班组长队伍。

班组长作为冲锋在前、战斗在一线的“兵头将尾”，肩负着多重使命，他们既是生产组织的领导者，也是直接生产的操作者，还是班组员工的技术技能教练、职业生涯发展指导者，更是全班组人员心中的“定海神针”。一名出类拔萃的班组长，必定人品端正、业务精湛，对操作流程了如指掌、对操作规程烂熟于心；他们还要具备非凡的胆识和超强的执行力，在复杂多变的井下现场能眼观六路、耳听八方，能够精准把控局势，临危不乱地做好各种危险情况的处置工作，筑牢安全防线；同时，他们更要有班组建设与管理能力，能够把班组建设成职工的成长摇篮、乐业福田、幸福家园。

班组长大多是来自生产一线的优秀职工，随着由普通职工向管理者的转变，迫切需要了解“如何成为一名优秀班组长”的通关“密码”。为了帮助班组长快速成长，我们组织行业众多班组管理专家和部分优秀的煤矿班组长共同编写了这套“煤矿班组长安全生产实战培训数字化创新教材”。本套教材立足煤矿现场生产管理实际，理论和实践相结合，重点介绍煤矿班组安全管理、专业实战等内容，让班组长知道如何管好班组、如何将各项工作落实到班组生产中去，突出管理和实战技能的掌握，为煤矿基层班组长、从事班组长管理或培训的人员、想成为班组长的技术工人提供有益的参考。

本教材是系列教材之一，主要围绕煤矿运输班组长需要掌握的应知应会知识和主要工作内容展开，共分为3篇：

第一篇是安全基础篇，主要介绍了运输班组长应该掌握的基本安全技能知识，包括角色定位与职责，安全生产方针与法律法规，煤矿五大灾害的防治方法，自救、互救与现场急救方法，现场职业病的防治等知识。

第二篇是班组管理篇，主要介绍了运输班组长应该掌握的班组管理技能知识，包括班组长应具备的基本素质与能力、班组管理重点工作，以及优秀班组建设经验等知识。

第三篇是专业实战篇，主要介绍了运输班组长应该掌握的现场管理、操作流程知识，包括运输专业技术知识、运输班组长现场安全管理实战、运输作业安全风险分级管控与隐患排查治理、运输作业典型事故案例分析等知识。

本教材主要特点如下：

(1) 本教材简化理论叙述与原理描述，着重介绍班组长岗位需求的能力素质、业务流程、操作要点、解决问题的方式方法等，班组长学习完本教材就能充分了解到本岗位需要完成的主要工作及其相关的工作方法等。

(2) 本教材紧密结合煤矿生产实际，突出煤矿班组长能力素质与生产作业特点，做到观点明确、案例鲜活、语言简洁、通俗易懂。

(3) 本教材与数字化技术相结合，利用手机扫码观看教材中配套的实操视频，可以达到快速掌握实操技能、提升班组长学习兴趣的目的。

书中法律均省去“中华人民共和国”，用简称。

本教材配套有考试题库软件，请关注“中国矿业大学出版社煤炭知识服务”微信公众号进行学习。本教材配套有 PPT 课件和考试试题，便于培训教师讲课和组织考试，请加 QQ 群（群号 708756397）或加微信 xuebwu 联系（只限培训机构教师）。

由于编者水平有限，书中难免存在疏漏、不妥之处，敬请广大读者及有关专家批评指正。

全国煤矿安全培训教材建设专家委员会

2024 年 12 月

目 录

第一篇 安全基础篇

第二篇　班组管理篇

第三篇 专业实战篇

第一篇　安全基础篇

第一章　班组长的角色与职责

第一节　班组长的职场角色

一、现场的最高统帅

煤矿班组长是煤矿生产现场安全的第一责任人，是生产运营的组织者，是当班出勤员工的“领头羊”，对煤矿现场管控拥有最高调度和指挥权。

煤矿现场管控包括人、机（设备、工具）、物、法（管理法规、生产方法）、信、环（环境、环节）六大要素。班组长需同时管控好这六大要素。

(1) 人的要素管理

在现场管控的六大要素中，班组成员是任务的完成者和效益的创造者，是第一管理要素。每一名班组成员都有体力、智力、文化程度、劳动经验和熟练程度的差异，这些差异不仅在一年或者几个月的时间中有变化，甚至在一个班次的工作中都会有变化，因此，按照“以人为本”的理念管理好班组成员是班组长第一位的工作。

“以人为本”不是一句口号，而是一项实实在在的工作。不仅表现为对职工友善，不断为他们改善劳动环境、降低劳动强度并提供劳动保护，更重要的是关注职工，心里真正有职工，满足他们包括生存、安全、社交、尊重、价值实现等多种多样的物质和精神层面的需求。

(2) 机的要素管理

煤矿生产现场的所有设备和工具都应该在班组长的管控之中。

班组现场设备管理要做到管好、用好、修好(三好),要会使用、会维护、会检查、会排除故障(四会),要坚持实行定人定机、保持设备整洁、遵守交接班制度、管好工具、发现异常立即停机"五项纪律"。

煤矿企业班组长在设备管理中的主要作用是落实设备的"包机制",监督设备维护(保养)措施的实施。

(3) 物的要素管理

煤矿现场管控的"物"是指为了生产合理进行,班组按生产计划、工作指派向物料管理部门和仓储单位领取的物料。班组长对现场物料的使用要从以下几个方面入手:合格证的管理要明确,物料的动向要清楚,物料摆放要合理,物料不使用时要封存好,剩余物料的处理应符合相关规定。

(4) 法的要素管理

"法"就是班组现场管理的方法,生产过程需要的规程、制度等。班组长要熟练掌握当班生产的工艺标准和相关施工措施,并保证严格执行。

工作方法分为措施落实法、工作汇报法、看板管理法、作业标准化、现场管理法。

(5) 信的要素管理

"信"就是指班组现场管理中的各种有效信息。在煤矿班组现场管理中,班组长将大量的精力和时间都花在信息管理上。煤矿班组长既是信息的收集者,也是信息的传递者。从党和国家的安全生产方针、政策,到集团、矿(厂)、区队的工作要求;从超限报警、设备停运,到职工的一声叹息、设备的一声异响;从各工位工作进度、工作质量,到员工个人的行为表现、精神状态,在煤炭生产现场几乎发生的一切都需要班组长进行信息整合、处理并变成正确的工作指令及时发布。

（6）环的要素管理

“环”就是指班组成员从事生产劳动的场所，也就是工作环境。煤矿企业工作环境复杂，我们不仅要关注一般工业企业环境的常规要素如温度、湿度、光线、氧浓度等，还要注意工作场所移动或者运行中的设备以及四周围岩的情况，如顶板是否有活动矸石、伞檐煤，巷道是否有渗水，底板是否有鼓起等。

现场管控的“环”，还应该包括生产和工作的环节。煤矿生产场所大多空间狭小，多工种同时施工，施工工序复杂、烦琐。因此，班组长必须确保各生产环节在时间上、空间上的衔接、协调，并保持连续性、比例性、节奏性，以满足和达到均衡生产的要求。比如上一班和下一班的衔接、不同阶段工作重心不同的衔接、同一工作地点各工种之间的衔接，等等。

二、班组建设的核心领袖

所谓班组建设的核心领袖有两个概念：一是班组建设的所有工作都是班组长的重点工作、重要工作；二是班组建设是班组长让自己成长为“领袖”的过程，通过不懈的努力，把全体员工培养成“追随者”。

班组建设是一个比较宏观的主题，大的方面来说，应该包含班组思想建设、组织建设、作风建设、制度建设、能力建设；具体来说还包括班组安全体系建设、班组激励机制建设、班组标准化建设、团队建设，等等。

基于本书的编写宗旨，我们仅仅围绕目前全国煤矿企业都在开展但又重点不清、思路不明、抓手无力、班组长们普遍茫然懵懂的班组文化建设讲几个要点。

文化建设是一种管理理论，对于提升煤矿企业的班组管理水平具有直接而又有效的推动作用。班组文化一般由理念文化、制度文化、行为文化、物质文化四个层次构成。其中，理念文化包括企业精神、企业价值观、经营哲学、企业道德。制度文化包括规章制度、道德规范、员工行为准则。行为文化包括企业家行为、企业模范人物行为、企业员工行为。物质文化包括生产设备及环境、企业产品和企业名称、标语等。

结合上述理论可以发现,班组文化就是通过系列方法,经过长期熏陶、养成的员工自觉行为,也就是班组成员一致认为什么事该怎么干,这样的事一旦发生就按照该怎么干的认识自觉去做,比如遵章守纪、诚实守信、勇于担责、友好和善等,从而形成一种氛围和习惯。

那么,如何达到这样的目的呢?现实工作中可以采取以下几个方法:

(1)明确班组建设的理念或者核心价值观。一般以目标达成或状态描述作为班组的理念或核心价值观,如"三年建成全国优秀班组""人人成为行业专家""不是尽力而为而是全力以赴"等。

(2)明确制度建设的重点。煤矿企业班组需要执行的制度很多,需要强调两点:一是常规制度流程化,即班前会制度、交接班制度、安全巡检制度、设备包保制度等全员参与、定人定责,流程化运行,班组长负责监督落实;二是特色制度围绕理念,重点突出,比如,班组以"不是尽力而为而是全力以赴"为核心价值观,就可以在班前会设立"我今天哪个地方没有做到全力以赴"反思发言的环节。

(3)明确行为规范。行为规范的养成,不是一朝一夕之功,但它又是班组长工作的重要落脚点之一,必须要有"咬定青山不放松"的韧劲。一是旗帜鲜明地讲清楚哪些是我们鼓励的行为,哪些是我们坚决反对的行为。二是班组长带头做到。所谓模范带头、率先垂范常常被写在文件上,成为一个口号,其实这是班组长工作的重要法宝:"要求别人做到的自己首先做到",比如精益求精、专注重复、规章之上,等等。三是毫不犹豫地奖励做得好的,惩处不规范的。四是善于“讲故事”，讲企业家行为的故事，讲身边先进模范人物的故事，讲班组普通员工践行班组理念的故事。

三、一专多能的行家里手

一个班组，班组长应当是技术权威、业务大拿，这样才会有说服力，才能当好带头人，才能有威信，才能适应班组管理的需要。

班组长在自己所管辖的团队里，需要有自己的“一技之长”。要能熟练掌握所需的专业知识、技能，懂得越多越好、越深越好，要使“核心能力”这根“柱子”越粗越好。技术工艺标准、产品结构性能、检验方法和技能、质量改进技能等都需要深度掌握，这是班组长的看家本领，是最重要的，也就是人们常说的“一招鲜，吃遍天”。

别人能做我也能做，是常人；别人不能做我能做，是巧人；别人想不到我能想到并能做，是人才。作为班组的“团队领袖”，不仅要知人所知、想人所想、会人所会、能人所能、精人所精，更要知人所不知、想人所不想、会人所不会、能人所不能，精人所不精，也就是说要有让人折服的东西。用老百姓常常开玩笑说的那句话就是“你太有才了”，这句话放在班组长身上就是工友发自内心的赞叹，是由衷的敬佩，是实实在在的欣赏。所谓才高八斗，这个“才”的涵盖面包括的内容比较宽泛，既包括专业领域的，也包括管理范畴的其他领域，既有和工作相关的，也有本专业以外的、涵盖生活中的其他内容，也就是我们工友们常说的“十八般武艺，样样精通”。

第二节　班组长的工作职责

一、安全管理职责

安全管理职责包括：认真执行党和国家的安全生产方针政策、法律法规和本企业、区队的安全操作规程，对所辖生产范围内职工的安全健康负责；制定安全生产目标、建立安全生产管理制度；教育并保障职工正确使用生产工具、防护用品、安全装置；及时检查、发现并消除生产过程中的安全隐患；对本班组职工进行安全意识教育和安全操作方法指导，并经常检查本班组职工安全操作规程的遵守情况，查处职工“三违”行为。概括地说就是：安全生产作业环境治理、安全隐患闭合管理、职工安全作业行为管理以及“三违”人员管理等。

各煤矿班组可以通过开展“六有班组”创建活动，实现班组现场管控的“六无目标”。

首先开展“六有班组”创建活动：

(1) 安全有目标。结合班组的实际情况和人员特点，制定出班组安全管理的目标和要求，使班组职工做有要求、干有目标。

(2) 管理有规章。编制严格的、切实可行的管理规章，加强班组职工遵章守纪的安全氛围。

(3) 操作有规程。对班组岗位操作规程要做到及时修改、增补，使其更具有实用性和可操作性。

(4) 检查有记录。建立安全检查台账，及时记载和反馈检查出的隐患。认真填写现场安全隐患卡，做到台账与卡片两对照。

(5) 考核有依据。对班组任务完成情况、全员安全意识状态、查处隐患情况、杜绝“三违”行为及安全投入情况等进行考核。

(6) 班组有专职安全员和群众安全监督员。安全员每天参加班前安全教育，亲临作业现场查处隐患，堵塞漏洞，制止“三违”行为。

最终实现班组现场管控的“六无目标”：

(1) 作业无事故。作业过程强化班组人员安全意识，增强自我保护的能力，严格执行安全规程，保证安全生产顺利进行。

(2) 现场无“三违”。加强对班组人员的安全教育，积极采取多种形式加大对“三违”行为的查处力度。

(3) 设备无缺陷。班前班后对使用的设备实行报告制度，以彻底消除设备的不安全状态。

(4) 环境无隐患。实行全方位照明,完善工作现场的定置管理等,真正做到作业环境无隐患。

(5) 检查无死角。做到检查工作全覆盖。

(6) 措施无缺陷。做到施工有措施,严格按措施施工。

二、生产管理职责

生产管理职责包括生产作业计划管理、现场作业管理、工程质量管理、机器设备维护保养等。

(1) 作业计划管理。作业计划管理一般包含计划制订、计划执行和计划检查三部分。三者并重,缺一不可。

制订计划就是班组长根据今天出勤人员、生产环境(条件)、工作需要统筹安排今天要干什么事。不能把计划制订简单地理解为采煤队今天就是出煤、掘进队就是进尺,而是要综合所有因素确定今天干多少、谁干什么、达到什么标准、投入多少资源,最终实现收益最大化。以采煤队为例,一定要具体到出多少吨煤、谁在哪个位置干、需要什么材料、谁重点关注哪些设备等。这是一个非常重要而又务实的过程,既不能虚化,也不能化繁为简,一语带过。计划的执行和检查重在严肃,高度尊重计划的严肃性,明确的计划一定要千方百计保证落实并严格按计划考核兑现。生产条件变化时,随时调整计划并对应落实执行和奖惩兑现。

(2) 现场作业管理。现场作业管理包含在现场管控中,也就是实现人、机、物、法、信、环六大要素的全面掌控。针对煤矿生产的特点,在现场作业管理环节,班组长要密切注意随着生产的推进,环境中围岩、空气、设备等异常变化,发现问题及时解决。

(3) 工程质量管理。工程质量管理要求班组长严格执行煤矿安全生产标准化的相关规定,工作地点的工程质量达到合格或以上,机电设备完好率不低于80%,事故率不超过2%。

（4）机器设备维护保养。机器设备维护保养在班组长的工作职责中最基本的体现是落实机器设备的“包保”责任制，明确责任人、明确工作要求并按规定督促、检查、落实。

三、经营管理职责

经营管理职责包括材料管理、员工绩效管理、成本核算等。

（1）材料管理。煤矿班组的材料管理不讨论一般材料管理的采购、库存、验收、资金等常规问题，我们仅需要关注一个词——效益。材料管理要注意以下两个细节：一是真正树立节俭意识，杜绝跑冒滴漏，绝不随意丢弃任何材料，能用一根杂木棍的绝不用两根；二是工作地点的材料摆放符合安全生产标准化和文明生产的要求，并能确保取用时最节省时间和体力，做到效率最大化。

（2）员工绩效管理。员工绩效管理这个概念对煤矿班组长而言既熟悉又陌生。熟悉的是每天都在干，都在做绩效考核。陌生的是相当数量的班组长认为的绩效管理是延续了几十年的“分”，基本上就是在安全的前提下工人干多少活，给多少分，依据这个分值月底结算工资的传统分配方式。当然，部分单位在对煤矿班组设置绩效考核方案的时候，给定的元素是完整的，问题出在我们班组长在实操中习惯沿用传统思维和方式，丢失了大量绩效考核的重要元素，不能体现出绩效考核这一管理方法的先进性。理论上讲，绩效考核应当包括积极性指标、创新性指标、责任性指标、计划性指标、有效性指标、合作性指标等六个方面。我们以“员工绩效内容”为例，应该有礼仪规范，含着装、出勤、行为养成、团队合作等；还应该有工作态度，含责任心、积极性、吃苦耐劳程度等；还要有工作能力，含学习能力、专业知识、业务能力、职业判断等；最后是工作业绩，含任务完成、工作质量、效率等。

（3）成本核算。班组长需要真实准确地统计记录班组的工作量，收集统计新增或核减的业务，并及时与相关部门沟通维护核算项目类别；班组长需要定期向各班组公布核算结果，并对各班组进行考核，确保成本核算的透明度和公平性；班组长需要分析本班组材料消耗节超原因，制定现场管控措施，并根据日常管理经验提出班组核算合理化建议，以降低生产成本。

四、班务管理职责

班务管理职责包括人事调配、排班、劳动纪律等。

班务管理职责注意把握三项原则：能发挥班组人员的专长和积极性、能使每个班组人员都有明确的职责、能保证班组人员都有足够的工作量。

第二章　煤矿安全生产方针与法律法规

第一节　煤矿安全生产方针

“安全第一、预防为主、综合治理”是开展安全生产管理工作总的指导方针，是长期实践的经验总结。这一方针反映了党和国家对安全生产规律的认识，是企业安全生产工作总的指导思想和行动准则。因此，企业必须认真贯彻落实“安全第一、预防为主、综合治理”的安全生产方针。

(1)“安全第一”的含义。“安全第一”说明的是安全与生产、效益及其他活动的关系，强调在生产经营活动中要突出抓好安全，始终不忘把安全工作与其他经济活动同时安排、同时部署，当安全工作与其他活动发生冲突与矛盾时，其他活动要服从安全工作，决不能以牺牲人的生命、健康、财产为代价换取发展和效益。

(2)“预防为主”的含义。“预防为主”是对“安全第一”思想的深化，就是把安全生产工作的关口前移、重心下移、超前防范，建立预教、预测、预想、预报、预警、预防的递进式、立体式事故隐患预防体系，以隐患排查治理和建设本质安全为目标，实现事故的预先防范体制，改善安全状况，预防事故发生。

(3)“综合治理”的含义。将“综合治理”纳入安全生产方针，标志着对安全生产的认识上升到了一个新的高度，是贯彻落实科学发展观的具体体现。秉承“安全发展”的理念，从遵循和适应安全生产的规律出发，综合运用法律、经济、行政等手段，人管、法管、技防等多管齐下，并充分发挥社会、职工、舆论的监督作用，从责任、制度、培训等多方面着力，形成标本兼治、齐抓共管的格局。

(4)“安全第一、预防为主、综合治理”的关系。“安全第一、预防为主、综合治理”是一个完整的体系，是相辅相成、辩证统一的整体。“安全第一”是原则，“预防为主”是手段，“综合治理”是方法。“安全第一”是“预防为主、综合治理”的统帅和灵魂，没有“安全第一”的思想，“预防为主”就失去了思想支撑，“综合治理”就失去了整治依据。“预防为主”是实现“安全第一”的根本途径，只有把安全生产的重点放在建立事故预防体系上，超前采取措施，才能有效防止和减少事故。只有采取“综合治理”，才能实现人、机、物、环的统一，实现本质安全，真正把“安全第一、预防为主”落到实处。

第二节　煤矿安全生产相关法律法规

一、安全生产法律

(一)《安全生产法》

《安全生产法》是为了加强安全生产工作，防止和减少生产安全事故，保障人民群众生命和财产安全，促进经济社会持续健康发展而制定的，自2002年11月1日起施行。根据2021年6月10日第十三届全国人民代表大会常务委员会第二十九次会议通过的《关于修改〈中华人民共和国安全生产法〉的决定》第三次修正，自2021年9月1日起施行。内容包括总则、生产经营单位的安全生产保障、从业人员的安全生产权利义务、安全生产的监督管理、生产安全事故的应急救援与调查处理、法律责任和附则等。该法有关安全生产的相关规定如下：

(1) 生产经营单位的从业人员有依法获得安全生产保障的权利，并应当依法履行安全生产方面的义务。

(2) 国家对在改善安全生产条件、防止生产安全事故、参加抢险救护等方面取得显著成绩的单位和个人,给予奖励。

(3) 生产经营单位应当具备该法和有关法律、行政法规和国家标准或者行业标准规定的安全生产条件;不具备安全生产条件的,不得从事生产经营活动。

(4) 生产经营单位的全员安全生产责任制应当明确各岗位的责任人员、责任范围和考核标准等内容。生产经营单位应当建立相应的机制,加强对全员安全生产责任制落实情况的监督考核,保证全员安全生产责任制的落实。

(5) 矿山、金属冶炼、建筑施工、运输单位和危险物品的生产、经营、储存、装卸单位,应当设置安全生产管理机构或者配备专职安全生产管理人员。

(6) 生产经营单位应当对从业人员进行安全生产教育和培训,保证从业人员具备必要的安全生产知识,熟悉有关的安全生产规章制度和安全操作规程,掌握本岗位的安全操作技能,了解事故应急处理措施,知悉自身在安全生产方面的权利和义务。未经安全生产教育和培训合格的从业人员,不得上岗作业。

生产经营单位应当建立安全生产教育和培训档案,如实记录安全生产教育和培训的时间、内容、参加人员以及考核结果等情况。

(7) 生产经营单位采用新工艺、新技术、新材料或者使用新设备,必须了解、掌握其安全技术特性,采取有效的安全防护措施,并对从业人员进行专门的安全生产教育和培训。

(8) 国家对严重危及生产安全的工艺、设备实行淘汰制度。生产经营单位不得使用应当淘汰的危及生产安全的工艺、设备。

(9) 生产经营单位对重大危险源应当登记建档,进行定期检测、评估、监控,并制定应急预案,告知从业人员和相关人员在紧急情况下应当采取的应急措施。

(10) 生产经营单位必须为从业人员提供符合国家标准或者行业标准的劳动防护用品,并监督、教育从业人员按照使用规则佩戴、使用。

(11) 生产经营单位必须依法参加工伤保险,为从业人员缴纳保险费。

(12) 生产经营单位与从业人员订立的劳动合同,应当载明有关保障从业人员劳动安全、防止职业危害的事项,以及依法为从业人员办理工伤保险的事项。

生产经营单位不得以任何形式与从业人员订立协议,免除或者减轻其对从业人员因生产安全事故伤亡依法应承担的责任。

(13) 生产经营单位的从业人员有权了解其作业场所和工作岗位存在的危险因素、防范措施及事故应急措施,有权对本单位的安全生产工作提出建议。

(14) 从业人员有权对本单位安全生产工作中存在的问题提出批评、检举、控告;有权拒绝违章指挥和强令冒险作业。

生产经营单位不得因从业人员对本单位安全生产工作提出批评、检举、控告或者拒绝违章指挥、强令冒险作业而降低其工资、福利等待遇或者解除与其订立的劳动合同。

(15) 从业人员发现直接危及人身安全的紧急情况时,有权停止作业或者在采取可能的应急措施后撤离作业场所。

生产经营单位不得因从业人员在前款紧急情况下停止作业或者采取紧急撤离措施而降低其工资、福利等待遇或者解除与其订立的劳动合同。

(16) 生产经营单位发生生产安全事故后,应当及时采取措施救治有关人员。

因生产安全事故受到损害的从业人员,除依法享有工伤保险外,依照有关民事法律尚有获得赔偿的权利的,有权提出赔偿要求。

(17) 从业人员在作业过程中，应当严格落实岗位安全责任，遵守本单位的安全生产规章制度和操作规程，服从管理，正确佩戴和使用劳动防护用品。

(18) 工会有权对建设项目的安全设施与主体工程同时设计、同时施工、同时投入生产和使用进行监督，提出意见。

工会对生产经营单位违反安全生产法律、法规，侵犯从业人员合法权益的行为，有权要求纠正；发现生产经营单位违章指挥、强令冒险作业或者发现事故隐患时，有权提出解决的建议，生产经营单位应当及时研究答复；发现危及从业人员生命安全的情况时，有权向生产经营单位建议组织从业人员撤离危险场所，生产经营单位必须立即作出处理。

工会有权依法参加事故调查，向有关部门提出处理意见，并要求追究有关人员的责任。

(19) 生产经营单位对负有安全生产监督管理职责的部门的监督检查人员依法履行监督检查职责，应当予以配合，不得拒绝、阻挠。

(20) 负有安全生产监督管理职责的部门应当建立举报制度，公开举报电话、信箱或者电子邮件地址等网络举报平台，受理有关安全生产的举报；受理的举报事项经调查核实后，应当形成书面材料；需要落实整改措施的，报经有关负责人签字并督促落实。对不属于本部门职责，需要由其他有关部门进行调查处理的，转交其他有关部门处理。

涉及人员死亡的举报事项，应当由县级以上人民政府组织核查处理。

(21) 生产经营单位发生生产安全事故后，事故现场有关人员应当立即报告本单位负责人。

单位负责人接到事故报告后，应当迅速采取有效措施，组织抢救，防止事故扩大，减少人员伤亡和财产损失，并按照国家有关规定立即如实报告当地负有安全生产监督管理职责的部门，不得隐瞒不报、谎报或者迟报，不得故意破坏事故现场、毁灭有关证据。

（二）《劳动法》

《劳动法》是为了保护劳动者的合法权益，调整劳动关系，建立和维护适应社会主义市场经济的劳动制度，促进经济发展和社会进步而制定的，自 1995 年 1 月 1 日起施行。根据 2018 年 12 月 29 日第十三届全国人民代表大会常务委员会第七次会议通过的《关于修改〈中华人民共和国劳动法〉等七部法律的决定》第二次修正。

《劳动法》规定了劳动者享有的基本权利和义务。劳动者享有平等就业和选择职业的权利、取得劳动报酬的权利、休息休假的权利、获得劳动安全卫生保护的权利、接受职业技能培训的权利、享受社会保险和福利的权利、提请劳动争议处理的权利以及法律规定的其他劳动权利。劳动者应当完成劳动任务，提高职业技能，执行劳动安全卫生规程，遵守劳动纪律和职业道德。

国家实行劳动者每日工作时间不超过 8 小时、平均每周工作时间不超过 44 小时的工时制度。用人单位应当保证劳动者每周至少休息一日。劳动者连续工作一年以上的，享受带薪年休假。用人单位与劳动者发生劳动争议，当事人可以依法申请调解、仲裁、提起诉讼，也可以协商解决。

休息日安排劳动者工作又不能安排补休的，支付不低于工资的 200％的工资报酬。

《劳动法》规定：禁止用人单位招用未满 16 周岁的未成年人。

（三）《劳动合同法》

《劳动合同法》是为了完善劳动合同制度，明确劳动合同双方当事人的权利和义务，保护劳动者的合法权益，构建和发展和谐稳定的劳动关系而制定的，自 2008 年 1 月 1 日起施行。该法修正案于

2012年12月28日第十一届全国人民代表大会常务委员会第三十次会议通过,自2013年7月1日起施行。

《劳动合同法》规定,订立劳动合同,应当遵循合法、公平、平等自愿、协商一致、诚实信用的原则。用人单位招用劳动者时,应当如实告知劳动者工作内容、工作条件、工作地点、职业危害、安全生产状况、劳动报酬,以及劳动者要求了解的其他情况;用人单位有权了解劳动者与劳动合同直接相关的基本情况,劳动者应当如实说明。

劳动合同应当具备以下条款:① 用人单位的名称、住所和法定代表人或者主要负责人;② 劳动者的姓名、住址和居民身份证或者其他有效身份证件号码;③ 劳动合同期限;④ 工作内容和工作地点;⑤ 工作时间和休息休假;⑥ 劳动报酬;⑦ 社会保险;⑧ 劳动保护、劳动条件和职业危害防护;⑨ 法律、法规规定应当纳入劳动合同的其他事项。

劳动合同期限3个月以上不满1年的,试用期不得超过1个月;劳动合同期限1年以上不满3年的,试用期不得超过2个月;3年以上固定期限和无固定期限的劳动合同,试用期不得超过6个月。劳动者在试用期的工资不得低于本单位相同岗位最低档工资或者劳动合同约定工资的百分之八十,并不得低于用人单位所在地的最低工资标准。

劳动者拒绝用人单位管理人员违章指挥、强令冒险作业的不视为违反劳动合同。

(四)《刑法修正案(十一)》

《刑法》是规定犯罪、刑事责任和刑罚的法律,是追究安全生产违法犯罪行为刑事责任的重要依据。

2020年12月26日第十三届全国人民代表大会常务委员会第二十四次会议通过的《中华人民共和国刑法修正案(十一)》,自2021年3月1日起施行。其中涉及安全生产的主要内容如下:

(1) 强令他人违章冒险作业，或者明知存在重大事故隐患而不排除，仍冒险组织作业，因而发生重大伤亡事故或者造成其他严重后果的，处五年以下有期徒刑或者拘役；情节特别恶劣的，处五年以上有期徒刑。

(2) 在生产、作业中违反有关安全管理的规定，有下列情形之一，具有发生重大伤亡事故或者其他严重后果的现实危险的，处一年以下有期徒刑、拘役或者管制：

① 关闭、破坏直接关系生产安全的监控、报警、防护、救生设备、设施，或者篡改、隐瞒、销毁其相关数据、信息的；

② 因存在重大事故隐患被依法责令停产停业、停止施工、停止使用有关设备、设施、场所或者立即采取排除危险的整改措施，而拒不执行的；

③ 涉及安全生产的事项未经依法批准或者许可，擅自从事矿山开采、金属冶炼、建筑施工，以及危险物品生产、经营、储存等高度危险的生产作业活动的。

(五)《职业病防治法》

《职业病防治法》是为了预防、控制和消除职业病危害，防治职业病，保护劳动者健康及其相关权益，促进经济发展而制定的，自 2002 年 5 月 1 日起施行。根据 2018 年 12 月 29 日第十三届全国人民代表大会常务委员会第七次会议通过的《关于修改〈中华人民共和国劳动法〉等七部法律的决定》第四次修正。

《职业病防治法》规定，职业病防治工作坚持预防为主、防治结合的方针，建立用人单位负责、行政机关监管、行业自律、职工参与和社会监管的机制，实行分类管理、综合治理。劳动者依法享有职业卫生保护的权利。

该法所称职业病，是指企业、事业单位和个体经济组织等用人单位的劳动者在职业活动中，因接触粉尘、放射性物质和其他有毒、有害因素而引起的疾病。

(六)《煤炭法》

《煤炭法》于1996年8月29日第八届全国人民代表大会常务委员会第二十一次会议通过,自1996年12月1日起施行。2016年11月7日对该法进行了第四次修正,自修正之日起施行。《煤炭法》在劳动者职业安全保护方面的相关规定有:

(1) 煤矿企业必须坚持安全第一、预防为主的安全生产方针,建立健全安全生产的责任制度和群防群治制度。

(2) 各级人民政府及其有关部门和煤矿企业必须采取措施加强劳动保护,保障煤矿职工的安全和健康。国家对煤矿井下作业的职工采取特殊保护措施。

(3) 煤矿企业应当对职工进行安全生产教育、培训;未经安全生产教育、培训的,不得上岗作业。煤矿企业职工必须遵守有关安全生产的法律、法规、煤炭行业规章、规程和企业规章制度。

(4) 在煤矿井下作业中,出现危及职工生命安全并无法排除的紧急情况时,作业现场负责人或者安全管理人员应当立即组织职工撤离危险现场,并及时报告有关方面负责人。

(5) 煤矿企业必须为职工提供保障安全生产所需的劳动保护用品。

(6) 煤矿企业应当依法为职工参加工伤保险缴纳工伤保险费。鼓励企业为井下作业职工办理意外伤害保险,支付保险费。

(七)《矿山安全法》

《矿山安全法》是为了保障矿山生产安全,防止矿山事故,保护矿山职工人身安全,促进采矿业的发展而制定的,于1992年11月7日第七届全国人民代表大会常务委员会第二十八次会议通过,自1993年5月1日起施行。2009年8月27日对该法进行了修正,自公布之日起施行。该法有关从业人员安全保护方面的规定有:

(1) 矿山企业必须具有保障安全生产的设施，建立、健全安全管理制度，采取有效措施改善职工劳动条件，加强矿山安全管理工作，保证安全生产。

(2) 每个矿井必须有两个以上能行人的安全出口，出口之间的直线水平距离必须符合矿山安全规程和行业技术规范。

(3) 矿山企业必须对机电设备及其防护装置、安全检测仪器定期检查、维修，保证使用安全。

(4) 矿山企业必须对作业场所中的有毒有害物质和井下空气含氧量进行检测，保证符合安全要求。

(5) 矿山企业职工必须遵守有关矿山安全的法律、法规和企业规章制度。矿山企业职工有权对危害安全的行为提出批评、检举和控告。

(6) 矿山企业必须对职工进行安全教育、培训；未经安全教育、培训的，不得上岗作业。矿山企业安全生产的特种作业人员必须接受专门培训，经考核合格取得操作资格证书的，方可上岗作业。

二、行政法规及国务院安全生产相关文件

(一)《中共中央办公厅 国务院办公厅关于进一步加强矿山安全生产工作的意见》

矿山安全生产事关人民群众生命财产安全，事关经济发展和社会稳定大局，是安全生产的重中之重。为深入贯彻党的二十大精神，进一步加强矿山安全生产工作，党中央、国务院发布了《中共中央办公厅 国务院办公厅关于进一步加强矿山安全生产工作的意见》(以下简称《意见》)。

《意见》就煤矿从业人员安全做了如下规定：

(1) 加快矿山升级改造。推动中小型矿山机械化升级改造和大型矿山自动化、智能化升级改造，加快灾害严重、高海拔等矿山智能化建设，打造一批自动化、智能化标杆矿山。地下矿山应当建立人

员定位、安全监测监控、通信联络、压风自救和供水施救等系统。

(2) 健全矿山安全管理体系。矿山企业应当健全以安全风险分级管控和隐患排查治理双重预防机制为核心的安全生产标准化管理体系。严格开展风险辨识评估并实施分级管控,定期开展全员全覆盖隐患排查治理,建立风险隐患台账清单,实行闭环管理。

(3) 提升风险监测预警处置能力。地下矿山应当建立应急广播等通信系统,确保应急指令能第一时间传达至影响范围内所有人员。强化灾害性天气预警预报,遇极端天气严禁人员入井。

(4) 强化安全基础管理。矿山企业应当建立健全并落实全员安全生产岗位责任制和安全生产管理制度。未经安全培训合格的从业人员不得上岗作业。首次取证的地下矿山特种作业人员应当具有高中以上文化程度。严格井下劳动定员管理,不得超定员安排人员下井作业,提高井下艰苦岗位津贴。取消井下劳务派遣用工,矿山企业或承包单位对欠薪应依法承担清偿责任。

(二)《煤矿安全生产条例》

为了加强煤矿安全生产工作,防止和减少煤矿生产安全事故,保障人民群众生命财产安全,2023 年 12 月 18 日国务院第 21 次常务会议通过了《煤矿安全生产条例》,该条例自 2024 年 5 月 1 日起施行。

《煤矿安全生产条例》就煤矿安全生产做了以下相关规定:

(1) 煤矿企业应当履行安全生产主体责任,加强安全生产管理,建立健全并落实全员安全生产责任制和安全生产规章制度,加大对安全生产资金、物资、技术、人员的投入保障力度,改善安全生产条件,加强安全生产标准化、信息化建设,构建安全风险分级管控和隐患排查治理双重预防机制,健全风险防范化解机制,提高安全生产水平,确保安全生产。

煤矿企业主要负责人(含实际控制人,下同)是本企业安全生产第一责任人，对本企业安全生产工作全面负责。其他负责人对职责范围内的安全生产工作负责。

(2) 煤矿企业从业人员有依法获得安全生产保障的权利，并应当依法履行安全生产方面的义务。

(3) 煤矿企业从业人员负有下列安全生产职责：

① 遵守煤矿企业安全生产规章制度和作业规程、操作规程，严格落实岗位安全责任；

② 参加安全生产教育和培训，掌握本职工作所需的安全生产知识，提高安全生产技能，增强事故预防和应急处理能力；

③ 及时报告发现的事故隐患或者其他不安全因素。

对违章指挥和强令冒险作业的行为，煤矿企业从业人员有权拒绝并向县级以上地方人民政府负有煤矿安全生产监督管理职责的部门、所在地矿山安全监察机构报告。

煤矿企业不得因从业人员拒绝违章指挥或者强令冒险作业而降低其工资、福利等待遇，无正当理由调整工作岗位，或者解除与其订立的劳动合同。

(4) 煤矿企业主要负责人和安全生产管理人员应当通过安全生产知识和管理能力考核，并持续保持相应水平和能力。

煤矿企业从业人员经安全生产教育和培训合格，方可上岗作业。煤矿企业特种作业人员应当按照国家有关规定经专门的安全技术培训和考核合格，并取得相应资格。

(5) 煤矿企业应当为从业人员提供符合国家标准或者行业标准的劳动防护用品，并监督、教育从业人员按照使用规则佩戴、使用。

煤矿井下作业人员实行安全限员制度。煤矿企业应当依法制定井下工作时间管理制度。煤矿井下工作岗位不得使用劳务派遣用工。

(6) 煤矿的采煤、掘进、机电、运输、通风、排水、排土等主要生产系统和防瓦斯、防煤(岩)与瓦斯(二氧化碳)突出、防冲击地压、防火、防治水、防尘、防热害、防滑坡、监控与通信等安全设施,应当符合煤矿安全规程和国家标准或者行业标准规定的管理和技术要求。

煤矿企业及其有关人员不得关闭、破坏直接关系生产安全的监控、报警、防护、救生设备、设施,或者篡改、隐瞒、销毁其相关数据、信息,不得以任何方式影响其正常使用。

(三)《生产安全事故报告和调查处理条例》

《生产安全事故报告和调查处理条例》是为了规范生产安全事故的报告和调查处理,落实生产安全事故责任追究制度,防止和减少生产安全事故而制定的,自2007年6月1日起施行。

该条例将事故划分为特别重大事故、重大事故、较大事故和一般事故4个等级。

(1) 特别重大事故,是指造成30人以上死亡,或者100人以上重伤(包括急性工业中毒,下同),或者1亿元以上直接经济损失的事故。

(2) 重大事故,是指造成10人以上30人以下死亡,或者50人以上100人以下重伤,或者5 000万元以上1亿元以下直接经济损失的事故。

(3) 较大事故,是指造成3人以上10人以下死亡,或者10人以上50人以下重伤,或者1 000万元以上5 000万元以下直接经济损失的事故。

(4) 一般事故,是指造成3人以下死亡,或者10人以下重伤,或者1 000万元以下直接经济损失的事故。

注:"以上"包括本数,"以下"不包括本数。

事故报告应当及时、准确、完整,任何单位和个人对事故不得迟报、漏报、谎报或者瞒报。事故发生后,事故现场有关人员应当立即向本单位负责人报告;单位负责人接到报告后,应当于1小时内向事故发生地县级以上人民政府安全生产监督管理部门和负有安全生产监督管理职责的有关部门报告。

（四）《工伤保险条例》

《工伤保险条例》是为了保障因工作遭受事故伤害或者患职业病的职工获得医疗救治和经济补偿，促进工伤预防和职业康复，分散用人单位的工伤风险而制定的，自 2004 年 1 月 1 日起施行。该条例于 2010 年 12 月 20 日进行了修订，自 2011 年 1 月 1 日起施行。

《工伤保险条例》主要内容包括总则、工伤保险基金、工伤认定、劳动能力鉴定、工伤保险待遇、监督管理、法律责任、附则等。

该条例规定用人单位应当按时缴纳工伤保险费，职工个人不缴纳工伤保险费；职工因工作遭受事故伤害或者患职业病进行治疗，享受工伤医疗待遇；职工因工作遭受事故伤害或者患职业病需要暂停工作接受工伤医疗的，在停工留薪期内，原工资福利待遇不变，由所在单位按月支付；生活不能自理的工伤职工在停工留薪期需要护理的，由所在单位负责。

职工有下列情形之一的，应当认定为工伤：

① 在工作时间和工作场所内，因工作原因受到事故伤害的；

② 工作时间前后在工作场所内，从事与工作有关的预备性或者收尾性工作受到事故伤害的；

③ 在工作时间和工作场所内，因履行工作职责受到暴力等意外伤害的；

④ 患职业病的；

⑤ 因工外出期间，由于工作原因受到伤害或者发生事故下落不明的；

⑥ 在上下班途中，受到非本人主要责任的交通事故或者城市轨道交通、客运轮渡、火车事故伤害的；

⑦ 法律、行政法规规定应当认定为工伤的其他情形。

职工有下列情形之一的，不得认定为工伤或者视同工伤：

① 故意犯罪的；

② 醉酒或者吸毒的；

③ 自残或者自杀的。

（五）《国务院关于进一步加强企业安全生产工作的通知》

国务院以国发〔2010〕23号文件下发了《国务院关于进一步加强企业安全生产工作的通知》。其总体要求是：坚持“安全第一、预防为主、综合治理”的方针，全面加强企业安全管理，健全规章制度，完善安全标准，提高企业技术水平，夯实安全生产基础；坚持依法依规生产经营，切实加强安全监管，强化企业安全生产主体责任落实和责任追究，促进我国安全生产形势实现根本好转。

企业要加强对生产现场监督检查，严格查处违章指挥、违章作业、违反劳动纪律的“三违”行为。凡超能力、超强度、超定员组织生产的，要责令停产停工整顿。要经常性开展安全隐患排查，并切实做到整改措施、责任、资金、时限和预案“五到位”。主要负责人和领导班子成员要轮流现场带班。煤矿、非煤矿山要有矿领导带班并与工人同时下井、同时升井。

煤矿要安装安全避险“六大系统”等技术装备；企业要建立完善安全生产动态监控及预警预报体系，每月进行一次安全生产风险分析；要提高工伤事故死亡职工一次性赔偿标准，依照《工伤保险条例》的规定，对因生产安全事故造成的职工死亡，其一次性工亡补助金标准调整为按全国上一年度城镇居民人均可支配收入的20倍计算，发放给工亡职工近亲属。

（六）《国务院办公厅关于进一步加强煤矿安全生产工作的意见》

为了深刻汲取事故教训，坚守发展决不能以牺牲人的生命为代价的红线，始终把矿工生命安全放在首位，大力推进煤矿安全治本攻坚，建立健全煤矿安全长效机制，坚决遏制煤矿重特大事故发生，经国务院同意，国务院办公厅以国办发〔2013〕99 号文件下发了《国务院办公厅关于进一步加强煤矿安全生产工作的意见》。

该意见指出，煤矿矿长要落实安全生产责任，切实保护矿工生命安全；要保护煤矿工人权益，研究确定煤矿工人小时最低工资标准，提高下井补贴标准，提高煤矿工人收入，严格执行国家法定工时制度，停产整顿煤矿必须按期发放工人工资；煤矿必须依法配备劳动保护用品，定期组织职业健康检查，加强尘肺病防治工作，建设标准化的食堂、澡堂和宿舍；要提高煤矿工人素质，加强煤矿班组安全建设，加快变“招工”为“招生”，强化矿工实际操作技能培训与考核，所有煤矿从业人员必须经考试合格后持证上岗。

（七）《关于防范遏制矿山领域重特大生产安全事故的硬措施》

为坚决防范遏制矿山领域重特大生产安全事故，针对当前矿山安全存在的突出问题，国务院安全生产委员会于 2024 年 1 月 16 日印发了《关于防范遏制矿山领域重特大生产安全事故的硬措施》（以下简称《硬措施》）。《硬措施》出台的意义如下：

第一，《硬措施》是贯彻落实习近平总书记关于安全生产重要论述的迫切需要。《硬措施》是安全发展理念、“两个至上”、红线意识的细化、深化、具体化，必须坚决守住守牢。第二，《硬措施》是实现高质量发展和高水平安全良性互动的迫切需要。《硬措施》完整、准确、全面贯彻新发展理念，为托住矿山安全生产之底、稳控当前形势提供强力支撑。第三，《硬措施》是推动矿山安全治理模式向事前预防转型的现实需要。《硬措施》突出“防”字，聚焦矿山安全生产“一件事”全链条全方位压实责任，着力推动矿山安全治理模式向事前预防转型。第四，《硬措施》是扭转当前矿山领域重特大事故多发势头的现实需要。《硬措施》从“八个方面”回答了防范遏制矿山领域重特大生产安全事故要做什么、怎么做、不做怎么办，为扭转当前被动局面指明方向、提供路径、明确方法。

《硬措施》提出了八个方面的具体措施：① 一体压实各级矿山安全生产责任；② 切实提高风险隐患排查整改质量；③ 重拳出击“打非治违”；④ 强化重大灾害治理；⑤ 大力提升从业人员素质；⑥ 严格项目审批和安全生产许可；⑦ 强化矿山安全国家监察督政；⑧ 严格事故调查和警示教育。

《硬措施》规定：① 从业人员必须熟知各类灾害避灾路线、地面建筑场所的安全疏散通道和自救逃生方法；不熟悉避灾逃生路线，或者不能熟练使用自救器等紧急自救装备的，不得安排上岗作业。② 加大典型事故案例媒体曝光力度，警醒各地、各部门、各矿山企业深刻吸取教训，切实做到“一方出事故、多方受教育，一地有隐患、全国受警示”，形成齐抓共管的良好氛围。

三、安全生产规章、细则、行业标准

（一）《煤矿安全规程》

《应急管理部关于修改〈煤矿安全规程〉的决定》经 2021 年 8 月 17 日应急管理部第 27 次部务会议审议通过，该规程自 2022 年 4 月 1 日起施行。《煤矿安全规程》是煤矿企业必须遵守的法定规程，制定目的是保障煤矿安全生产和从业人员的人身安全与健康，防止煤矿事故与职业病危害。

《煤矿安全规程》主要内容包括：总则、地质保障、井工煤矿、露天煤矿、职业病危害防治、应急救援、附则和附录等。

《煤矿安全规程》中的每一项条款都是一起起事故经验的总结。条条规程血染成，不要用血再验证，不能让事故一而再、再而三地重演。因此，通过加深对《煤矿安全规程》的学习和理解，增强关注安全、关爱生命的责任感，提高遵章指挥、遵章作业、遵守劳动纪律的自觉性，实现矿井本质安全。

《煤矿安全规程》有关煤矿班组长的规定如下：

(1) 严格执行敲帮问顶及围岩观测制度。开工前，班组长必须对工作面安全情况进行全面检查，确认无危险后，方准人员进入工作面。

(2) 当井下出现瓦斯超限、煤与瓦斯突出、火灾、水灾等事故时，班组长有权责令现场作业人员停止作业，停电撤人。

(3) 爆破前，班组长必须亲自布置专人将工作面所有人员撤离警戒区域，并在警戒线和可能进入爆破地点的所有通路上布置专人担任警戒工作。警戒人员必须在安全地点警戒。警戒线处应当设置警戒牌、栏杆或者拉绳。

(4) 井下爆破要执行“三人连锁爆破”制度，即爆破工、班组长、瓦检工三人必须同时自始至终参加爆破工作过程，并执行换牌制。

(二)《防治煤与瓦斯突出细则》

为了加强防治煤(岩)与瓦斯(二氧化碳)突出工作，预防煤矿事故，保障从业人员生命安全，国家煤矿安全监察局于 2019 年 7 月 16 日颁布了《防治煤与瓦斯突出细则》，该细则自 2019 年 10 月 1 日起施行。

《防治煤与瓦斯突出细则》主要内容包括：总则、一般规定、区域综合防突措施、局部综合防突措施、防治岩石与二氧化碳(瓦斯)突出措施和附则。

煤与瓦斯突出矿井的所有管理人员以及作业人员都必须认真学习《防治煤与瓦斯突出细则》，只有这样才能实现防突工作过程管理标准化与规范化，从而达到突出煤层消灭瓦斯突出动力现象、突出矿井全面消灭突出事故的高标准防突目标。该细则相关规定如下：

(1) 防突工作必须坚持“区域综合防突措施先行、局部综合防突措施补充”的原则，按照“一矿一策、一面一策”的要求，实现“先抽后建、先抽后掘、先抽后采、预抽达标”。突出煤层必须采取两个“四位一体”综合防突措施，做到多措并举、可保必保、应抽尽抽、效果达标,否则严禁采掘活动。

(2) 突出矿井的管理人员和井下工作人员必须接受防突知识的培训,经考试合格后方可上岗作业。

各类人员的培训达到下列要求:

① 突出矿井的井下工作人员的培训内容包括防突基本知识以及与本岗位相关的防突规章制度。

② 突出矿井的区(队)长、班组长和有关职能部门的工作人员应当全面熟悉两个"四位一体"综合防突措施、防突的规章制度等内容。

③ 突出矿井的防突工属于特种作业人员,必须接受防突知识、操作技能的专门培训,并取得特种作业操作证。

④ 有突出矿井的煤矿企业技术负责人和突出矿井的矿长、总工程师应当接受防突专项培训,具备突出矿井的安全生产知识和管理能力。

(三)《煤矿防灭火细则》

为了加强煤矿防灭火工作,有效防控煤矿火灾事故,保障煤矿安全生产及从业人员生命安全和健康,国家矿山安全监察局于2021年10月12日颁布了《煤矿防灭火细则》,该细则自2022年1月1日起施行。

《煤矿防灭火细则》主要内容包括:总则、一般规定、井下火灾监测监控、防火技术、应急处置、井下火区管理、露天煤矿防灭火和附则。

《煤矿防灭火细则》是指导现阶段煤矿防灭火工作的指南,更是《煤矿安全规程》对煤矿防灭火基本要求的延伸与细化,所以我们必须认真学习、领悟精髓、严格落实,这也是每一名煤矿从业人员保证自己生命安全的需要,更是煤矿企业免受火灾威胁与保障健康发展的需要。该细则相关规定如下:

（1）煤矿防灭火工作必须坚持预防为主、早期预警、因地制宜、综合治理的原则，制定井上、下防灭火措施。

（2）井下严格实行明火管制，并符合下列规定：

① 严禁在采掘工作面进行电焊、气割等动火作业。

② 严禁携带烟草和点火物品，严禁穿化纤衣服入井。

③ 井下严禁使用灯泡取暖和使用电炉。

④ 井下爆破作业时，应当按照矿井瓦斯等级选用煤矿许用炸药和雷管，并严格按施工工艺进行爆破。

⑤ 井口和井下电气设备必须装设防雷击和防短路的保护装置。

（3）当井下发现自然发火征兆时，必须停止作业，立即采取有效措施处置。在发火征兆不能得到有效控制时，必须撤出人员，封闭危险区域。进行封闭施工作业时，其他区域所有人员必须全部撤出。

（4）任何人发现井下火灾时，应当视火灾性质、灾区通风和瓦斯情况，立即采取一切可能的方法直接灭火，控制火势，并迅速报告矿调度室。矿调度室在接到井下火灾报告后，应当立即按灾害预防和处理计划通知有关人员组织抢救灾区人员和实施灭火工作。

（5）煤矿值班调度和在现场的区、队、班组长应当依照灾害预防和处理计划的规定，将所有可能受火灾威胁区域中的人员撤离，并组织人员灭火。电气设备着火时，应当首先切断其电源；在切断电源前，必须使用不导电的灭火器材进行灭火。

（6）抢救人员和灭火过程中，必须指定专人检查甲烷、一氧化碳、煤尘以及其他有害气体浓度和风向、风量的变化，并采取防止瓦斯、煤尘爆炸和人员中毒的安全措施。

（四）《煤矿防治水细则》

为了加强煤矿防治水工作，防止和减少事故，保障职工生命安全和健康，国家煤矿安全监察局于 2018 年 6 月 4 日颁布了《煤矿防治水细则》,该细则自 2018 年 9 月 1 日起施行。

《煤矿防治水细则》主要内容包括:总则、矿井水文地质类型划分及基础资料、矿井水文地质补充勘探、井下探放水、矿井防治水技术、露天煤矿防治水、水害应急处置和附则。

《煤矿防治水细则》体现了煤矿防治水工作从防治理念到技术与管理的科学性和先进性,是煤矿防治水工作的指南,更是煤矿开展防治水工作的强制性规范,所以煤矿从业人员必须认真学好与用好《煤矿防治水细则》,才能真正使煤矿水患治理工作方法科学、技术先进、措施合理、治理高效。该细则相关规定如下:

(1) 煤矿防治水工作应当坚持预测预报、有疑必探、先探后掘、先治后采的原则,根据不同水文地质条件,采取探、防、堵、疏、排、截、监等综合防治措施。

(2) 煤矿主要负责人必须赋予调度员、安检员、井下带班人员、班组长等相关人员紧急撤人的权力,发现突水(透水、溃水,下同)征兆、极端天气可能导致淹井等重大险情,立即撤出所有受水患威胁地点的人员,在原因未查清、隐患未排除之前,不得进行任何采掘活动。

(3) 煤炭企业、煤矿应当对井下职工进行防治水知识的教育和培训,对防治水专业人员进行新技术、新方法的再教育,提高防治水工作技能和有效处置水灾的应急能力。

(五)《防治煤矿冲击地压细则》

为了加强煤矿冲击地压防治工作,有效预防冲击地压事故,保障煤矿职工安全,国家煤矿安全监察局于 2018 年 5 月 2 日颁布了《防治煤矿冲击地压细则》,该细则自 2018 年 8 月 1 日起施行。

《防治煤矿冲击地压细则》主要内容包括:总则,一般规定,冲击危险性预测、监测、效果检验,区域与局部防冲措施,冲击地压安全防护措施和附则。

《防治煤矿冲击地压细则》，细化了《煤矿安全规程》对煤矿冲击地压防治与防控工作的规定，增强了《煤矿安全规程》的可执行性与操作性，对规范冲击地压矿井的冲击地压防治与防控管理工作具有重大意义。因此，只有全面学习、掌握《防治煤矿冲击地压细则》的相关规定，才能更有效地防治煤矿冲击地压，确保煤矿开采安全。该细则相关规定如下：

(1) 冲击地压是指煤矿井巷或工作面周围煤(岩)体由于弹性变形能的瞬时释放而产生的突然、剧烈破坏的动力现象，常伴有煤(岩)体瞬间位移、抛出、巨响及气浪等。

(2) 冲击地压防治应当坚持"区域先行、局部跟进、分区管理、分类防治"的原则。

(3) 冲击地压矿井必须依据冲击地压防治培训制度，定期对井下相关的作业人员、班组长、技术员、区队长、防冲专业人员与管理人员进行冲击地压防治的教育和培训，保证防冲相关人员具备必要的岗位防冲知识和技能。

(六)《煤矿地质工作细则》

为了加强和规范煤矿地质工作，为煤矿安全生产提供地质保障，有效预防煤矿事故，国家矿山安全监察局于2023年12月29日颁布了《煤矿地质工作细则》，该细则自2024年3月1日起施行。

《煤矿地质工作细则》主要内容包括：总则、煤矿地质类型划分及基础资料、煤矿隐蔽致灾地质因素普查、煤矿地质补充调查与勘探、煤矿地质观测与综合分析、煤矿建设阶段地质工作、煤矿生产阶段地质工作、煤矿闭坑阶段地质工作、煤矿地质数字化工作、附则和附录等。该细则相关规定如下：

(1) 煤矿地质工作应当坚持"综合勘查、科学分析、预测预报、保障安全"的原则。

(2) 煤矿地质工作的主要任务包括：

① 研究煤矿地层、地质构造、煤层、煤质、瓦斯、水文地质、冲击地压、工程地质和其他开采地质条件等地质特征及其变化规律，开展地质类型划分；

② 查明影响煤矿安全生产的各种隐蔽致灾地质因素；

③ 进行地质补充调查与勘探、地质观测、资料编录和综合分析，提供煤矿建设和生产各个阶段所需要的地质资料，解决煤矿安全生产中的各种地质问题；

④ 估算和核实煤矿煤炭资源储量以及煤矿瓦斯（煤层气）资源储量，掌握资源储量动态，为合理安排生产提供可靠依据；

⑤ 调查、研究煤矿含煤地层中共（伴）生矿产的赋存情况和开采利用价值。

（七）《煤矿重大事故隐患判定标准》

为了准确认定、及时消除煤矿重大事故隐患，应急管理部于 2020 年 11 月 2 日颁布了《煤矿重大事故隐患判定标准》，该判定标准自 2021 年 1 月 1 日起施行。

该判定标准规定，煤矿重大事故隐患包括下列 15 个方面：

（1）超能力、超强度或者超定员组织生产。

（2）瓦斯超限作业。

（3）煤与瓦斯突出矿井，未依照规定实施防突出措施。

（4）高瓦斯矿井未建立瓦斯抽采系统和监控系统，或者系统不能正常运行。

（5）通风系统不完善、不可靠。

（6）有严重水患，未采取有效措施。

（7）超层越界开采。

（8）有冲击地压危险，未采取有效措施。

（9）自然发火严重，未采取有效措施。

（10）使用明令禁止使用或者淘汰的设备、工艺。

（11）煤矿没有双回路供电系统。

（12）新建煤矿边建设边生产，煤矿改扩建期间，在改扩建的区域生产，或者在其他区域的生产超出安全设施设计规定的范围和规模。

（13）煤矿实行整体承包生产经营后，未重新取得或者及时变更安全生产许可证而从事生产，或者承包方再次转包，以及将井下采掘工作面和井巷维修作业进行劳务承包。

（14）煤矿改制期间，未明确安全生产责任人和安全管理机构，或者在完成改制后，未重新取得或者变更采矿许可证、安全生产许可证和营业执照。

（15）其他重大事故隐患。

（八）《煤矿安全生产标准化管理体系考核定级办法》和《煤矿安全生产标准化管理体系基本要求及评分方法》

为进一步加强煤矿安全生产基础建设，提升煤矿安全保障能力，国家矿山安全监察局组织制定了《煤矿安全生产标准化管理体系考核定级办法》和《煤矿安全生产标准化管理体系基本要求及评分方法》，自 2024 年 11 月 1 日起施行。

1.《煤矿安全生产标准化管理体系考核定级办法》

（1）《煤矿安全生产标准化管理体系考核定级办法》规定，煤矿安全生产标准化管理体系等级分为一级、二级、三级 3 个等级，所应达到的要求为：

一级：煤矿安全生产标准化管理体系考核总得分不低于 90 分，重大灾害防治、专业管理部分评分不低于 90 分，安全基础管理部分评分不低于 85 分，且不存在下列情形：

① 发生生产安全死亡事故，自事故发生之日起，一般事故未满 1 年、较大及重大事故未满 2 年、特别重大事故未满 3 年的；

② 安全生产标准化管理体系一级检查考核未通过，自考核定级

部门检查之日起未满1年的；

③ 被降级或撤销等级未满1年的；

④ 被列入安全生产严重失信主体名单管理期间的。

二级：煤矿安全生产标准化管理体系考核总得分及各管理部分得分均不低于80分，且不存在下列情形：

① 发生生产安全死亡事故，自事故发生之日起，一般事故未满半年、较大及重大事故未满1年、特别重大事故未满2年的；

② 被降级或撤销等级未满半年的。

三级：煤矿安全生产标准化管理体系考核总得分及各管理部分得分均不低于70分。

(2) 煤矿安全生产标准化管理体系等级实行分级考核定级。

申报一级的煤矿由省级煤矿安全生产标准化工作主管部门组织初审，国家矿山安全监察局组织考核定级。申报二级、三级的煤矿，初审和考核定级部门由省级煤矿安全生产标准化工作主管部门确定。

(3) 煤矿安全生产标准化管理体系考核定级按照企业自评申报、初审、考核、公示、公告的程序进行。煤矿安全生产标准化管理体系考核定级部门原则上应在收到煤矿企业申请后的60个工作日内完成考核定级。煤矿和各级煤矿安全生产标准化工作主管部门，应通过国家矿山安全监察局"矿山安全生产综合信息系统—安全生产标准化"(以下简称"信息系统")，完成申报、初审、考核、公示、公告等各环节工作。未按照规定的程序和信息化方式开展考核定级等工作的，不予公告确认。

2.《煤矿安全生产标准化管理体系基本要求及评分方法》

煤矿是安全生产的责任主体，必须建立健全煤矿安全生产标准化管理体系，通过制定安全生产目标，设置机构，配备人员，建立并落实安全生产责任制和安全管理制度，提升从业人员素质，开展安全风险分级管控、隐患排查治理，聚焦重大灾害防治，抓好各专业管理，不断规范、持续改进安全生产管理，实现安全生产。

煤矿安全生产标准化管理体系考核定级执行《煤矿安全生产标准化管理体系基本要求及评分方法》。

煤矿安全生产标准化管理体系包括安全基础管理、重大灾害防治、专业管理三个部分。

（九）《国家卫生健康委办公厅关于进一步加强用人单位职业健康培训工作的通知》

为贯彻落实《国家职业病防治规划（2021—2025年）》，强化用人单位主体责任，严格落实职业健康培训制度，国家卫生健康委员会办公厅于2022年12月29日发布了《国家卫生健康委办公厅关于进一步加强用人单位职业健康培训工作的通知》。通知对职业健康培训做了如下规定：

（1）建立健全职业健康培训管理制度。用人单位要建立健全职业病防治宣传教育培训制度，明确职业健康培训工作的管理部门和管理人员，制定职业健康培训年度计划，做好职业健康培训保障，规范职业健康培训档案资料管理。职业健康培训档案应包括年度培训计划，主要负责人、职业健康管理人员和劳动者培训相关记录材料等。记录材料应包括培训时间、培训签到表、培训内容、培训合格材料，以及培训照片与视频材料等。

（2）按时接受职业健康培训。用人单位主要负责人、职业健康管理人员和劳动者应按时接受职业健康培训。主要负责人和职业健康管理人员应当在任职后3个月内接受职业健康培训，初次培训不得少于16学时，之后每年接受一次继续教育，继续教育不得少于8学时。劳动者上岗前应接受职业健康培训，上岗前培训不得少于8学时，之后每年接受一次在岗培训，在岗培训不得少于4学时。煤矿新工人上岗前培训内容包括：职业健康相关法律法规、单位职业健康管理制度和操作规程、职业病危害防治基础知识、职业健康管理知识及职业健康相关工作。

(3) 加强职业健康培训组织管理。用人单位应当按照本单位的培训制度以及年度培训计划组织开展劳动者上岗前和在岗期间职业健康培训，提高劳动者职业健康素养和技能。因变更工艺、技术、设备、材料，或者岗位调整导致劳动者接触的职业病危害因素发生变化的，用人单位应当重新对劳动者进行上岗前职业健康培训。用人单位可以自行组织开展劳动者职业健康培训，无培训能力的用人单位也可委托职业健康培训机构组织开展。放射工作人员培训内容及学时根据《放射工作人员职业健康管理办法》等相关规定执行。对主要负责人、职业健康管理人员的培训，用人单位可以根据本单位情况及卫生健康行政部门的要求，聘请相关专家进行培训，或参加职业健康培训机构开展的培训。用人单位应当加强对存在矽尘、石棉粉尘、高毒物品等严重职业病危害因素岗位劳动者的职业健康培训，经培训考核合格后方可安排劳动者上岗作业。

(4) 提高职业健康培训实效。用人单位要根据所属行业特点和劳动者接触职业病危害因素情况，合理确定培训内容和培训时间，明确培训方式、培训考核办法和合格标准，满足不同岗位劳动者的培训需求。确保用人单位主要负责人和职业健康管理人员具备与所从事的生产经营活动相适应的职业健康知识和管理能力，劳动者具备职业病防护意识，了解职业病防治法律法规，熟悉相关职业健康知识和职业卫生权利义务，掌握岗位操作规程，能够正确使用职业病防护设施和职业病防护用品。

(5) 规范劳务派遣劳动者等人员的职业健康培训工作。使用劳务派遣劳动者的用人单位应当将被派遣劳动者纳入本单位职业健康培训对象统一管理。外包单位应当对劳动者进行必要的职业健康教育和培训。接收在校学生实习的用人单位应当对实习学生进行上岗前职业健康培训，提供必要的职业病防护用品；对实习期超过一年的实习学生进行在岗期间职业健康培训。

第三节　煤矿从业人员安全生产的权利与义务

一、煤矿从业人员安全生产的权利

（一）劳动保护和提请劳动争议处理权

职工有要求用人单位保障职工的劳动安全、防治职业病危害的权利。职工与用人单位建立劳动关系时，应当要求订立劳动合同，劳动合同应当载明为职工提供符合国家法律、法规、标准规定的劳动安全卫生条件和必要的劳动防护用品，工作场所存在的职业病危害因素以及有效的防护措施，对从事有毒有害作业的职工定期进行健康检查，依法为职工办理工伤保险等。

当职工的劳动保护权益受到损害时，或者因劳动保护问题与用人单位发生纠纷时，有向有关部门提请劳动争议处理的权利。

（二）安全生产知情权

职工有权了解作业场所和工作岗位存在的危险因素、危害后果，以及针对危险因素应采取的防范措施和事故应急措施，用人单位必须向职工如实告知，不得隐瞒和欺骗。如果用人单位没有如实告知，职工有权拒绝工作，用人单位不得因此做出对职工不利的处分。进入工作面前，职工有权要求跟班干部或班长检查工作面，并制定具体安全措施。

（三）参与安全生产管理权

职工有权参与本单位安全生产工作的民主管理和民主监督，对本单位的安全生产工作提出意见和建议，对不符合党和国家安全生产方针和法律、法规的规章、制度有权提出修改意见。用人单位应当重视和尊重职工的意见和建议，并及时做出答复。

（四）安全生产监督权

职工有权对企业贯彻、执行党和国家安全生产方针的情况，有关安全生产法规及管理制度的执行情况，管理干部行为，作业现场的安全情况，安全技术措施专项费用使用情况进行监督。

（五）安全生产教育培训权

职工享有参加安全生产教育培训的权利。用人单位应依法对职工进行安全生产法律、法规、规程及相关标准的教育培训，使职工掌握从事岗位工作所必须具备的安全生产知识和技能。用人单位没有依法对职工进行安全生产教育培训或特殊工种作业人员未取得操作资格证书的，职工有权拒绝上岗作业。

（六）职业健康防治权

对于从事接触职业病危害因素或可能导致职业病作业的职工，有权进行职业健康检查并了解检查结果。对于被诊断为患有职业病的职工有依法享受职业病待遇，接受治疗、康复和定期检查的权利。煤矿从业人员离开煤矿企业时，有权索取本人职业健康监护档案复印件，煤矿企业必须如实、无偿提供，并在所提供的复印件上签章。

（七）拒绝违章指挥权

违章指挥是指用人单位的有关管理人员违反安全生产法律、法规和有关安全规程、规章制度的规定，指挥从业人员进行作业的行为。强令冒险作业是指用人单位的有关管理人员明知开始或继续作业可能会导致重大危险，却仍然强迫职工进行作业的行为。违章指挥、强令冒险作业违背了“安全第一”的方针，侵犯了职工的合法权益，职工有权拒绝；违章操作，职工有权制止；跟班干部擅离工作岗位，职工有权向有关部门报告。用人单位不得因职工拒绝违章指挥和强令危险作业而打击报复，降低其工资、福利等待遇或解除与其订立的劳动合同。

（八）停止作业避险权

职工发现直接危及人身安全的紧急情况时，有权停止作业，或者在采取可能的应急措施后，撤离作业场所。用人单位不得因职工在紧急情况下停止作业或者采取紧急撤离措施而降低其工资、福利待遇或者解除与其订立的劳动合同。但职工在行使这一权利时要慎重，要尽可能正确判断险情危及人身安全的程度。例如，火灾初起阶段很容易扑灭，职工应尽快组织灭火，如火灾扩大无法扑灭，则应立即撤离。

（九）工伤保险和民事索赔权

用人单位应当依法为职工办理工伤保险，为职工缴纳工伤保险费。职工因安全生产事故受到伤害，除依法享受工伤保险外，还有权向用人单位提出民事赔偿要求，并且工伤保险和民事赔偿不能互相取代。

（十）批评、检举和控告权

职工有权向煤矿企业和煤炭管理部门、工会组织举报违反有关安全生产法律、法规、制度的行为；有权检举违章指挥、违章作业者；有权反映作业现场安全管理情况和不安全因素。职工检举可以署名，也可以不署名；可以用书面形式，也可以用口头形式。但是，职工在行使这一权利时，应注意检举和控告的情况必须真实，要实事求是。用人单位不得因职工行使上述权利而对其进行打击、报复，包括不得因此而降低其工资、福利待遇或者解除与其订立的劳动合同。在进行安全生产监督检查时，职工如果受到打击报复和迫害，有权向上级或政府有关部门、工会组织投诉和控告；有权对忽视安全、玩忽职守造成事故的责任者进行检举；有权对隐瞒事故的单位和责任者提出控告。

二、煤矿从业人员安全生产的义务

（一）遵守安全生产规章制度和操作规程的义务

职工不仅要严格遵守安全生产有关的法律、法规，还应当遵守用人单位的安全生产规章制度和操作规程，这是职工在安全生产方面的一项法定义务。职工必须增强法纪观念，自觉遵章守纪，从维护国家利益、集体利益以及自身利益出发，把遵章守纪、按章操作落实到具体的工作中。

（二）服从安全生产管理的义务

职工要服从煤矿安全检查、安全监察管理；自觉服从安全监督部门、安全监察部门的指挥，自觉配合安全监察人员的工作，协助他们执行公务，并提供真实信息和有关资料。

煤矿企业安全生产管理人员一般具有丰富的安全生产知识和经验。职工服从管理，可以维持生产经营活动的秩序，有效避免或减少生产安全事故的发生。因此，职工应当服从管理，这也是职工在安全生产方面的一项法定义务。当然，职工对于违章指挥、强令冒险作业的行为，有权拒绝。

（三）正确佩戴和使用劳动防护用品的义务

劳动防护用品是保障职工在劳动过程中安全与健康的一种防御性装备，不同的劳动防护用品有其特定的佩戴和使用规则，只有正确佩戴和使用，方能真正起到防护作用。用人单位在为职工提供符合国家或行业标准的劳动防护用品后，职工有义务正确佩戴和使用劳动防护用品。

（四）发现事故隐患及时报告并参加抢险救灾的义务

职工发现事故隐患和不安全因素后，应及时向现场安全生产管理人员或本单位负责人报告，接到报告的人员应当及时予以处理。一般来说，职工报告得越早，接收报告的人员处理得越早，事故隐患和其他职业危险因素造成的危害就越小。煤矿发生事故后，应急救援部门应积极参与抢救，不能以任何借口逃避抢救工作。

（五）接受安全生产培训教育的义务

职工应依法接受安全生产教育和培训，掌握所从事岗位工作所需的安全生产知识，提高安全生产技能，增强事故预防和应急处理能力。特殊性工种作业人员和有关法律法规规定须持证上岗的作业人员，必须经培训考核合格，依法取得相应的资格证书或合格证书后，方可上岗作业。

（六）改善工作环境和爱护生产设施、设备的义务

职工在工作中，积极参加技术革新活动，提出合理化建议，不断改善劳动条件和工作环境。

煤矿企业的生产设备及设施是安全生产的保证，职工要自觉维护其正常运转和安全使用，使其发挥保障安全生产的作用。

第三章 矿井灾害防治

第一节 瓦斯灾害防治

一、矿井瓦斯

瓦斯是在成煤过程中伴生的一种气体。广义上说，它是指煤矿井下生产过程中从煤层和围岩涌出的以甲烷为主的有毒有害气体的总称，这些气体主要有甲烷、二氧化碳、一氧化碳、二氧化硫、硫化氢、乙烷、乙烯及少量的氢气，有时单独指甲烷。

瓦斯是无色、无味、无臭的气体，必须用仪器检测才能发现。瓦斯虽然无毒，但如果空气中的瓦斯浓度升高，则氧气浓度相对降低，使空气具有窒息性。瓦斯的化学性质不活泼，微溶于水，具有燃烧性、爆炸性，这一特性会给煤矿带来巨大的灾难。

二、矿井瓦斯等级的划分

矿井瓦斯等级应当依据实际测定的瓦斯涌出量、瓦斯涌出形式以及实际发生的瓦斯动力现象、实测的突出危险性参数等确定。瓦斯等级可划分为：煤（岩）与瓦斯（二氧化碳）突出矿井（以下简称突出矿井）、高瓦斯矿井、瓦斯矿井。

三、瓦斯爆炸及其预防

瓦斯的危害与瓦斯爆炸

瓦斯爆炸就是甲烷（CH_4）在高温火源的作用下，与空气中的氧气发生剧烈的化学反应，生成二氧化碳和水蒸气，同时产生大量的热，形成高温、高压环境，并以极高的速度向外冲击而产生的动力现象。

（一）瓦斯爆炸条件

瓦斯发生爆炸必须同时具备三个基本条件：一是瓦斯浓度在爆炸界限内，一般为5%～16%；二是混合气体中氧气的浓度不小于12%；三是有足够能量的点火源，温度为650～750 ℃。瓦斯爆炸的三个条件必须同时满足。

（二）瓦斯爆炸的预防措施

预防瓦斯爆炸应从瓦斯爆炸的三个条件入手，由于井下空气需供工人呼吸，因此氧气浓度肯定大于12%，即应采取措施防止瓦斯积聚和出现引火火源；一旦出现瓦斯爆炸，还要防止爆炸事故扩大。

（1）防止瓦斯积聚的措施。瓦斯积聚是指在0.5 m^3及以上空间中瓦斯浓度达到2%及以上浓度的现象。防止瓦斯积聚需要落实瓦斯防治“十二字方针”：先抽后采、监测监控、以风定产，从源头上消除瓦斯的危害。防止瓦斯积聚的基本方法如下：

① 加强通风；

② 加强瓦斯浓度和通风情况的检查；

③ 及时处理局部积聚的瓦斯。

（2）防止瓦斯引燃的措施：

① 防止明火；

② 防止电火花；

③ 防止爆破引燃瓦斯；

④ 防止机械摩擦、冲击火花。

瓦斯爆炸
防治措施

（三）限制瓦斯爆炸范围扩大的措施

（1）实行分区通风。

（2）装有主要通风机的出风井口应安装防爆门，以防止发生爆炸时通风机被毁坏，造成救灾和恢复生产困难。

（3）开采有煤尘、瓦斯爆炸危险的矿井，都必须用水棚或岩粉棚隔开。

(4) 每年必须由煤矿技术负责人组织编制矿井灾害预防和处理计划。

四、煤与瓦斯突出及其预防

煤与瓦斯突出是指在压力作用下，破碎的煤与瓦斯由煤体内突然向采掘空间大量喷出，这是一种瓦斯的特殊涌出方式。

(一) 煤与瓦斯突出的预兆

(1) 无声预兆。工作面顶板压力增大，使支架变形、煤壁外鼓、片帮、掉渣、顶板下沉或底板鼓起，煤层层理紊乱，煤暗淡无光泽，煤质变软，瓦斯涌出量异常，煤壁发凉，打钻时有顶钻、卡钻、喷瓦斯等现象。

(2) 有声预兆。煤层在变形过程中发生劈裂声、闷雷声、机枪声、响煤炮，声音由远到近、由小到大，有短暂的、有连续的，间隔时间长短也不同。煤壁发生震动和冲击，顶板来压，支架发出断裂声。

煤与瓦斯突出的预兆

特别注意：瓦斯突出前，并不是所有预兆都出现，仅出现其中一种或数种，而且有的预兆不明显；有些预兆距发生突出的时间很短。因此，发现任何预兆都要格外警惕，及时报告、躲避。

(二) 煤与瓦斯突出的危害

大量的煤与瓦斯在短时间内向采掘空间突然喷出，突出的煤流或岩石流抛出会掩埋井下作业人员、堵塞巷道，造成风流逆转，破坏井下设施、设备和通风系统。井巷中充满高浓度瓦斯会引起人员缺氧，导致窒息死亡。当突出瓦斯与新鲜风流汇合后，遇到火源还可能发生燃烧或爆炸，使灾害事故扩大。

(三) 煤与瓦斯突出事故的预防

煤与瓦斯突出事故的预防

防突工作必须坚持“区域综合防突措施先行、局部综合防突措施补充”的原则，按照“一矿一策、一面一策”的要求，实现“先抽后建、先抽后掘、先抽后采、预抽达标”。瓦斯突出煤层必须采取两个“四位一体”综合防突措施，做到多措并举、可保必保、应抽尽抽、效果达标，否则严禁采掘活动。

第二节 矿尘灾害防治

一、矿尘概述

粉尘是指能够较长时间悬浮在空气中的固体颗粒。生产过程中，产生的粉尘称为生产性粉尘。在煤矿生产过程中，打眼、爆破、掘进、割煤、喷浆、运输等工序的作业中，会产生大量的粉尘粒子漂浮在生产环境中，这部分粉尘称为矿尘。

我国煤矿大多数为井工开采矿井，在掘进、采煤、爆破、装载等各个生产环节都会产生大量粉尘。井下粉尘较多的地点有：采煤或掘进工作面、自溜运输巷道、带式输送机的转载点、煤仓和溜煤眼的上下口以及井口的卸载点等。随着煤矿生产规模的扩大和机械化程度的提高，煤矿粉尘的产生量也随之迅速增大。另外，井下施工用的粉状材料有时会成为高浓度的有害粉尘，如锚喷作业时喷射水泥砂浆或混凝土会产生大量的水泥和砂粒粉尘。

二、矿尘的危害

矿尘具有很大的危害性，主要表现为以下方面：

(1) 煤尘爆炸是煤矿主要灾害之一，煤尘爆炸时的破坏性很大，尤其是爆炸后产生的大量一氧化碳会引起工作人员中毒死亡。

(2) 污染工作场所。煤矿工人在生产活动中长期接触较高浓度的生产性粉尘，可引起健康损害，较常见的疾病有尘肺病、鼻咽炎、慢性支气管炎和皮肤病。

(3) 加速机械磨损，缩短精密仪器的使用寿命。

(4) 降低工作场所能见度，增加工伤事故的发生概率。工作面能见度低，往往会导致误操作，造成人员意外伤亡。

矿井粉尘的危害	矿井粉尘防治措施

三、煤尘爆炸及其预防

风速过高会引起采掘工作面和运输巷道煤尘飞扬，而风速过低产尘点产生的煤尘无法排出则会增加浮尘量。带式输送机各转载点如不采取有效的防尘措施，则会造成煤尘飞扬。当煤尘含量达到爆炸临界点时，遇电气设备漏电产生的火花、爆破产生的火焰等引爆火源，就会发生煤尘爆炸事故。

（一）煤尘爆炸事故灾害类型

（1）在采掘生产过程中，特别是采掘工作面在爆破、落煤、运输过程中都会产生大量煤尘。一旦煤尘浓度达到爆炸界限，电气设备漏电产生火花、爆破产生火焰时，就会发生煤尘爆炸事故。

（2）煤尘爆炸时会产生高温、高压、有毒有害气体，造成人员伤亡、机械设备和巷道的破坏。强大的冲击波会造成风流逆转、通风系统紊乱，还可能引起其他地点的连续爆炸。

煤尘爆炸事故的危害

（3）采掘工作面及其回风巷发生煤尘爆炸事故时，将影响本采区；当引起连续爆炸时，影响范围扩大，直至影响整个矿井；进风井附近发生煤尘爆炸事故时将影响其进风流中的所有工作地点，反风不及时将影响整个矿井。

（二）煤尘爆炸的条件

煤尘发生爆炸必须同时具备三个基本条件：一是煤尘本身具有爆炸性，并且浮游煤尘要达到一定浓度，下限为 45 g/m^3，上限为 1 500～2 000 g/m^3；二是混合气体中氧气的浓度不小于 18%；三是有足够能量的点火源，温度在 610～1 050 ℃之间。

（三）煤尘爆炸预防措施

（1）矿井开采新水平、新煤层，要及时对煤层进行煤尘爆炸性鉴定。根据鉴定结果采取相应的安全措施，将作业场所的煤尘浓度降低到《煤矿安全规程》规定的浓度以下。

煤尘爆炸事故的防治措施

（2）建立煤尘监测制度，加强采掘工作面和主要场所的煤尘监测，消除煤尘隐患。

（3）加强巡查及管理，防止井下出现明火、爆破火焰、电气火花等引爆火源。

（4）按照“源头治理、科学防治”的原则，认真落实减尘、捕尘、洗尘有关规定。完善防尘洒水系统，采取湿式钻眼，使用水炮泥，爆破前后冲洗煤壁，爆破时采用高压喷雾或压气喷雾降尘，采掘面回风巷按规定安设自动控制风流净化水幕等。转载点采用自动喷雾降尘或密闭尘源除尘器抽尘净化等措施。

第三节 矿井火灾防治

一、矿井火灾概述

凡发生在井下或井口附近能够危害到井下安全的火灾，都叫作矿井火灾。发生矿井火灾的原因有两种：一是外部火源引起，二是煤炭物理化学性质的内在因素引起。因此，矿井火灾分为两类：外因火灾和内因火灾。

外因火灾，又称外源火灾，如违章在井下吸烟、在井下拆卸矿灯、放明炮、电焊、气焊等，都可能引起外因火灾。内因火灾，又称煤炭自燃火灾。

火灾事故的分类及发生条件	煤炭自燃的预防措施	外因火灾的预防措施

二、煤炭自燃的初期预兆

煤矿内因火灾事故隐患主要表现为煤炭自然发火。煤炭自燃的初期预兆有如下几种：

(1) 巷道内湿度增加，出现雾气、水珠。煤炭氧化初期生成水分，往往使巷道内湿度增加，出现雾气或在巷道壁上挂有水珠；浅部开采时，冬季在地面钻孔或塌陷处会出现冒出水蒸气或冰雪融化现象。

(2) 煤炭自燃放出焦油味。煤炭从“发烧”(自热)到自燃过程中，氧化时会产生多种碳氢化合物，并放出煤油味、汽油味、松节油味或焦油味等。当嗅到这些气味时，说明煤已燃烧到了一定程度。

(3) 巷道内发热，气温升高。煤炭氧化自燃过程中要释放出大量热量，因此，从自然发火的地方流出的水和空气的温度比平时要高，人的皮肤可以直接感觉到。

煤炭自燃的预兆

(4) 人有疲劳感。煤炭氧化自燃过程中，会放出有害气体，如二氧化碳、一氧化碳、二氧化硫等，这些有害气体会使人感到头痛、闷热、精神不振、不舒服、有疲劳感，尤其是多数人有同感时，应提高警惕，查明原因，以防矿井火灾的发生。

三、井下火灾的灭火方法

煤矿灭火方法有直接灭火、隔绝灭火和封闭火区等。

（一）直接灭火

（1）采用灭火剂或挖出火源等方法把火直接扑灭，称为直接灭火法。常用的灭火剂有水、泡沫、干粉、二氧化碳、四氯化碳、卤代烷、惰气、砂子和岩粉等。

矿井火灾 灭火方法	二氧化碳灭火 器使用方法	干粉灭火器 使用方法	消火栓 使用方法

① 水。水是不燃液体，是消防上常用的灭火剂之一，使用方法有水射流和水幕两种形式。

② 泡沫。泡沫是一种体积小，表面被液体围成的气泡群。泡沫的比重小，且流动性好，可实现远距离立体灭火，具有持久性和抗燃烧性，导热性能低，黏着力大。

③ 干粉。干粉灭火剂是目前公认的灭火效率较高的一种新型的化学灭火剂，应用范围比较广泛。

④ 卤代烃灭火剂。常用的卤代烃灭火剂是用氟、氯、溴取代甲烷和乙烷中的氢而成的，因此也叫卤代烷灭火剂。

⑤ 砂子和岩粉。砂子和岩粉在煤矿中广泛应用于扑灭电气火灾。

（2）消除可燃物。

直接灭火除了向火源喷射灭火剂以外，在有些条件下还可以采用挖除火源清除可燃物,以消除燃烧的物质基础。

(3) 采用凝胶处理高温点和自燃火源。

凝胶是近年来应用于煤矿井下防灭火较为广泛的材料,由基料[硅酸盐(水玻璃)]+促凝剂(碳酸氢氨等盐类)+水(90%左右)组成。

(4) 灌浆灭火。

灌浆灭火是煤矿井下常用的一种灭火方法。灌浆灭火的方法因火源位置而异。常用的方法有:井下巷道打钻灌浆、在火区密闭墙上插管灌浆和地面钻孔注浆三种。

(二) 隔绝灭火

当不能直接将火扑灭时,为了迅速控制火势,使其熄灭,可在通往火源的所有巷道内砌筑密闭墙,使火源与空气隔绝。

(三) 封闭火区

封闭火区的方法分为以下三种:

(1) 锁风封闭火区。从火区的进回风侧同时构筑密闭,封闭火区时不通风。这种方法适用于氧气浓度低于瓦斯爆炸界限(<12%)的火区。

(2) 通风封闭火区。在保持火区通风的条件下,同时构筑进回风两侧的密闭。

(3) 注惰气封闭火区。

第四节 矿井水灾防治

一、矿井涌水来源及危害

矿井水来源于地表水和地下水。

(一) 地表水

地表水主要是指矿区附近地面的江河、湖泊、池沼、水库、废弃的露天坑和塌陷坑积水以及雨水和冰雪融化汇集的水。

降雨和春季冰雪融化是地表水的主要来源。在开采浅部煤层时，由于地面形成塌陷区，地表水可能沿开采塌陷裂缝涌入井下；雨季不能及时排出矿区降雨时，雨水可能通过土层的孔隙和岩层的细小裂缝渗透到井下，在较短时间内把井巷或整个矿井淹没。

矿区附近的江河、湖泊、池沼、水库、低洼地、废弃的露天坑道等蓄存积水，可通过断层、裂隙、石灰岩溶洞与井下沟通，使地表水有可能进入井下造成突水事故。

（二）地下水

地下水主要是指含水层水、断层裂缝水和老空积水。这些水源可能从各种通道和岩层裂缝渗透进入矿井，是水灾的主要水源。

（三）矿井水的危害

(1) 井下巷道和采掘工作面出现淋水时空气潮湿，人易患风湿病。

(2) 矿井水会腐蚀井下各种金属设备、支架、轨道等。

(3) 如果发生了突水和透水事故，就可能淹没采掘工作面或矿井，造成人员伤亡。

二、矿井水灾事故的防治

防治水工作要坚持以防为主、防治结合，以及当前与长远、局部与整体、地面与井下、防治与利用相结合的原则；坚持“预测预报、有疑必探、先探后掘、先治后采”的十六字方针；落实“探、防、堵、疏、排、截、监”七项措施。根据不同的水文地质条件，采用不同的防治方法，因地制宜，统一规划，综合治理。具体措施如下：

(1) 严格按照规定留设防隔水煤(岩)柱。

(2) 在必要的地点或井下设置截水建(构)筑物，如防水闸门和防水闸墙。

(3) 建立完善的井下排水系统。

(4) 严格按照有关规定进行矿井探放水。

三、透水事故及其防治

矿区内大气降水、地表水、地下水通过各种通道涌入井下，成为矿井涌水。当矿井涌水量超过矿井正常排水能力时即会发生水患，称为矿井水灾，通常也称为透水。

煤矿水害是指发育于主要开采煤层顶底板直接或间接含水层中的水，在矿井采掘过程中通过天然或人为扰动的导水通道进入矿井，并给矿井带来灾害的过程与结果。煤层或岩层透水前，一般都有预兆，井下工作人员都应该熟悉发生透水事故前的各种预兆，以便及时采取防范措施。

矿井水灾的特点

（一）透水预兆

煤矿常见的透水预兆有：

① 煤层发潮发暗；

② 巷道壁或顶板“挂汗”；

③ 煤层变凉；

④ 工作面顶板淋水加大，或出现压力水头；

⑤ 从煤层或岩层裂缝中挤出“嘶嘶”的水叫声；

⑥ 工作面有害气体增加；

⑦ 煤壁或巷道“挂红”等。

透水事故的预兆

因此，当发现工作面有涌水预兆或发生大量涌水时，说明已接近水区，应停止作业，迅速向矿调度室汇报，及时采取措施。

（二）透水事故的处理措施

发生透水事故或矿井被淹，首先是救出井下人员，其次是排出积水，尽快恢复生产。采掘工作面或其他地点发现有突水预兆时，必须发出警报，撤出所有受水威胁地点的人员。

最先发现透水的现场工作人员，一方面报告矿调度室，另一方面迅速组织抢救。工作人员需要打木垛或用密集柱，堵住出水点，防止事故继续扩大；水势猛来不及进行加固时，人员应向高处撤退，安全出井。

第五节　顶板灾害防治

一、顶板冒落的预防

(1) 采取有效的支护措施。

(2) 及时处理局部漏顶，以免引起大范围冒顶。

顶板事故的分类、特点及原因	顶板事故的预防

(3) 坚持“敲帮问顶”制度。在进入采掘工作面装煤、支护前，要“敲帮问顶”，处理已离层的顶板。如果处理不了，要用点柱先支撑。

(4) 严格按照规程作业。严禁空顶作业，所有支架必须架设牢固并采取防倒柱措施，严禁在浮煤或浮矸上架设支架。

二、顶板冒落的预兆

(1) 响声。顶板连续发出断裂声，这是由于直接顶和基本顶发生离层，或顶板切断发出的声音。有时采空区内顶板会发出像闷雷的声音，这是基本顶和上方岩层产生离层或断裂的声音。岩层下沉断裂、顶板压力急剧加大时，支架会发出很大的声响。

(2) 掉渣。顶板岩石已有裂缝和碎块，其中小矸石稍受震动就掉落。

(3) 片帮。冒顶前煤壁所受压力增加，变得松软，片帮煤比平时多。

（4）漏顶。破碎的伪顶或直接顶在大面积冒顶以前，有时因为背顶不严或支架不牢而出现漏顶。

（5）裂缝。顶板的裂缝张开，裂缝增多。

（6）脱层（离层）。检查顶板是否脱层要用“敲帮问顶”的方法，如果声音清脆，表明顶板完好；如果顶板发出“空空”的响声，说明上下岩层已经脱离。

顶板冒落的预兆

（7）瓦斯涌出量突然增大。

（8）顶板淋水增大。

三、冒顶处置措施

（一）采煤工作面冒顶处置措施

（1）当冒落的煤、矸埋压人时，不可惊慌，应在区队长、班组长和有经验的老工人的指挥下，严密监视冒落的顶板及两帮情况，加固冒顶处 10 m 范围内支护，用长柄工具捣掉悬矸、危岩后，由有经验的工人由外向里进行支护，动作要迅速，并设专人观察顶板。同时，留好退路，严防顶板继续冒落伤人，组织人力积极抢救被埋人员。

（2）抢救时要仔细侦察，分析遇险者位置和被压情况，尽量不破坏冒落矸石的堆积状态，小心搬开煤、矸救出伤员，严禁用锹、镐等强挖硬刨。

（3）救出伤员后及时对其进行止血、包扎、骨折固定等，对发生休克的伤员要立即进行人工呼吸等现场救助并迅速送往医院。

（4）若垮落、冒顶将人员堵在独头巷道时，被堵人员要沉着、冷静，不要慌乱、乱喊乱叫，要设法自救。

（5）若冒顶面积大，处理时间长，被堵人员要静卧休息，节约矿灯电量、食物和水，减少氧气消耗，有压风管路时可打开阀门，放入空气供人呼吸。若冒落的煤和矸不太大，可扒出通道口时，应由有经验的老工人监视顶板，其他人员轮流擢扒出通道进行自救。同时，应间断性地敲击金属物发出求救信号。

（二）掘进、巷修工作面冒顶处置措施

（1）当发生冒顶事故时，现场人员不可惊慌，要在区队长、班组长和有经验的老工人指挥下，严密监视顶板及两帮的情况，在确保安全的前提下立即加强、加固冒顶处10 m范围内的支护。

（2）处理冒顶时，要用长钎捣掉可能冒落的悬矸、危岩，由有经验的老工人由外向里进行支护。一般采用架设木垛的方法，在没有冒落危险的情况下，设专人观察顶板，留好退路，迅速架好支架，排好护顶木垛，一直到冒顶最高点将顶托住。

（3）当冒落的煤、岩石埋压住人员时，要仔细侦察、分析遇险人员的位置和被埋压情况，在安全的前提下组织抢救工作。抢救中要尽量不破坏冒落岩石的堆积状态，小心搬开冒落的岩石，严禁使用锹、镐等强挖硬刨，严防对埋压人员造成二次伤害。

（4）救出的伤员要及时进行止血、包扎、骨折固定等，发生休克的要立即进行人工呼吸等现场救助并迅速送往医院。

（5）若冒落的矸石将人员堵在独头巷道内时，被堵人员要沉着、冷静，不要乱喊乱叫。若冒顶面积大，处理的时间长，被堵人员应立即静坐休息，注意节约矿灯电量、食物和水，减少氧气消耗，保持足够的体力。有压风管的应打开压风阀门，保持良好的通风；若冒顶面积不太大，被堵人员应在区队长、班组长和有经验的老工人指挥下，专人监视顶板情况，采用轮番攉扒冒落岩石的方法组织自救，并间断性敲打铁管、钢轨等发出呼救信号，等待救援。

（6）当冒顶的范围大，影响通风或人员被堵，可采用小断面快速修复的方法，架设比原来巷道规格小的临时支护，采用撞楔法把冒落的岩石控制住，从巷道两侧清理岩石，且边清理边维护，防止煤矸流入巷道。帮顶维护好后，就可以架设永久支护。

（7）当冒顶的长度大，不易处理时，可采用打绕道的方法，绕过冒落区去抢救被堵人员，或绕过冒落区后再转入正常掘进。

第四章 煤矿自救、互救与现场急救

大量煤矿事故证明，当矿井发生灾害事故后，事故现场人员在万分危急的情况下，依靠自己的智慧和力量，积极正确地开展自救和互救工作，是最大限度地减少事故损失的重要环节。因此，班组长必须掌握自救、互救与现场急救的基本方法。

第一节 煤矿事故班组应急处置

一、班组长应急处置的责任

煤矿班组长作为煤矿企业最基层组织的“一把手”，为班组应急管理的第一责任人。发生突发事故后，班组长应主动担负起责任，发挥自己的主观能动性，及时如实地向作业区领导上报事故情况，同时积极组织协调人力、物力，恢复设备的正常运转。班组长的职责体现在以下几个方面：

(1) 对本班组应急处置负全面责任。

(2) 负责组织全班职工学习煤矿(包括区队)各类灾害应急预案，掌握应急处置的方法，会扑灭初期火灾或处置其他初期事故。特别是对于逃生路线、紧急集合地点、报警电话、急救方法等要教导本班组成员牢记。

(3) 负责组织救人、逃生、报警等演练，并对演习效果进行评价和改进。

(4) 发生突发事故后，以保护人身安全为第一目的，同时兼顾设备和环境的保护，尽量减少灾害的损失程度。事故发生后，立即组织班组全体成员救人、逃生，集中后清点人数，发现未到者及时向上级汇报。

（5）判断突发事故灾情后，立即指挥抢救人员作业，向事故现场人员发送指令，同时向上级汇报。

二、煤矿各类灾害事故的处置要点

煤矿各类灾害事故的处置要点包括避难硐室避难、佩戴自救器逃生和创伤急救等。

（一）避难硐室避难

（1）在避难硐室中避难时，全体避难人员要团结互助、坚定信心；应在避难硐室外留有衣物、生产工具、矿灯等明显标志，以便救护人员发现。

（2）避难过程中，硐室内只留一盏矿灯照明，其余矿灯全部关闭，留作再次撤退时使用；避难时间过长获救后，不要马上过多饮水、进食和见强光，以防止损坏消化系统和眼睛。

（3）避难时应保持冷静，尽量俯卧在巷道底部，不急躁，保持精力，减少氧气消耗和避免吸入更多的有害气体；定期敲打铁管或岩帮等发出呼救信号。有条件时，打开矿用自动呼救器（矿井寻人仪），及时给营救人员提供避难地点的方位。

（二）佩戴自救器逃生

作业人员入井时，必须戴好安全帽，并随身携带自救器和矿灯。每次领取自救器时，都要仔细检查自救器的封锁装置等是否完好，外壳有没有损坏。若发现自救器有安全隐患，应及时更换。在携带自救器过程中，一定要倍加爱护，不得人为破坏，更不能无故打开自救器。若发生灾难事故时，应保持冷静，不能慌张，撤离灾区的同时应迅速按正确的方法佩戴好自救器。

（三）创伤急救

如果发现被救出的人身上有外伤时，应立即把伤员抬到安全的地点，并尽快脱掉（或剪开）伤员身上的衣服进行伤口止血，包扎时切不可用脏布；不可以用水清洗伤口里的煤渣，包扎时应避免用手直接触及伤口。

第二节　煤矿井下安全避险"六大系统"

煤矿井下安全避险"六大系统"是指监测监控系统、人员定位系统、紧急避险系统、压风自救系统、供水施救系统和通信联络系统。

为提高矿山安全生产保障能力，国家强制要求全国煤矿及非煤矿山都必须建立和完善"六大系统"。"六大系统"将对保障矿山安全生产发挥重大作用，为地下矿山安全生产提供良好的条件。

（一）监测监控系统

监测监控系统的功能：一是"测"，即监测各种环境安全参数、设备工况参数、过程控制参数等；二是"控"，即根据监测参数去控制安全装置、报警装置、生产设备、执行机构等。

煤矿企业必须按照《煤矿安全监控系统及检测仪器使用管理规范》（AQ 1029—2019）的要求，建设完善监测监控系统，实现对煤矿井下甲烷和一氧化碳浓度、温度、风速等的动态监控，为煤矿安全管理提供决策依据。监测监控系统地面中心站执行 24 h 值班制度，当系统发出报警、断电、馈电等异常信息时，能够迅速采取断电、撤人、停工等应急处置措施，充分发挥系统的安全避险预警作用。

（二）人员定位系统

人员定位系统是集井下人员考勤、跟踪定位、灾后急救、日常管理等于一体的综合性管理系统，集合了识别技术、传输技术、软件技术等顶尖的产品和技术。

人员定位系统通过对所有入井人员携带的识别卡（或具备定位功能的无线通信设备）的识别读取，能够及时、准确地将井下各个区域的人员动态情况反映到地面计算机系统，使管理人员能够随时掌握井下人员分布的状况和运行轨迹，以便进行更加合理的调度管理。当事故发生时，救援人员也可以根据人员定位系统所提供的数据、图形，迅速掌握有关人员的位置情况，及时采取相应的救援措施，提高应急救援的工作效率。

（三）紧急避险系统

紧急避险系统的设施有自救器、救生舱、避难所、防透水型固定式避难所等。

煤矿企业必须按照《煤矿安全规程》的要求，为入井人员配备额定防护时间不低于 30 min 的自救器。突出矿井必须建设采区避难硐室，突出煤层的掘进巷道长度及采煤工作面推进长度超过 500 m 时，应当在距离工作面 500 m 范围内建设临时避难硐室或其他临时避险设施。其他矿井应当建设采区避难硐室，或者在距离采掘工作面 1 000 m 范围内建设临时避难硐室或其他临时避险设施。

（四）压风自救系统

压风自救系统是能够在灾变期间给所有采掘作业地点提供压风供气，为事故现场人员提供宝贵氧气的系统。压风自救系统通常采用空气压缩机供风，空气压缩机一般设置在地面。但是对于深部多水平开采的矿井，空气压缩机安装在地面难以保证对井下作业地点进行有效供风时，可在其供风水平以上两个水平的进风井井底车场，选择一个安全可靠的位置安装空气压缩机。突出矿井的采掘工作面要设置压风自救装置，其他矿井掘进工作面要安设压风管路并设置供气阀门。

（五）供水施救系统

供水施救系统是指为了满足发生火灾、爆炸等事故现场人员的用水需要而设置的供水系统。

系统管道铺设线路：矿井地面蓄水池→井筒→井底车场→水平

运输大巷→采区上(下)山→区段集中巷→区段斜巷→工作面两巷。

所有采掘工作面和其他人员较集中的地点、井下各作业地点及避难硐室(场所)处应设置供水阀门,保证各采掘作业地点在灾变期间能够实现应急供水。系统应按照《煤矿安全规程》要求设置三通及阀门。

(六)通信联络系统

为了更好地进行煤矿生产,井下一般都有电话通信系统。在主副井绞车房、井底车场、运输调度室、采区变电所、水泵房等主要机电设备硐室和采掘工作面以及采区、水平最高点等地方都装有防爆电话机。通过电话联络,可以随时掌握井下及地面生产情况;当矿井发生灾变时,电话机是指挥救灾的必需设施。

井下避难硐室、井下主要水泵房、井下中央变电所和突出煤层采掘工作面、爆破时撤离人员集中地点等,必须设有直通矿调度室的电话。要积极推广使用井下无线通信系统、井下广播系统,完善通信联络系统。发生险情时,系统能够及时通知井下人员撤离。

第三节　自救器的使用

自救器是入井人员在井下发生火灾、瓦斯煤尘爆炸、煤与瓦斯突出时防止有害气体中毒或缺氧窒息的一种随身携带的呼吸保护器具。自救器是一种体积小、重量轻、便于携带的个人防护装备。

煤矿必须使用隔离式自救器。隔离式自救器能防护所有的有害气体,它的作用包括提供氧气、防止窒息和防止有害气体中毒。隔离式自救器有压缩氧自救器和化学氧自救器,目前常用的是压缩氧自救器。

压缩氧自救器是指利用压缩氧气供氧的隔离式呼吸保护器。多用于灾区大气环境中缺氧或存在有毒有害气体的情况,是一种可重复使用的自救器,每次使用后只需要更换吸收二氧化碳的吸收剂和重新充装氧气即可重复使用。

一、压缩氧自救器使用方法

(1) 佩戴位置。将专用腰带穿入自救器腰带环内,固定在背部右侧腰间,如图 4-1(a)所示。

(a)　(b)　(c)　(d)　(e)　(f)

图 4-1　压缩氧自救器的使用方法

(2) 开启扳手。使用时先将自救器沿腰带转到右侧腹前,左手托底,右手拉护罩胶片,使护罩挂钩脱离壳体并丢掉,再用右手掰锁口带扳手至封印条断开,丢开锁口带,如图 4-1(b)所示。

(3) 去掉上外壳。左手抓住下外壳,右手将上外壳用力拔下、扔掉,如图 4-1(c)所示。

(4) 套上挎带。将挎带套在脖子上,如图 4-1(d)所示。

(5) 提起口具并立即戴好。用力提起口具，此时气囊逐渐鼓起，立即拔掉口具塞并同时将口具塞入口中，口具片置于唇齿之间，牙齿紧紧咬住牙垫，紧闭嘴唇，如图 4-1(e)所示。若尼龙绳被拉断，气囊未鼓起，可以直接拉启动环。

(6) 夹好鼻夹。两手同时抓住两个鼻夹垫的圆柱形把柄，将鼻夹拉开，此时佩戴人要憋住一口气，用鼻夹垫准确夹住鼻子。

(7) 调整挎带。如果挎带过长，抬不起头，可以拉动挎带上的大圆环，使挎带缩短，长度适宜后，系在小圆环上，如图 4-1(f)所示。

(8) 退出灾区。上述操作完成后，开始撤离灾区。途中感到吸气不足时不要惊慌，应放慢脚步，做深呼吸，待气量充足后再快步行走。

压缩氧自救器的佩戴与使用注意事项(三维仿真)	压缩氧自救器的佩戴使用(真人实操)

二、使用注意事项

(1) 使用中要经常观察压力表，以掌握耗氧情况。

(2) 高压氧气瓶储装有 20 MPa 的氧气，携带过程中要防止撞击、磕碰和摔落，不许把压缩氧自救器当坐垫使用。

(3) 呼气和吸气时要慢而深(即深呼吸)。口与自救器的距离不能过近，以免气囊内的呼气软管打折，增加呼气阻力。

(4) 使用中应防止利器刺伤、划伤气囊。

(5) 在未达到安全地点时严禁摘下自救器。

(6) 要经常练习佩戴自救器，做到 30 s 内盲戴。

第四节　避灾自救

一、避难硐室避灾

避难硐室是井下发生灾害事故后，人员无法撤离灾区时的避难场所。避难硐室分事先构筑好的永久避难硐室和由避灾人员用身边现有材料建造的临时避难硐室两种。

（一）永久避难硐室

1. 概述

永久避难硐室预先设在井底车场附近或采区工作地点安全出口的路线上，距工作地点不能太远（即在自救器的有效工作时间内可到达）。避难硐室原则上应能容纳采区的全体人员。硐室内应备有供避灾人员呼吸用的供气装备（如压风自救装置）、通信设备、自救器、药品、食物等。需要注意两个问题：一是硐室内的供气装置要有保障，即空气气源能长时间供气，遇险人员使用的呼吸装置要佩戴方便、迅速，呼吸自如舒畅。二是硐室内要存放一定数量的自救器，其防护时间要足够长（如 30 min 以上的压缩氧自救器），确保遇险人员在条件允许时，能够佩戴自救器从避难硐室撤到安全地点或井上。

2. 人员进入避难硐室生存区的操作步骤和方法

① 人员走到避难硐室第一道防爆密闭门前→向上旋转防爆密闭门外把手→迅速进入避难硐室过渡室。

② 进入过渡室的人员关闭第一道防爆密闭门→向下旋转门上的内把手→锁紧第一道防爆密闭门→打开避难硐室内部压风总阀→打开喷淋装置→使用喷淋装置喷洗 30 s。

③ 所有人员喷洗完毕之后→向上旋转第二道密闭门的把手→打开第二道密闭门→迅速进入避难硐室生存区→关闭第二道密闭门。

3. 人员进入避难硐室摘取自救器操作步骤和方法

避难人员进入生存区→找到避难硐室巷帮悬挂的“七合一”传感器→按下传感器右侧的开关按钮→观察传感器屏幕显示数值→确认传感器显示环境参数正常→摘下自救器。

4. 避难硐室的压风供氧装置操作步骤和方法

避难硐室的压风供氧装置有以下两种操作模式：

(1) 压风供氧模式：人员打开避难硐室压风控制柜→打开压风管路的阀门→调节压风控制柜风流量不小于每人每分钟 100 L。

(2) 自备氧供氧模式：人员确认避难硐室巷道顶部悬挂的压风管道上的散流器无风流及流量表无读数→检查避难硐室压风总阀、压风控制柜内各阀门、散流器阀门处于打开状态→关闭硐室压风总阀→关闭第一道防爆密闭门及第二道密闭门上的超压排气阀→启动自备氧供氧。

5. 避难硐室空气净化装置操作步骤和方法

人员确认避难硐室内传感器显示有毒有害气体浓度超标→打开避难硐室中所有的空气净化器→拿出储物座椅中相应的有毒有害气体吸收药剂并平铺至药剂床中。

操作注意事项：当传感器显示二氧化碳浓度降低后又升高，并再次提示有毒有害气体浓度超标时，应更换空气净化器中的二氧化碳吸附剂。

(二) 临时避难硐室

临时避难硐室是矿井出现灾变事故时，遇险人员在等待救援的过程中利用现场的材料临时搭建的设施。临时避难硐室是利用独头巷道、硐室或两道风门之间的巷道，由避灾人员临时修建的，所以，应在这些地点事先准备好所需的木板、木桩、风筒、黏土、砂子或砖等材料，还应装有带阀门的压气管。避灾时，若无构筑材料，避灾人员可用衣服和身边现有的材料临时构筑避难硐室，以减少有害气体的侵入。密闭门应该打两道，工人应在门内施工。

（三）在避难硐室避难时的注意事项

（1）进入避难硐室前，应在硐室外留有矿灯、衣服、工具等明显标志，以便矿山救护队及时发现。

（2）避难人员在避难硐室中应保持安静，不急躁，尽量俯卧于巷道底部，避免不必要的体力和氧气消耗，以便延长避难时间。

（3）在避难中，要保持良好的精神状态和心理状态，坚持克服各种困难，坚定信心。

（4）硐室内只留一盏矿灯照明，其余熄灭，以备人员撤离时使用。自救器、急救袋暂时可以不用的应停止使用，一方面以备延长待救时间，另一方面以备重伤员抢救之用。

（5）在避难硐室内可间断地敲打铁器、岩石等，发出呼救信号。

（6）避难时要密切注意避难地点附近风流和瓦斯的情况，要不断争取待救时间（进入有压风管的避难硐室时应立即打开压风管）。若避难地点条件恶化，危及人员生命安全时，应立即转移到附近安全地点。

（7）被水堵在上山的人员，不要向下跑，不要盲目探险。水被排走露出顶板时，也不要急于出来，以防二氧化硫、硫化氢等气体中毒。

（8）看到救护队员后不要过于激动，以防血管破裂。避难时间过长被救后，不能过多饮食和接受强烈光线，以防损伤消化器官和眼睛。

二、敲击救援联络信号

如果人员被困地点有通信联络装置，应立即向矿调度室报告灾情、遇险人数和计划采取的避灾自救措施等；也可利用坚硬物体敲击管路、铁轨、钻杆等发出“5432”救援联络信号。联络信号有 4 组：5 声“呼救”、4 声“报数”、3 声“收到”、2 声“停止”。联络信号具体内容如下。

5 声——寻求联络(被困人员敲击 5 声为求救信号;救援人员敲击 5 声为寻求联络信号)。

4 声——询问被困人员数量(救援人员敲击 4 声为询问信号,被困人员确认收到后,按被困人数敲击为回复信号)。

3 声——收到(敲击 3 声表示“收到”对方信号和意图)。

2 声——停止(被困人员敲击 2 声为“停止”,表示停止给养补给或遇突发情况需停止行动)。

每次敲击间隔 1 s,分组发出信号,每组信号间隔 30 s。明白意图后敲击 3 声回复“收到”,未“收到”回复可重复敲击发出信号。

为便于记忆,班组长可以按照以下方式来记:5 声——快来救救我;4 声——有几个人;3 声——知道了;2 声——停止。

三、瓦斯爆炸事故避灾自救

(1) 当灾害发生时一定要镇静清醒,不要惊慌失措、乱喊乱跑。当听到或感觉到爆炸声响和空气冲击波时,应立即背朝声响和气浪传来的方向、脸朝下、双手置于身体下面、闭上眼睛迅速卧倒。头部要尽量低,有水沟的地方最好趴在水沟边上或坚固的障碍物后面。

(2) 立即屏住呼吸,用湿毛巾捂住口鼻,防止吸入有毒的高温气体,避免中毒和灼伤气管和内脏。

(3) 用衣服将自己身上的裸露部分尽量盖严,以防止火焰和高温气体灼伤皮肉。

(4) 迅速戴好自救器,以防止吸入有毒气体。

瓦斯爆炸事故的应急避险

(5) 高温气浪和冲击波过后应正确辨别方向,以最快的时间进入新鲜风流中,并按照避灾路线尽快逃离灾区。

(6) 无法逃离灾区时,应立即选择进入避难硐室中,充分利用现场的一切器材和设备来保护人员安全。进入避难硐室后要注意安全，最好找到离水源近的地方，设法堵好硐口，防止有害气体进入。注意节约矿灯用电和食品，室外要做好标记，有规律地敲打连接外部的管道、轨道等，发出求救信号。

四、煤与瓦斯突出事故避灾自救

（1）佩戴隔离式自救器保护自己。

（2）寻找可避难的场所。

（3）新鲜风流区域的职工应主动正确参加救护工作。

五、煤尘爆炸事故避灾自救

发生煤尘爆炸事故后的危险区域，救援人员只能在救人的情况下才能进入，但必须采取有效措施，保证救援人员的安全。

（1）井下发生煤尘爆炸事故时，一般有较大声响和较强的冲击波以及煤尘飞扬。如发生以上情况，立即采取如下措施：

① 无论任何人，凡发现灾害事故时，不论灾害程度如何、波及范围大小，都应立即向矿调度室汇报，并详细说明事故发生的地点、时间、类别及事故现场情况、冲击波的方向、事故可能波及的地点；

② 事故现场的区队长或工程技术人员及通风、安检部门人员应立即组织在场人员采取一切有效措施进行自救和抢险救灾，将事故消灭在初发阶段；

③ 不能有效消除危险时，应立即组织灾区人员和受威胁区域的人员迅速沿避灾路线撤离；

④ 采煤工作面发生事故时，受灾人员要以事故区为中心，分别由上、下顺槽撤退，转入安全的进风巷道。

（2）在发生煤尘爆炸事故、灾区人员无法迅速撤离时，应考虑下述方法避灾：

① 避灾人员要佩戴自救器或用湿毛巾堵住嘴和鼻子，以隔绝火焰和防止高温有害气体的伤害，待爆炸冲击波过去后，迅速撤到安全地点；

煤尘爆炸事故的应急避险

② 不能撤离的人员应迅速进入避难硐室或独头巷道(最好是岩石巷道)等安全地点,关停局部通风机,切断电源,断开风筒,堵住入口,防止有毒气体侵入,并在躲避地点巷道口悬挂矿灯、工具,定时敲打管道、铁轨等发出呼救信号,等待救援;

③ 避灾地点若有压风管,可设法打开压风管路,以便向避难人员输送新鲜空气。

六、矿井火灾事故避灾自救

(1) 井下若发现烟气或明火等火灾灾情,应立即通知在附近工作的人员及调度室。

火灾事故
应急避险

(2) 如果火灾不大,应立即组织力量扑灭。

(3) 如果火灾范围大或是火势凶猛,则应在撤出灾区人员、保证自身安全的前提下,采取稳定风流、控制火势发展、防止人员中毒和预防瓦斯或煤尘爆炸的措施,并随时保持与地面指挥部的联系,根据指挥部的命令行事。

(4) 见到火或突然接到火警通知时,需要立即撤退人员,要在判明灾情和自己实际处境以及应采取的应急措施的前提下采取行动。

七、矿井水灾事故避灾自救

矿井发生突水事故时,要根据灾情迅速采取以下有效措施进行紧急避险:

(1) 在突水迅猛、水流急速的情况下,现场人员应立即避开出水口和泄水流,躲避到硐室内、拐弯巷道或其他安全地点。如情况紧急来不及转移躲避时,可抓牢棚梁、棚腿或其他固定物体,防止被涌水冲倒或冲走。

(2) 当老空水涌出,使所在地点有毒有害气体浓度增高时,现场职工应立即佩戴好隔离式自救器。在未确定所在地点空气成分能否保证人员生命安全时,任何人禁止随意摘掉自救器的口具和鼻夹，以避免中毒窒息。

(3) 井下发生突水事故后，决不允许任何人以任何借口在不佩戴防护器具的情况下冒险进入灾区；否则，不仅达不到抢险救灾的目的，反而会造成自身伤亡、扩大事故。

水灾事故
应急避险

(4) 水害事故发生后，现场及附近地点工作的人员在脱离危险后，应迅速观察和判断突水地点、涌水程度、现场被困人员情况等，并立即报告矿调度室。同时，应利用电话或其他联络方式及时向下部水平和其他可能受到威胁区域的人员发出警报通知。

八、顶板事故避灾自救

(1) 迅速撤离。当发现工作地点有即将发生冒顶的征兆而当时又难以采取措施防止顶板冒落时，要迅速离开危险区，撤退到安全地点。

(2) 及时躲避。当冒顶发生又来不及撤至安全地点时，应靠煤帮贴身站立避灾，但要注意煤壁片帮伤人；如靠近木垛，也可撤至木垛处避灾。

(3) 立即求救。冒落基本稳定后，遇险人员应立即采用呼叫、敲打(不要敲打对自己有威胁的支架、物料和岩块)等方法，发出有规律、不间断的求救信号，以便撤离的人员了解灾情，组织力量进行抢救。

(4) 自救和互救。事故发生后，遇险人员要听从灾区班组长和有经验的老工人的指挥，在保证安全的前提下，积极开展自救和互救。正视已发生的灾害，注意保持体力，未受伤和受轻伤人员，要采取切实可行的措施设法营救被掩埋人员，并尽可能脱离险区或转移到较安全地点等待救援。

冒顶事故
应急避险

(5) 配合营救。发生冒顶埋人事故时，被埋压的人员不要惊慌失措，切忌激烈挣扎；被隔堵的人员应在遇险地点保护好自身安全，构筑脱险通道，配合外部的营救工作。

第五节　现 场 急 救

现场急救的关键在于"及时"，时间上突出一个"急"字，技术上突出一个"救"字，争取在最短的时间内有效完成急救和安全转运任务。

现场互救必须遵守转运原则：初步止血、骨折简易固定、保证生命体征平稳、医护全程护送、边救边送、就近医院救治。

现场急救必须遵守"三先三后"的原则：

(1) 对窒息(呼吸道完全堵塞)或心跳、呼吸骤停的伤员，必须先进行人工呼吸或心脏复苏后再搬运。

(2) 对出血的伤员，先止血后搬运。

(3) 对骨折的伤员，先固定后搬运。

现场急救的方法包括心肺复苏、止血、创伤包扎、骨折临时固定和伤员的搬运护送等。

一、心肺复苏

煤矿井下每名职工都要掌握急救相关知识。一旦发现有人晕倒应采取如下 4 个步骤措施：第一步判断意识；第二步呼救；第三步翻转体位；第四步胸外心脏按压，如图 4-2 所示。

(一) 胸外心脏按压

胸外心脏按压部位位于胸部正中，乳头连线水平(两乳头连线中点)，右手中、食指沿一侧肋弓向内上方滑动至胸骨下端，左手掌根靠紧食指，放于胸骨上，按压频率 100～120 次/分钟，按压深度 5～6 cm，如图 4-3(a)所示。

心肺复苏
操作步骤

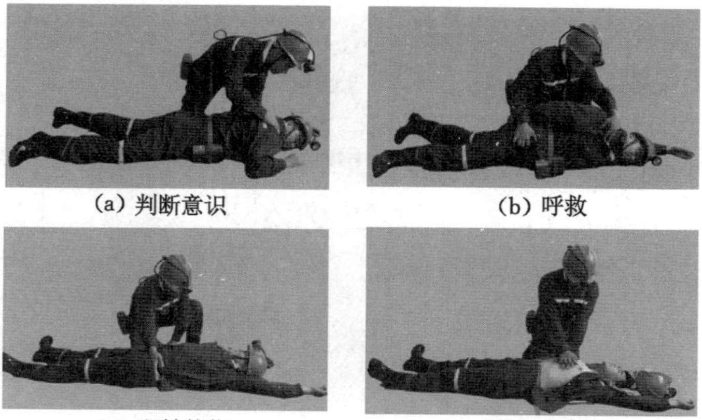

(a) 判断意识　(b) 呼救　(c) 翻转体位　(d) 胸外心脏按压

图 4-2　发现有人晕倒的处理程序

胸外心脏按压操作方法如下：首先使伤员仰卧在木板上或地上，解开其上衣和腰带，脱掉其胶鞋。救护者位于伤员右侧，手掌面与前臂垂直，一手掌面压在另一手掌面上，使双手重叠置于伤员胸骨 1/3 处(其下方为心脏)，以双肘和臂肩之力有节奏地、冲击式地向脊柱方向用力按压，使胸骨下陷至少 5～6 cm；按压后，迅速抬手使胸骨复位，以利于心脏的舒张。按压次数以每分钟 100～120 次为宜。按压过快，心脏舒张不够充分，心室内血液不能完全充盈；按压过慢，动脉压力低，效果也不好，如图 4-3(b)所示。

进行胸外心脏按压时的注意事项如下：

(1) 按压的力量应因人而异。对身强力壮的伤员按压力量可大些，对年老体弱的伤员力量宜小些。按压的力量要稳健有力、均匀规则，重力应放在手掌根部，着力仅在胸骨处，切勿在心尖部按压。同时注意用力不能过猛，否则可致肋骨骨折、心包积血或引起气胸等。

(2) 胸外心脏按压与口对口吹气法最好同时施行，无论单人心

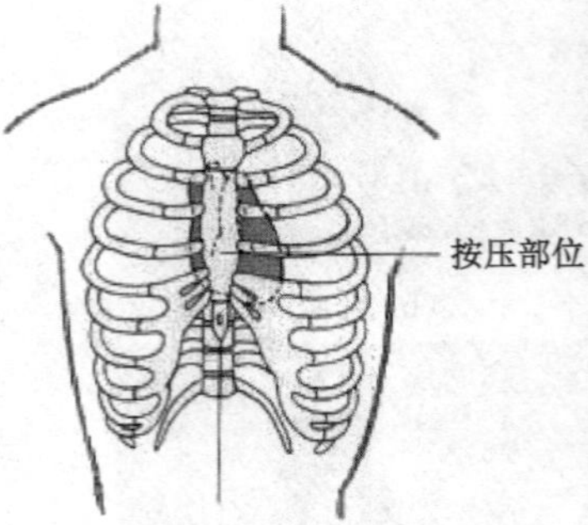

(a) 按压部位

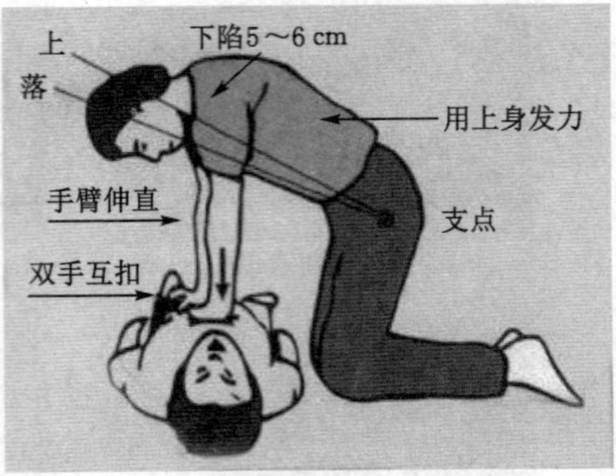

(b) 操作方法

图 4-3　胸外心脏按压示意图

肺复苏还是双人心肺复苏，均为每按压心脏 30 次，做口对口人工呼吸 2 次。

(3) 按压显效时，可摸到颈总动脉、股动脉搏动，散大的瞳孔开始缩小，皮肤转为红润。

(二) 人工呼吸

适用于休克、溺水、有害气体中毒、窒息或外伤窒息等引起的呼吸停止、假死状态者。

在施行人工呼吸前，先将伤员运送到安全、通风良好的地点，然后将伤员领口解开，注意保持体温，腰背部垫上软的衣服等。先清除口中脏物，把舌头拉出或压住，防止堵住喉咙、妨碍呼吸。各种有效的人工呼吸都必须在呼吸道畅通的前提下进行。常用的方法有口对口吹气法、仰卧压胸法和俯卧压背法 3 种。

(1) 口对口吹气法。它是效果最好、操作最简单的一种人工呼吸方法。操作前使伤员仰卧，救护者在其头的一侧，一只手托起伤员下颌，并尽量使其头部后仰，另一只手将其鼻孔捏住，以免吹气时从鼻孔漏气；救护者深吸一口气，紧贴伤员的口将气吹入，使伤员吸气，然后松开捏鼻的手，并用手压其胸部以帮助伤员呼气。如此有节律、均匀地反复进行，每分钟应吹气 14～16 次。注意吹气时切勿过猛、过短，也不宜过长，以占一次呼吸周期的 1/3 为宜。

(2) 仰卧压胸法。先让伤员仰卧，救护者跨跪在伤员大腿两侧，两手拇指向内，其余四指向外伸出，平放在其胸部两侧乳头之下，借半身重力压伤员胸部，挤出伤员肺内空气；然后救护者身体后仰，除去压力，伤员胸部依其弹性自然扩张，使空气吸入肺内。如此有节律地进行，要求每分钟压胸 16～20 次。

此方法不适用于胸部外伤或二氧化硫、二氧化氮中毒者，也不能与胸外心脏按压法同时进行。

(3) 俯卧压背法。此法与仰卧压胸法操作大致相同，只是伤员俯卧，救护者跨跪在伤员大腿两侧。因为这种方法便于排出肺内水分，因而对溺水者急救较为适合。

二、止血

（一）少量出血的处理

表面伤口和擦伤，应该用干净的水冲洗，用创可贴或干净的纱布、手绢包扎伤口。

（二）严重出血的止血方法

(1) 直接压迫止血，如图 4-4 所示。

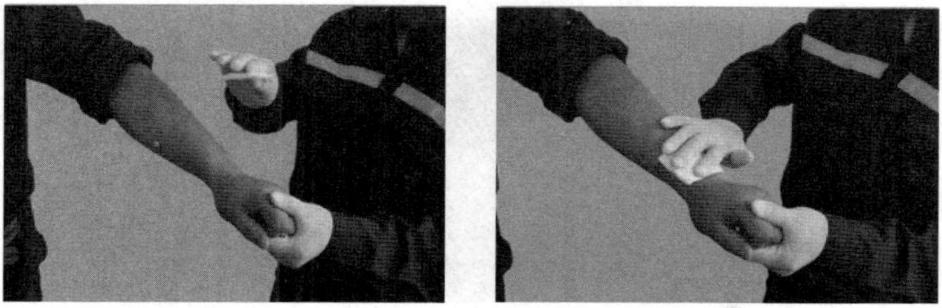

图 4-4　直接压迫止血示意图

(2) 加压包扎止血，如图 4-5 所示。

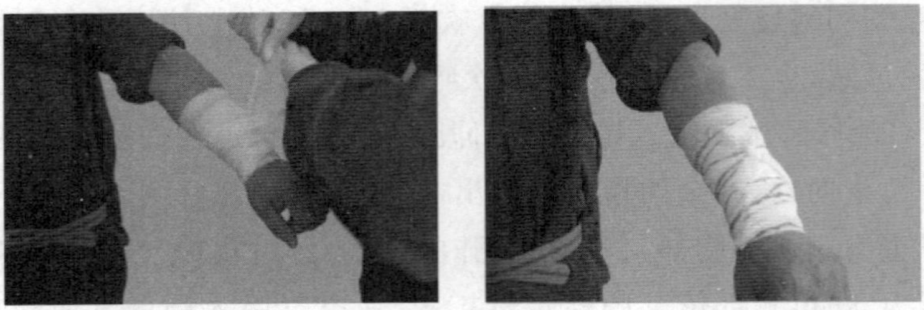

图 4-5　加压包扎止血示意图

(3) 止血带止血。

① 表带式止血带止血，如图 4-6 所示。

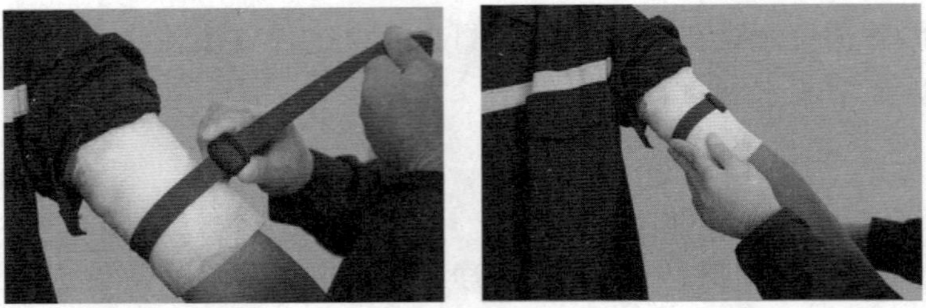

图 4-6　表带式止血带止血示意图

② 橡胶管止血带止血，如图 4-7 所示。

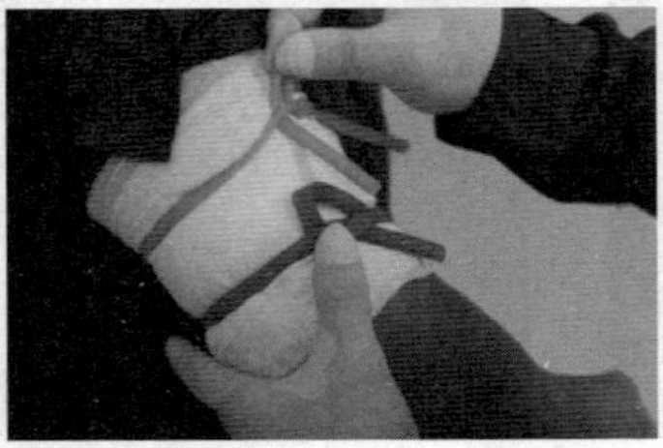

图 4-7　橡胶管止血带止血示意图

橡胶管止血带止血法操作步骤

(4) 布带止血带止血，如图 4-8 所示。

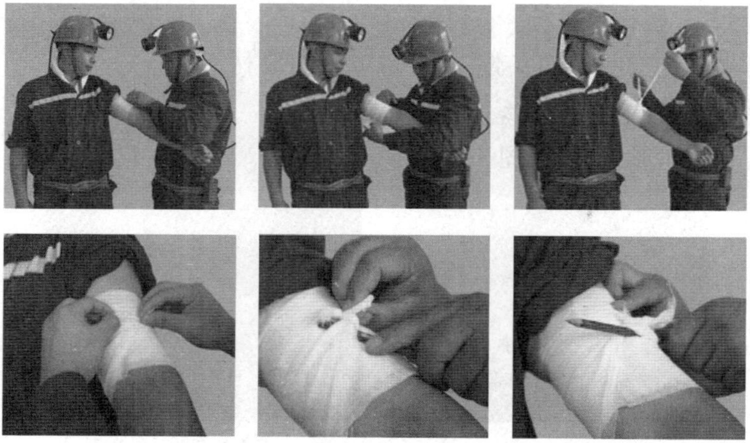

图 4-8 布带止血带止血示意图

使用止血带的注意事项如下：

① 止血带不能直接缠在皮肤上。

② 上肢出血扎在上臂上 1/3 处，下肢出血扎在大腿中上部。

③ 松紧适度。

④ 做好明显标记。

⑤ 每隔 40～50 min 放松一次，每次放松 2～3 min。放松时，应采取指压止血。

⑥ 不能用铁丝、电线、绳索等代替止血带。

⑦ 结扎止血带的时间一般不应超过 2 h。

三、创伤包扎

（一）包扎的目的

止血、保护伤口、防止感染、固定夹板和敷料。

（二）包扎的要求

应先用敷料盖住伤口再包扎，包扎时应紧密贴合、松紧适度，以保护伤口免受进一步损伤和污染。

绷带包扎操作步骤

（三）包扎的材料

绷带、三角巾、四头带、多头带或就地取材。

（四）绷带包扎方法

(1) 环形包扎，如图 4-9 所示。

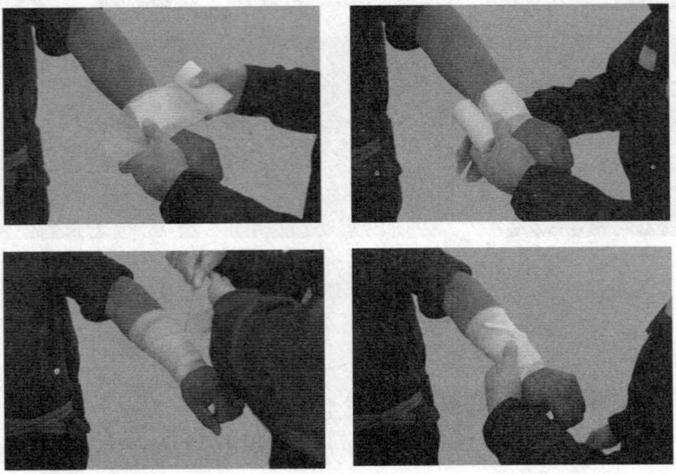

图 4-9　环形包扎示意图

(2) 螺旋包扎，如图 4-10 所示。

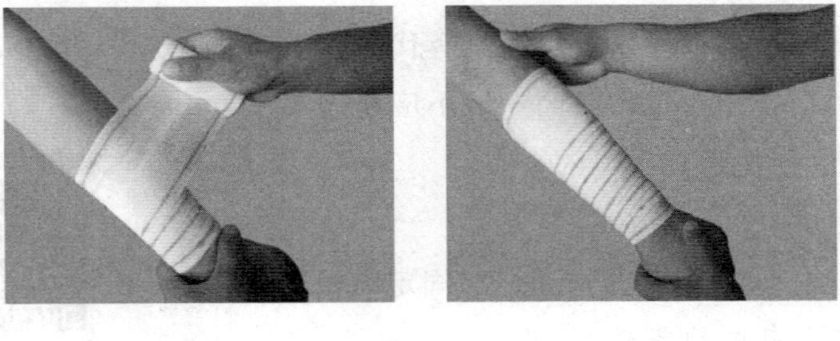

图 4-10　螺旋包扎示意图

(3) 螺旋反折包扎，如图 4-11 所示。

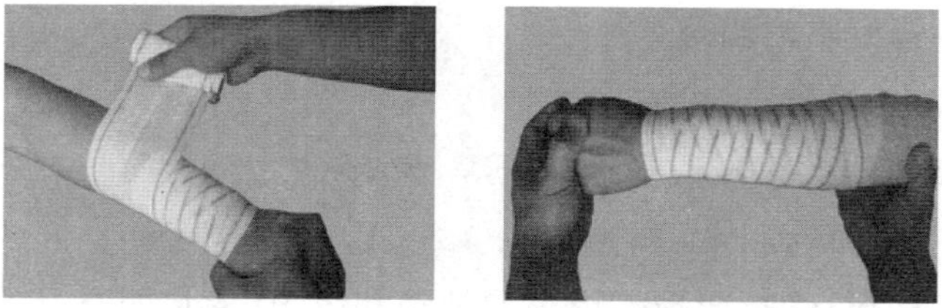

图 4-11　螺旋反折包扎示意图

(4)“8”字包扎,如图 4-12 所示。

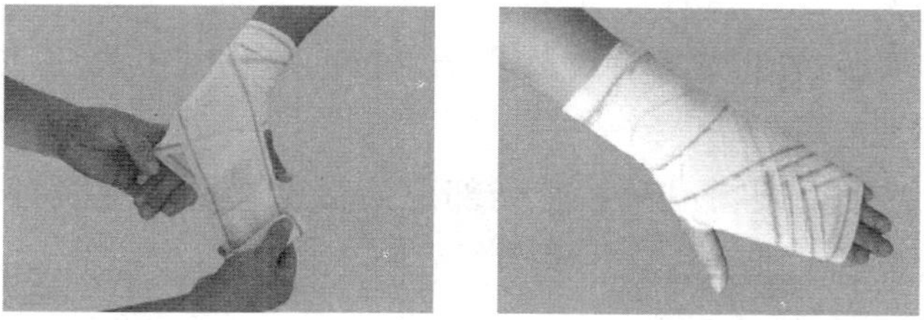

图 4-12　“8”字包扎示意图

(5)三角巾包扎,如图 4-13 所示。

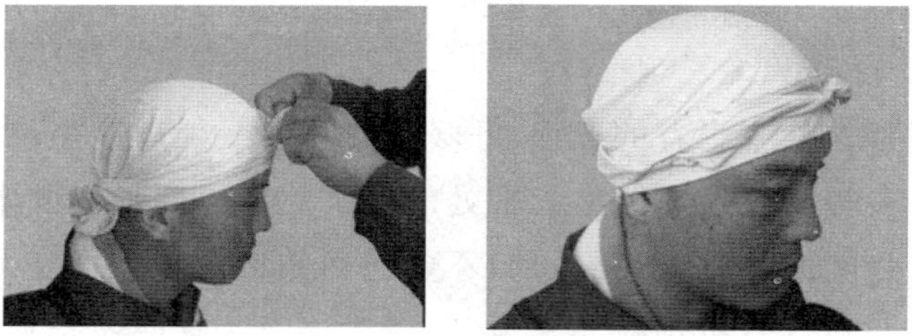

图 4-13　三角巾包扎示意图

三角巾包扎操作步骤

四、骨折临时固定

(一) 骨折原因

跌倒、撞击、机械或冒顶挤压等。

(二) 骨折的判定

(1) 疼痛:骨折会损伤周围的神经和组织,导致明显且剧烈的疼痛,特别是在活动或触碰受伤部位时,疼痛会加剧。

(2) 肿胀:受伤后,局部血管可能破裂,血液和组织液渗出,形成肿胀。如果肿胀严重且伴有疼痛,可能存在骨折。

(3) 畸形:骨折通常会导致受伤部位的形状发生改变,如肢体弯曲、缩短等。

(4) 活动受限:骨折后,受伤部位的活动通常会受到限制,无法正常完成动作。

(三) 骨折固定目的

固定受伤部位,避免再次损伤,利于搬运。

(四) 骨折固定材料

夹板、充气夹板、固定架、健侧肢体或就地取材。

(五) 骨折固定原则

(1) 首先检查患者的意识、呼吸、脉搏,以及处理严重出血情况。

(2) 夹板的长度应能将骨折处的上下关节一同加以固定。

(3) 骨断端暴露,不要拉动,不要送回伤口内。

(4) 开放性骨折现场不要冲洗、不要涂药,应该先止血包扎,再固定。

(5) 暴露肢体末端,以便观察血液循环情况。

(六) 骨折固定方法

(1) 锁骨骨折固定方法,如图 4-14 所示。

(2) 上肢(上臂)骨折、上臂下段(髁上)骨折固定方法,如图 4-15 所示。

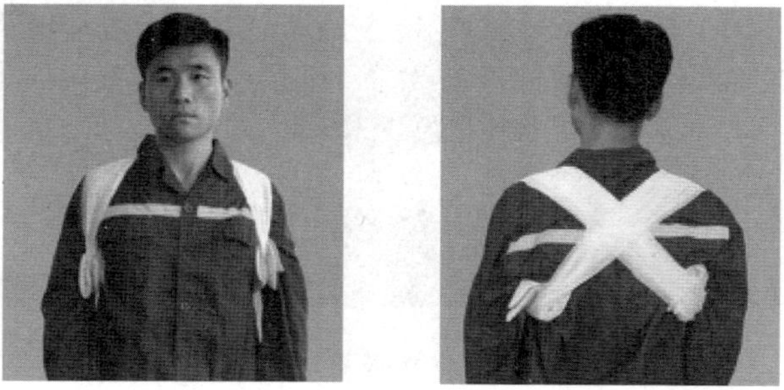

图 4-14　锁骨骨折固定方法

图 4-15　上肢骨折固定方法

上肢骨折固定操作步骤	大腿骨折固定操作步骤	小腿骨折固定操作步骤

（3）前臂骨折固定方法，如图 4-16 所示。

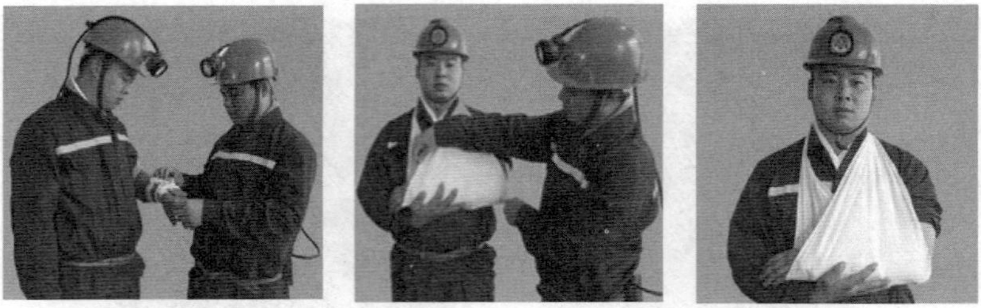

图 4-16　前臂骨折固定方法

(4) 下肢(大腿)骨折固定方法,如图 4-17 所示。

图 4-17　下肢(大腿)骨折固定方法

(5) 下肢(小腿)骨折固定方法,如图 4-18 所示。

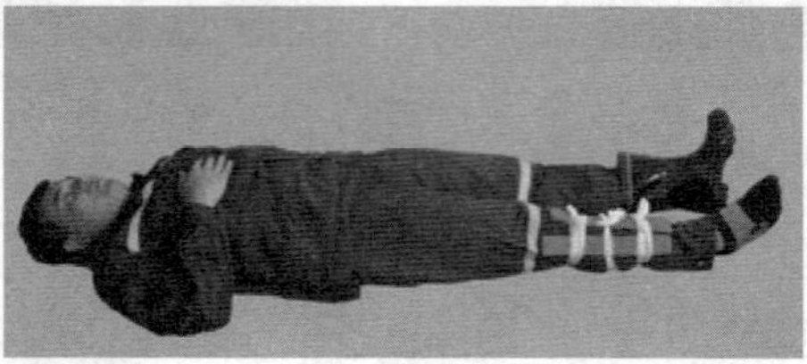

图 4-18　下肢(小腿)骨折固定方法

五、伤员的搬运护送

搬运时应尽量不增加伤员的痛苦,避免造成新的损伤及并发症。

(一) 单人徒手搬运法

(1) 扶行法,如图 4-19 所示。

(2) 背负法，如图 4-20 所示。

图 4-19　扶行法

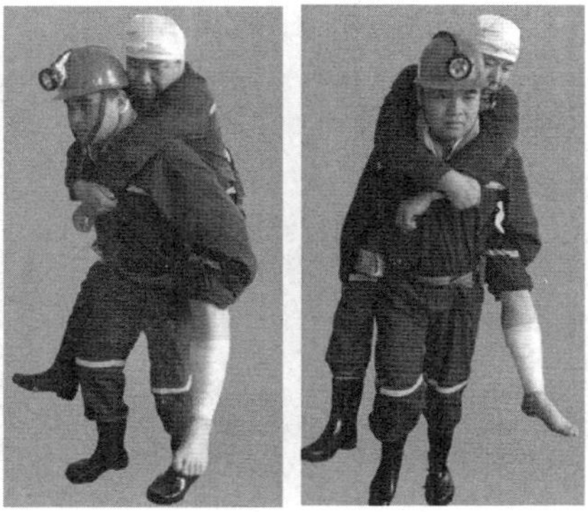

图 4-20　背负法

(3) 拖行法(腋下拖行、衣服拖行、毛毯拖行)，如图 4-21 所示。

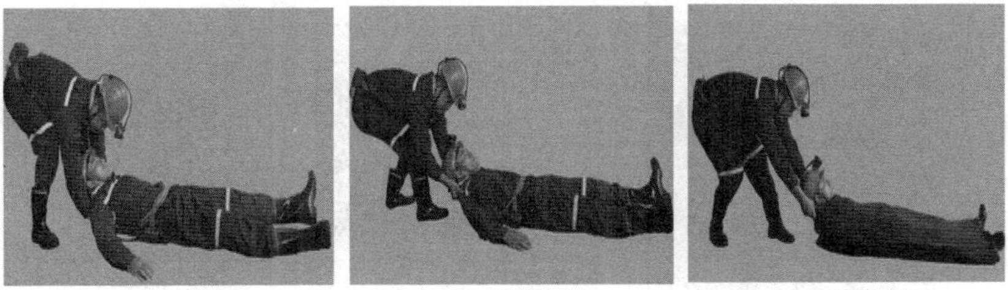

(a) 腋下拖行　(b) 衣服拖行　(c) 毛毯拖行

图 4-21　拖行法

(4) 爬行法，如图 4-22 所示。

图 4-22　爬行法

单人搬运法

（二）双人徒手搬运法

（1）轿杠式，如图 4-23 所示。

图 4-23　轿杠式

（2）椅拖式，如图 4-24 所示。

图 4-24　椅拖式

双人搬运法	三人搬运法

（三）三人徒手搬运法

三人徒手搬运法如图 4-25 所示。

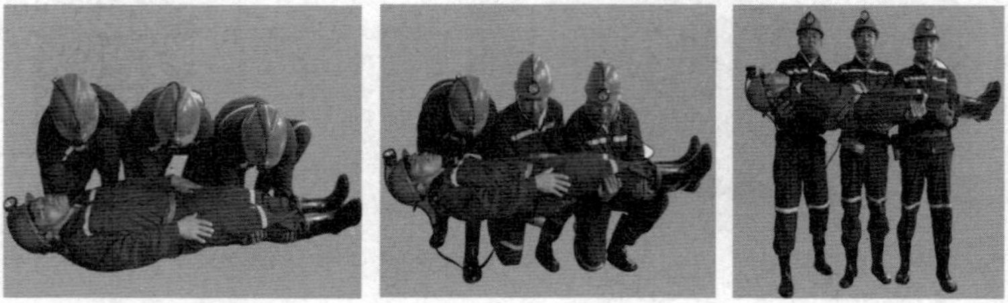

图 4-25　三人徒手搬运法

（四）四人徒手搬运法

四人徒手搬运法如图 4-26 所示。

图 4-26　四人徒手搬运法

（五）担架搬运

担架搬运如图 4-27 所示。

图 4-27　担架搬运

六、对不同伤员的现场急救

（一）对中毒或窒息人员的急救

（1）立即将伤员从危险区抢运到新鲜风流中，取平卧位。

（2）立即将伤员口、鼻内的黏液、血块、泥土、碎煤等除去，解开其上衣和腰带，脱掉其胶鞋。

（3）用衣服覆盖在伤员身上保暖。

（4）根据心跳、呼吸、瞳孔等特征和伤员的神智情况，初步判定伤情的轻重。

（5）当伤员出现眼红肿、流泪、畏光、喉痛、咳嗽、胸闷现象时，说明是二氧化硫中毒所致。当出现眼红肿、流泪、喉痛及手指、头发呈黄褐色现象时，说明是二氧化氮中毒。一氧化碳中毒的显著特征是嘴唇呈桃红色，两颊有红斑点。对二氧化硫、二氧化氮的中毒者只能进行口对口的人工呼吸，不能进行压胸或压背法的人工呼吸。

（6）人工呼吸持续的时间以恢复自主性呼吸或到伤员真正死亡时为止。当救护队来到后，转由救护人员用苏生器苏生。

（二）对外伤人员的急救

对外伤人员、烧伤人员、出血人员和骨折人员的急救，应分别采用包扎创面、止血和骨折临时固定等急救措施，然后迅速送往地面，到医院救治。

（三）对溺水者的急救

突水中，人员溺水时，可能造成呼吸困难而窒息死亡。对溺水者应采取如下措施急救：

（1）转送：把溺水者从水中救出后，立即送到比较温暖和空气流动的地方，松开腰带，脱掉湿衣服，盖上干衣服保暖。

（2）检查：检查溺水者的口鼻，如果有泥水和污物堵塞，应迅速清除，擦洗干净，以保持呼吸道通畅。

（3）控水：将溺水者取俯卧位，用木料、衣服等垫在其肚子下面；施救者左腿跪下，把溺水者的腹部放在右侧大腿上，使其头朝下；按压其背部，迫使水从体内流出。

（4）上述控水效果不理想时，应立即做俯卧压背法人工呼吸或口对口吹气，或胸外心脏按压。

（四）对触电者的急救

（1）立即切断电源，或使触电者脱离电源。

（2）迅速观察伤员有无呼吸和心跳。如发现已停止呼吸或心音微弱，应立即进行人工呼吸或胸外心脏按压。

(3) 若呼吸和心跳都已停止，应同时进行人工呼吸或胸外心脏按压。

(4) 对遭受电击者，若有其他损伤，如跌伤、出血等，应做相应的急救处理。

(五) 对冒顶埋压人员现场急救

(1) 扒伤员时须注意不要损伤其身体。靠近伤员身边时，扒掘动作要轻巧稳重，以免对伤员造成伤害。

(2) 如果确知伤员头部位置，应先扒去其头部煤岩块，以使头部尽早露出。头部扒出后，要立即清除口腔、鼻腔的污物，与此同时扒出身体其他部位。

(3) 此类伤员常常发生骨折，因此在扒掘与抬离时必须十分小心。严禁用手去拖拉伤员双脚或用其他粗鲁动作，以免使伤势加重。

(4) 当伤员呼吸困难或停止呼吸时，可进行口对口人工呼吸。

(5) 有大出血者，应立即止血。

(6) 有骨折者，应用夹板固定。如怀疑有脊柱骨折者，应该用硬板担架转运，千万不能由人扶持或抬运。

(7) 转运时须有医务人员护送，以便对发生的危险情况给予急救。

(六) 对长期被困在井下的人员急救

(1) 严禁用矿灯照射遇险者的眼睛，应用毛巾、衣服、纸张等蒙住其眼睛。

(2) 用棉花或纸张堵住其双耳。

(3) 注意保暖。

(4) 不能立即升井，应将其放在安全地点，使其逐渐适应环境和稳定情绪。待情绪稳定，体温、脉搏、呼吸及血压等稍有好转后，方可升井送医院。

(5) 搬运时要轻抬轻放、缓慢行走,注意伤情变化。

(6) 升井后和治疗初期,劝阻亲属探视,以免伤员因过度兴奋发生意外。

(7) 不能让其吃过量或硬的食物,限量吃一些稀软、易消化的食物,以使肠胃功能逐渐恢复。

第五章　煤矿职业危害及职业病防治

第一节　煤矿职业危害因素及职业病类型

一、职业病及职业危害因素概述

职业病是指企业、事业单位和个体经济组织（以下统称用人单位）的劳动者在职业活动中，因接触粉尘、放射性物质和其他有毒、有害物质等因素而引起的疾病。

职业病危害因素是指在生产过程、劳动过程和生产环境这三项劳动条件中，对从业人员的健康和劳动能力产生有害作用的作业场所的危害因素。职业病危害因素包括：职业活动中存在的各种有害的化学、物理、生物因素，以及在作业过程中产生的其他有害因素。

职业病是由于职业活动而产生的疾病，但并不是所有工作中得的病都是职业病。要构成职业病，必须具备以下四个条件：

（1）患病主体必须是用人单位的劳动者。

（2）必须是在从事职业活动过程中患病的。

（3）必须是因接触粉尘、放射性物质和其他有毒、有害物质等职业病危害因素引起的。

（4）必须是国家公布的职业病分类和目录所列的职业病。

二、煤矿常见职业病危害因素

煤矿生产中主要的职业病危害因素有粉尘、有毒有害气体、噪声和振动、不良气候条件等。

（一）粉尘

粉尘是煤矿的主要职业病危害因素之一。煤矿生产中，采煤、掘进、支护、提升运输、巷道维修等生产环节均会产生粉尘，这些粉尘可能使从业人员患上尘肺病。

（二）有毒有害气体

由于井下爆破、煤氧化、煤中放出等原因，矿井空气中含有甲烷（CH_4）、一氧化碳（CO）、二氧化碳（CO_2）、二氧化氮（NO_2）、硫化氢（H_2S）、二氧化硫（SO_2）、氨气（NH_3）等有毒有害气体，会导致职业中毒。

（三）噪声和振动

煤矿噪声和振动主要来源于井下机械化生产，其危害取决于生产过程、生产工艺和所使用的工具，如风动凿岩机和局部通风机的噪声和振动等。职工长期在噪声下工作，可能造成听力下降，甚至引起耳聋；长期接触振动，可能导致局部疼痛，甚至引起内脏器官损伤。

（四）不良气候条件

煤矿井下的不良气候条件有气温高、湿度大，不同地点风速大小不等和温差大等。长期在潮湿环境下工作的人员易患风湿性关节炎等。此外，劳动强度大、作业姿势不良也是煤矿井下工作的特点，易造成井下从业人员腰腿疼和各种外伤。

三、煤矿常见职业病

（一）硅肺

硅肺是由于职工在生产活动中长期在含游离二氧化硅10%以上、粉尘浓度大于2 mg/m³或含游离二氧化硅10%以下、粉尘浓度大于10 mg/m³的环境中工作，吸入含游离二氧化硅的呼吸性粉尘（硅尘）而引起的以肺组织弥漫性纤维化为主的全身性疾病。

尘肺病

（二）煤工尘肺

煤工尘肺是由于职工在煤炭生产活动中长期吸

入煤尘并在肺内滞留而引起的以肺组织弥漫性纤维化为主的全身性疾病。煤工尘肺病是我国煤炭行业累计患病人数、每年发病人数最多，对煤矿工人身体健康危害最大的职业病。

（三）水泥尘肺

水泥尘肺是由于职工在生产活动中长期吸入较高浓度的水泥粉尘而引起的一种尘肺病。水泥尘肺发病工龄较长，病情进展缓慢，发病工龄多在10～15年。

（四）职业性噪声聋

职业性噪声聋是由于职工在生产活动中长期接触高噪声而发生的一种进行性的听觉损伤。患者早期会出现听力下降，长期接触后，听力损失不能完全恢复，由功能性改变发展为器质性推行性病变。

四、从业人员和用人单位职业病预防的权利和义务

（一）从业人员职业卫生保护权利

(1) 获得职业卫生教育、培训。

(2) 获得职业健康检查、职业病诊疗、康复等职业病防治服务。

(3) 了解工作场所产生或者可能产生的职业病危害因素、危害后果和应当采取的职业病防护措施。

(4) 要求用人单位提供符合防治职业病要求的职业病防护设施和个人使用的职业病防护用品，改善工作条件。

(5) 对违反职业病防治法律、法规以及危及生命健康的行为提出批评、检举和控告。

(6) 拒绝违章指挥和强令进行没有职业病防护措施的作业。

(7) 参与用人单位职业卫生工作的民主管理，对职业病防治工作提出意见和建议。

用人单位应当保障劳动者行使上述权利。因劳动者依法行使正当权利而降低其工资、福利等待遇或者解除、终止与其订立的劳动合同的，其行为无效。

（二）从业人员职业卫生保护义务

劳动者应当学习和掌握相关的职业卫生知识，增强职业病防范意识，遵守职业病防治法律、法规、规章和操作规程，正确使用、维护职业病防护设备和个人使用的职业病防护用品，发现职业病危害事故隐患应当及时报告。劳动者不履行上述规定义务的，用人单位应当对其进行教育。

（三）用人单位职业卫生保护义务

(1) 配备防护设施、治理职业危害。

(2) 对作业场所职业病危害因素进行评价与管理。

(3) 对劳动者进行健康监护（上岗前、在岗中、离岗时）。

(4) 按规定用不同的形式将职业病危害因素告知劳动者（合同告知、工作场所警示告知、培训教育）。

(5) 建立危害监测和劳动者健康档案。

(6) 职业病报告义务。

(7) 对患职业病的劳动者救治、安置。

(8) 为劳动者依法参加工伤劳动保险。

(9) 落实职业危害治理和职业病防治经费。

(10) 对未成年工、女工进行保护。

第二节　煤矿主要职业危害因素防治措施

煤矿职业病的防治，坚持“预防为主、防治结合”的方针，遵循三级预防的原则。第一级预防是使劳动者尽可能不接触职业危害因素，即使在职业危害不可避免的情况下，采取措施降低生产环境中职业危害因素浓度或强度，使之达到国家职业卫生标准；第二级预防是通过早期发现职业损害，并及时处理，防止进一步发展；第三级预防是对已患职业病者，及时做出诊断和进行恰当的治疗，防止病情恶化和发生并发症，促进康复。

煤矿生产中主要的职业病危害有粉尘、有毒有害气体、噪声和振动、不良气候条件等，应积极采取防治措施，降低乃至消除煤矿职业病危害因素。煤矿职业病危害因素防治措施主要包括以下内容。

一、粉尘的概念及其浓度限值

煤矿粉尘主要是煤尘、岩尘和水泥尘。煤尘进入人肺使人患煤肺病，岩尘进入人肺使人患硅肺病，水泥尘进入人肺使人患水泥肺病，通称为尘肺病。

《煤矿安全规程》规定，作业场所空气中粉尘（总粉尘、呼吸性粉尘）浓度应当符合表 5-1 的要求。不符合要求的，应当采取有效措施进行处理。

表 5-1　作业场所空气中粉尘浓度要求

粉尘种类	游离二氧化硅含量/%	时间加权平均容许浓度/(mg/m^3)	
		总尘	呼尘
煤尘	<10	4.0	2.5
矽尘	10～50	1.0	0.7
	50～80	0.7	0.3
	≥80	0.5	0.2
水泥尘	<10	4.0	1.5

注：时间加权平均容许浓度是以时间加权数规定的 8 h 工作日、40 h 工作周的平均容许接触浓度。

二、矿尘的防治

井工煤矿必须建立防尘洒水系统。永久性防尘水池容量不得小于 200 m^3，且贮水量不得小于井下连续 2 h 的用水量，备用水池贮水量不得小于永久性防尘水池的50%。防尘管路应当铺设到所有能产生粉尘和沉积粉尘的地点，没有防尘供水管路的采掘工作面不得生产。防尘措施如下：

(1) 减尘措施。减少采掘作业时的粉尘产生量，包括煤层注水、采空区灌水、湿式打眼、水炮泥爆破等措施。

(2) 降尘措施。包括各产尘点设喷雾洒水装置净化风流、转载点封闭、泡沫除尘等。

(3) 通风排尘。调整合适的风速，加强排尘。

三、有毒有害气体的防治

矿井空气中含有甲烷（CH_4）、一氧化碳（CO）、二氧化碳（CO_2）、二氧化氮（NO_2）、硫化氢（H_2S）、二氧化硫（SO_2）、氨气（NH_3）等有毒有害气体，会导致职业中毒。有毒有害气体的防治措施如下：

(1) 消除有毒有害气体。煤矿井下的有毒有害气体主要来源于炮烟和煤氧化、火灾等。由于很多有毒有害气体是易溶于水的，通过加强通风和喷雾洒水可以排除和降低有毒有害气体含量，净化空气，这是消除毒物危害的最根本、最有效的措施。

(2) 加强个人防护。炮烟未散去或作业现场空气质量太差时，不要着急进入工作面，待炮烟散尽、现场空气质量好转时再进入工作面。同时应用好防护服、防护面具、防尘口罩、自救器等。

(3) 提高机体抵抗能力。对于在有害物质场所作业的人员，给予必要的保健待遇，加强营养和锻炼。

(4) 加强对有害物质的监测，掌握有害物质浓度含量，做到心中有数，控制其危害程度。

(5) 对受到危害的人员及时进行健康检查。必要时实行转岗、换岗作业。

(6) 加强有害物质及预防措施的宣传教育工作。建立健全安全生产责任制、卫生责任制和岗位安全责任制。

四、生产性噪声的防护

噪声危害会损害听觉，引起各种病症，引发安全事故。预防噪声危害的措施如下：

(1) 控制噪声传播。隔声：用吸声材料、吸声结构和隔声装置将噪声源封闭，防止噪声传播。消声：用吸声材料铺装室内墙壁或悬挂于室内空间，吸收辐射和反射声能，降低传播中噪声的强度水平。

(2) 采用合理的防护措施。使用耳塞防护，合适的耳塞隔声效果可达 30～40 dB(A)，对高频噪声的阻隔效果较好。

(3) 合理安排劳动制度。工作时间穿插休息时间，休息时间离开噪声环境，限制噪声工作时间，可减轻噪声对人体的危害。

(4) 卫生保健措施。对受到噪声危害的人员定期体检，听力下降者需要及时治疗，严重者调离噪声作业岗位。就业前体检或定期体检中发现有听觉器官疾病、心血管疾病、神经系统器质性疾病者，不得从事噪声环境工作。

五、生产性振动的危害和防护

在生产过程中，按振动作用于人体的方式可分为局部振动和全身振动两种。其中局部振动是最常见的和危害较大的振动。

振动危害的预防措施：

(1) 局部振动的减振措施。改革工艺和设备，改革工作制度，合理使用减振用品，建立合理的劳动制度，限制作业人员接触振动时间。煤矿井下的振动危害主要来自风动凿岩机、综采综掘及其他机械。

(2) 全身振动的减振措施。在有可能产生较大振动的设备周围设置隔离地沟，衬以橡胶、软木等减振材料，以确保振动不能外传。对振动源采取减振措施，如用弹簧等减振阻尼器，减少振动的传递距离。在井下采煤机、掘进机、柴油车等座椅下加泡沫垫等，减弱运行中由于各种原因传来的振动。另外，利用尼龙件代替金属件，可减少机器的振动,及时检修设备,可以防止因零件松动引起的振动。

六、高温作业的防护

高温作业对人体的循环系统、消化系统、泌尿系统、神经系统等都有危害。高温作业的防护措施如下:

(1) 通风降温。加大风速排除热量,合适的风速可使温度降到一定的程度。

(2) 喷雾洒水降温。在工作面喷雾洒水既可以降温又可以降尘。

(3) 保健防护。供给含盐饮料,以补充人体所需水分和盐分。

(4) 发放保健食品。高温环境下作业,人体能量消耗快,应增加蛋白质、热量、维生素等的摄入,以减轻疲劳,提高工作效率。

(5) 个人防护。给工作人员提供结实、耐热、宽大、便于操作的工作服、工作帽、防护眼镜、隔热面具、隔热靴等。

(6) 医疗防护。对高温条件下作业人员进行就业前体检,凡有心血管系统疾病、高血压、溃疡病、肺气肿、肝病、肾病等疾病不宜从事高温作业的人员,不得安排其从事高温作业或调离高温作业。

第三节　职业病诊断、鉴定与职业病患者保障

一、职业病诊断与鉴定

劳动者健康出现损害需要进行职业病诊断、鉴定的,煤矿企业应当如实提供职业病诊断、鉴定所需的劳动者职业史和职业病危害接触史、作业场所职业病危害因素检测结果等资料。

(一) 职业病诊断

职业病诊断必须在职业病诊断机构进行,应选择用人单位所在地、劳动者本人户籍所在地或者经常居住地的职业病诊断机构进行职业病诊断。职业病诊断机构应组织3名以上单数职业病诊断医师

进行集体诊断。职业病诊断医师独立分析、判断并提出诊断意见，任何单位和个人无权干预。职业病诊断机构做出职业病诊断结论后，出具职业病诊断证明书，证明书包括诊断结论和诊断时间。

（二）职业病鉴定

当事人如果对职业病诊断结果或职业病鉴定结论存在异议，可以在接到职业病诊断证明书之日起30日内，向职业病诊断机构所在地设区的市级卫生行政部门申请鉴定。当事人对设区的市级卫生行政部门职业病鉴定结论不服的，可以在接到鉴定书之日起15日内，向原鉴定组织所在地省级卫生行政部门申请再次鉴定。职业病鉴定实行两级鉴定制，省级职业病鉴定为最终鉴定。

（三）职业健康监护档案

煤矿应当为劳动者个人建立职业健康监护档案，并按照有关规定的期限妥善保存。职业健康监护档案应当包括劳动者个人基本情况、劳动者职业史和职业病危害接触史，历次职业健康检查结果及处理情况，职业病诊疗等资料。劳动者离开煤矿时，有权索取本人职业健康监护档案复印件，煤矿必须如实、无偿提供，并在所提供的复印件上签章。

二、职业健康监护

职业健康监护是指以预防为目的，根据劳动者的职业接触史，通过定期或不定期的医学健康检查和健康相关资料的收集，连续监测劳动者的健康状况，分析劳动者健康变化与所接触的职业病危害因素之间的关系，并及时将健康检查和资料分析结果报告给用人单位和劳动者本人，以便及时采取干预措施，保护劳动者健康。

（一）职业健康检查分类

职业健康检查分为上岗前职业健康检查、在岗期间职业健康检查和离岗时职业健康检查。

（二）职业健康检查项目及体检周期

根据《职业健康监护技术规范》(GBZ 188)的基本要求，按照《煤

矿作业场所职业病危害防治规定》,与煤炭行业有关的职业健康检查项目及周期如下:

(1) 游离二氧化硅粉尘,检查周期1年。

(2) 煤尘,检查周期2年。

(3) 水泥尘、电焊烟尘,检查周期2年。

(4) 噪声,检查周期:作业场所噪声8 h等效声级大于等于85 dB(A),1年1次;作业场所噪声8 h等效声级大于等于80 dB(A)且小于85 dB(A),2年1次。

(5) 高温,检查周期1年,应在每年高温季节到来之前进行。

(6) 手传振动,检查周期2年。

(7) 氮氧化物,检查周期1年。

(8) 一氧化碳,检查周期3年。

(9) 硫化氢,检查周期3年。

《煤矿作业场所职业病危害防治规定》中规定:煤矿不得安排未经上岗前职业健康检查的人员从事接触职业病危害的作业;不得安排有职业禁忌的人员从事其所禁忌的作业;不得安排未成年工从事接触职业病危害的作业;不得安排孕期、哺乳期的女职工从事对本人和胎儿、婴儿有危害的作业。劳动者接受职业健康检查应当视同正常出勤,煤矿企业不得以常规健康检查代替职业健康检查。

第二篇　班组管理篇

第六章　班组长应具备的基本素质与能力

第一节　表达与沟通能力

煤矿班组长在口头表达方面常存在如言辞模糊不清、声音低微、语速过快等问题，导致他人难以理解；或者存在词不达意、逻辑混乱等问题，使信息传达产生偏差，或者存在不善于倾听他人意见以及缺乏自信、过于严肃等问题，可能影响沟通效果。

一、口头表达能力

（一）具备良好口头表达能力的作用

班组长既履行普通员工的岗位职责，又承担一定的基层管理职责，而所有权利与职责的履行都离不开良好的口头表达能力。良好口头表达能力的作用如图 6-1 所示。

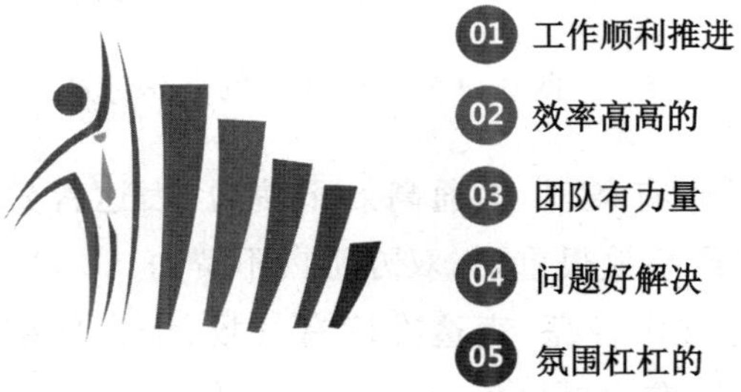

图 6-1　良好口头表达能力的作用

（1）工作顺利推进：说话清楚明白，工作指示准确传达，避免误解，工作才能顺利开展。

(2) 效率高高的:减少沟通障碍,避免时间浪费,提高工作效率。

(3) 团队有力量:获得组员信任,增强团队凝聚力。

(4) 问题好解决:协调资源,解决矛盾,保障工作质量。

(5) 氛围杠杠的:积极交流,营造良好的工作氛围,激发大家的干劲。

(二) 良好口头表达能力的锻炼方法

良好口头表达能力的锻炼方法如图 6-2 所示。

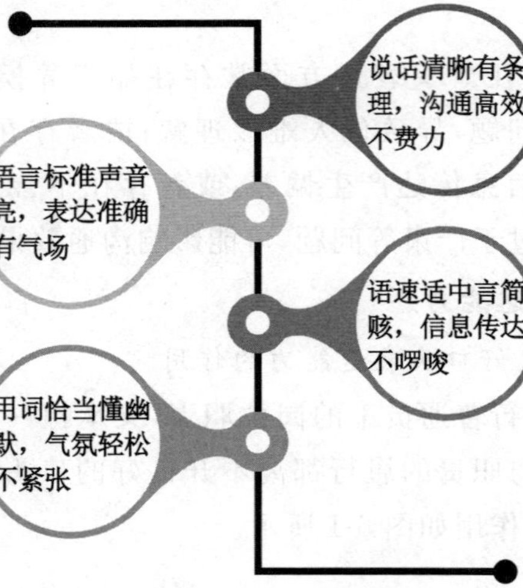

图 6-2 良好口头表达能力的锻炼方法

(1) 说话清晰有条理,沟通高效不费力:表达首先要清晰,说话条理不能乱,沟通高效很重要,双方明白不费力。

(2) 语言标准声音亮,表达准确有气场:语言标准是基础,声音洪亮有底气,表达准确更自信,个人气场自然显。

(3) 语速适中言简赅,信息传达不啰唆:语速适中要注意,言简意赅抓重点,信息传达要清楚,避免啰唆省时间。

(4) 用词恰当懂幽默,气氛轻松不紧张:用词恰当须思考,懂得幽默添趣味,气氛轻松又愉快,交流沟通不紧张。

二、书面表达能力

（一）存在的问题

书面表达能力存在的主要问题见表6-1。

表6-1　书面表达能力存在的主要问题

存在的问题	具体表现
术语过多	使用大量专业术语，不易理解
安全意识弱	描述工作流程或措施时，忽略重要细节
数据不准确	报告中的数据错误，影响决策和效率
缺乏图表	复杂情况或数据表达不清
文件不规范	不符合行业或企业的要求，导致执行困难

（二）具备精确书面表达能力的作用

（1）安全保障：精确规定防事故，安全生产有保障。

（2）效率提升：清晰任务提效率，工作轻松又顺利。

（3）凝聚增强：良好沟通促信任，团队凝聚力量大。

（4）管理优化：合理计划与措施，管理升级效果佳。

（5）问题解决：详细记录助改进，问题解决不再难。

（6）专业展示：高质量文件显能力，专业素养人人夸。

（7）信息共享：准确信息促共享，协同工作更顺畅。

（8）经验传承：书面留痕传经验，新人成长速度快。

（三）书面表达能力的改进方法

书面表达能力的改进方法如图6-3所示。

（1）深度掌握煤矿知识：全面了解采煤、掘进、通风等专业知识，丰富行业术语，使表达更具专业性。

（2）安全至上原则明确：在书面沟通中，将安全置于首位，用词精准，避免歧义，确保员工清晰理解。

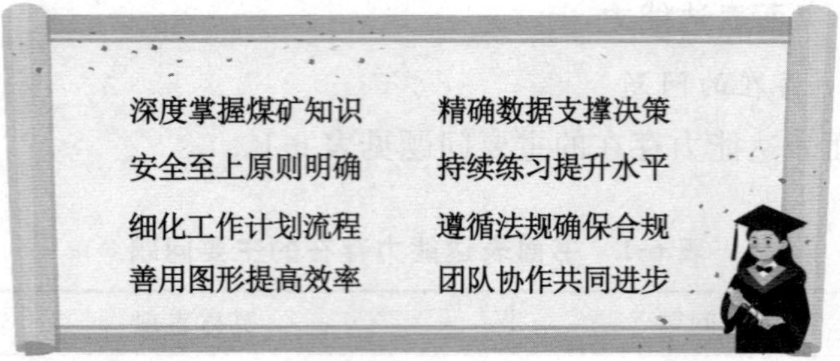

图 6-3 书面表达能力的改进方法

(3) 细化工作计划流程：依据煤矿特殊环境和任务需求，详细制订书面工作计划和操作流程。

(4) 善用图形提高效率：针对复杂情况和数据，巧妙运用图表、示意图等直观展示信息，增强沟通效果。

(5) 精确数据支撑决策：保证书面报告和记录中的数据准确无误，为决策和解决问题提供坚实依据。

(6) 持续练习提升水平：定期进行写作训练，撰写工作总结、报告等，通过实践不断提高书面表达能力。

(7) 遵循法规确保合规：深入学习并严格遵守煤炭行业相关法规和标准，确保书面内容合法合规。

(8) 团队协作共同进步：与同事积极交流写作经验和技巧，相互学习，共同提升精确表达能力。

三、有效沟通技巧

班组长不仅要经常与班组员工进行沟通，达成共识，还要把“沟通”升级为“有效沟通”。在沟通方面存在如下问题：专业术语使用不准确，让组员难以理解；忽视组员情绪，影响团队氛围；不熟悉新技术，导致沟通效率低下；在应急情况下，沟通指挥不畅，影响救援效果。针对这些问题，班组长可以通过学习、培训和实践，提高自身的沟通能力，确保信息准确传递，团队高效协作。

（一）具备高效沟通技巧的作用

具备高效沟通技巧的作用如图 6-4 所示。

图 6-4　具备高效沟通技巧的作用

（1）安全无小事：煤矿环境复杂，班组长的“安全大喇叭”得时刻在线，让组员把安全规则牢记心间。

（2）团队合作要默契：采煤如作战，班组长得是“沟通大师”，让团队紧密协作，战斗力爆表。

（3）技术更新跟得上：新设备、新工艺不断涌现，班组长要当“科技达人”，给组员传授新技能。

（4）突发情况不慌张：面对瓦斯突出、顶板事故等“大敌”，班组长要做“冷静指挥官”，把指令传达得明明白白。

（5）团队氛围要活跃：班组长得是“心灵捕手”，和组员多交流，让团队充满活力。

（二）高效沟通技巧的锻炼方法

高效沟通技巧的锻炼方法如图 6-5 所示。

（1）莫急莫慌，心平气和：遇到沟通问题，就像遇到瓦斯超限一样，不能慌，稳住，找出原因所在。

（2）找准问题，对症下药：就像找煤层一样，仔细分析，追本溯源。

（3）沟通方式，多种多样：面对面不行，就试试写信、发短信，总

图 6-5　高效沟通技巧的锻炼方法

有一种方法能打通“任督二脉”。

(4) 耳朵张开，嘴巴闭上：多听听组员的“牢骚”，别总是自己说个不停。

(5) 说话简单，别绕圈子：能一句话说清楚的，就别说得那么复杂。

(6) 共同商量，解决问题：大家一起出主意，就像挖煤一样，齐心协力把“沟通大山”挖掉。

(7) 学习进步，天天向上：多看看沟通技巧的书，就像学习煤矿安全知识一样，每天进步一点点。

四、听取反馈能力

班组长在听取反馈时，可能会表现出各种问题。比如，有的像“耳背”一样，对安全隐患和设备故障视而不见；有的则像“火爆”的瓦斯，一点就着，听不进不同意见；还有的就像“挑食”的矿工，只喜欢听好话，对改进建议却置之不理。此外，有些班组长缺乏耐心，心不在焉，或对问题麻木不仁，粗心大意，甚至反应迟钝，对组员的反馈处理缓慢。

（一）具备谦逊听取反馈能力的作用

听取反馈能力的作用如图 6-6 所示。

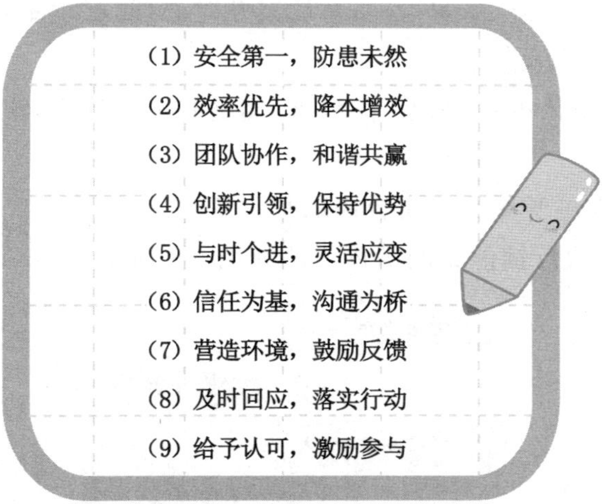

图 6-6　听取反馈能力的作用

（1）安全第一，防患未然：煤矿工作环境复杂，危险因素多，班组长应听取关于安全隐患的反馈，能及时采取措施，确保矿工生命安全。

（2）效率优先，降本增效：采煤等作业过程中，问题影响效率，班组长应倾听流程优化、设备改进等反馈，提高生产效率。

（3）团队协作，和谐共赢：煤矿工作需团队协作，班组长应关注协作问题和个人发展需求反馈，营造和谐团队氛围。

（4）创新引领，保持优势：煤矿行业技术更新快，班组长应鼓励创新和管理改进建议，以利于企业竞争保持优势。

(5) 与时俱进,灵活应变:煤矿受市场、政策等因素影响大,班组长应及时了解反馈,更好地适应变化并做出决策。

(6) 信任为基,沟通为桥:高风险行业,良好的沟通氛围很重要,班组长应善于倾听反馈,让矿工更信任,工作开展更顺利。

(7) 营造环境,鼓励反馈:班组长应建立开放、尊重的氛围,让组员敢反馈、愿反馈。

(8) 及时回应,落实行动:对反馈及时处理,展示重视,让组员知其价值,更积极反馈。

(9) 给予认可,激励参与:认可、奖励有价值反馈,激励组员继续积极参与。

(二) 谦逊听取反馈能力的锻炼方法

谦逊听取反馈能力的锻炼方法如图 6-7 所示。

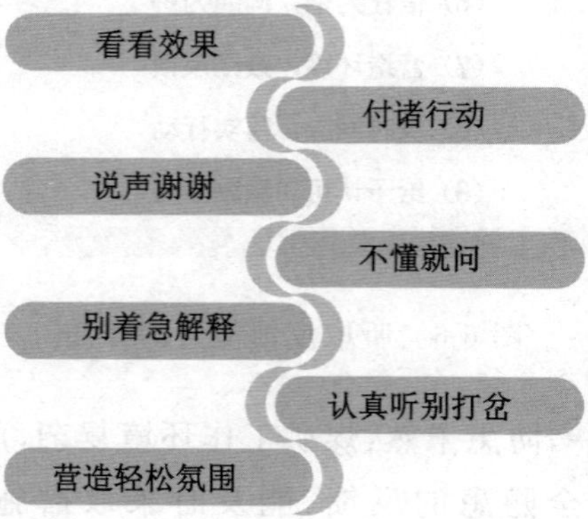

图 6-7 谦逊听取反馈能力的锻炼方法

(1) 营造轻松氛围:让大家知道你想听真话,有啥说啥别拘束。

(2) 认真听别打岔:别人说话时,别急着插嘴,先听人家说完。

(3) 别着急解释:听到不同意见,别急着辩解,换位思考一下。

(4) 不懂就问:有不明白的地方,别不好意思,大胆问清楚。

(5) 说声谢谢:对给你提意见的人,真诚地说声谢谢。

(6) 付诸行动：有了好建议，别光说不练，得真刀真枪地干。

(7) 看看效果：时不时地检查一下改进的情况，有问题就调整。

第二节　团队建设能力

班组团队建设，大多数基于班组长个人魅力，如做出样子，做出表率，用自己的言行示范去影响班组员工。班组长通过自己的言行示范，让班组员工感受到班组长对人对事的重视，从行到心得到班组员工的认可。这种认可，很容易让班组员工产生心锚。所谓的心锚是一种条件反射，是“触景生情”的一种，用自己的言行示范去影响班组员工，形成合力，从而完成好各项工作任务。但这往往需要班组长有较强的人格魅力，多数班组长停留在“望尘莫及”的边缘。

班组长可能会碰到一些难题。比如说，环境乱糟糟，大家说话听不清，消息传得慢，工作效率不高。不同工种的人一起干活，配合得不好，老有矛盾，活就干得慢了。班组长要是较为软弱，带不好队，活就干不好。该如何破局呢？

一、组建高效团队

(一) 组建高效团队的作用

在煤矿作业中，班组长一旦组建了高效团队，简直就有如神助。首先，高效团队能够让工作效率“嗖嗖嗖”地往上涨，产量也可以跟着“蹭蹭蹭”地增加。同时，大家都知道煤矿作业的安全非常重要，一个高效的团队可以大大减少安全事故的发生，真正内化于心实现零死亡甚至零伤亡的目标。

此外，团队成员之间默契十足，不仅会让工作更顺利，还能让每个人都更有干劲。有了高效团队的“神助攻”，班组长管理起来也会更得心应手，就像是有了一群得力助手，工作既轻松又高效。这样的团队，谁能不爱呢？

（二）组建高效团队的方法

组建高效团队的方法如图6-8所示。

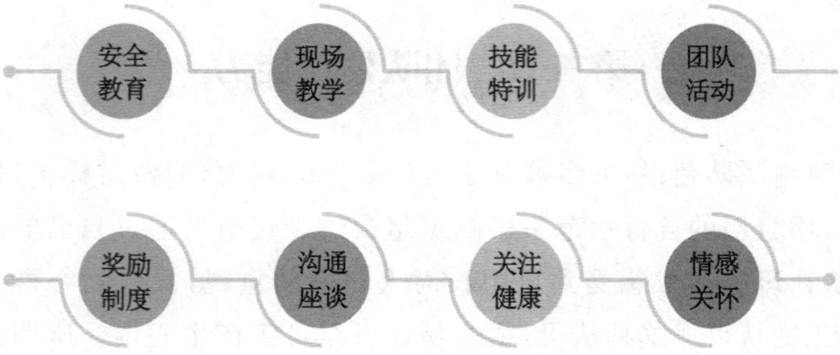

图6-8 组建高效团队的方法

（1）安全教育：在班前会上，班组长可以分享一些近期的煤矿安全事故案例，尤其是身边人身边事。如未正确使用瓦斯检测仪器而导致的事故，让矿工们时刻保持警惕，明白瓦斯检测的重要性。

（2）现场教学：班组长在井下作业时，亲自示范正确的操作技巧，如采煤机的使用、顶板支护等。在掘进工作面，班组长可以手把手教新员工如何正确使用锚杆钻机，确保支护质量。

（3）技能特训：定期组织技能培训，针对煤矿工作中的特定技能进行讲解和练习，提升学习针对性。比如举办煤机操作培训，让矿工熟悉各种煤机的操作方法和维护要点。

（4）团队活动：组织矿工参加户外拓展活动，增强团队凝聚力。可进行一些团队合作游戏，如搭建矿井模型比赛，让大家在游戏中培养协作精神。

（5）奖励制度：设立奖励制度，对于工作表现出色的矿工给予物质和精神奖励。比如，颁发“安全之星”奖章，或者奖励一些实用的工具和生活用品。

（6）沟通座谈：定期组织矿工座谈会，让大家有机会表达自己的意见和建议。班组长要认真倾听，及时解决矿工反映的问题，改善工作环境。

(7) 关注健康：关注矿工的身体健康，提供必要的防护设备和健康检查。可以组织工间操活动，让矿工在工作之余适当活动身体，预防职业病。

(8) 情感关怀：班组长要学会将心比心，多站在矿工的角度思考问题，站在大局的高度看待问题。遇到问题时，不自作主张，和工友一起协商解决。对受到批评或处罚的人，单独与其谈心，讲明批评或处罚的原因，消除其抵触情绪。

二、培养团队协作精神

在煤矿工作中，班组长注重培养团队协作精神意义重大。通过团队协作，矿工彼此照应，如同安全网一般，为安全生产提供坚实保障。各工种间默契配合，犹如高效运转的机器，大幅提升工作效率。"老带新"的传统使团队整体技能水平不断提高，应对各种挑战更加从容。在面对突发状况时，团队的凝聚力和协同作战能力成为解决问题的关键。此外，紧密团结的团队宛如一个大家庭，共同为煤矿的稳定发展贡献力量。

(一) 培养团队协作精神的作用

培养团队协作精神的作用如图 6-9 所示。

(1) 安全多一道防线：在煤矿工作中，大家相互关照，就像多了一双眼睛，能及时发现隐患，避免事故发生。

(2) 干活儿更利索：采煤、掘进、运输等各个环节紧密配合，就像齿轮一样，转得又快又稳，提高工作效率。

(3) 本事学得快：老师傅带徒弟，徒弟有问题随时问，大家一起进步，整个团队的能力"蹭蹭"往上涨。

(4) 遇事不慌：碰到突发情况，大家一起上，齐心协力解决问题，煤矿生产有保障。

图 6-9　培养团队协作精神的作用

（5）心齐力量大：大家团结一心，就像一家人，有活儿一起干，有困难一起扛。

（二）培养团队协作精神的方法

1. 明确班组长在其中扮演的角色（见图 6-10）

图 6-10　班组长的角色定位

（1）带头大哥：班组长要有带头大哥的气度，把自己班组的矿工当作兄弟，带着兄弟们一起向前冲，为了共同目标一起去努力。

（2）和事佬：大家在工作中难免有摩擦，班组长就是那个能调解矛盾、让大家一团和气的和事佬。

（3）主心骨：遇到困难的时候，班组长得站出来稳定军心，给大家吃下定心丸。

（4）传声筒：班组长要把上面的指示传达给下面的每个组员，也要把下面的情况反映给上面，起到上下沟通的桥梁作用。

（5）老师傅：班组长得有几把刷子，自身专业素质得过硬，把自己的经验和技能教给组员，让大家都能进步。

(6) 啦啦队队长：班组长要会给组员加油打气，鼓励大家好好干，提高大家的工作积极性。

(7) 大当家的：关键时刻，班组长得果断决策，给大家指明方向，带着大家一起干。

2. 培养团队协作精神的方法(见图 6-11)

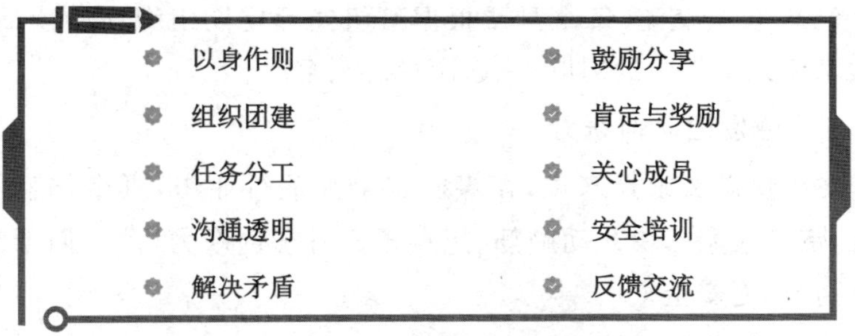

图 6-11 培养团队协作精神的方法

(1) 以身作则：遇到上级安排的急难险重任务时，班组长要带头，起表率作用。

(2) 组织团建：比如举办矿工拔河比赛，大家在比赛中齐心协力，增进彼此的感情。

(3) 任务分工：班组长根据每个人的强项，安排合适的任务，大家各司其职，提高工作效率。

(4) 沟通透明：班前会上，班组长用通俗易懂的语言说明工作任务，让每个人都明白要做什么。

(5) 解决矛盾：两个人工作上有分歧，班组长须第一时间去调解，帮他们找到共同点，达成共识，以解决问题。

(6) 鼓励分享：在安全培训时，让经验丰富的矿工讲讲自己的窍门，大家互相学习。

(7) 肯定与奖励：哪个班组在安全检查中表现得好，就给他们发放一些实用的奖品，或者可以给予适当的休息时间作为激励。

(8) 关心成员：若知道有成员家里存在困难，班组长可组织大家一起帮忙，让他感受到大家的关心。

(9) 安全培训：组织有针对性的培训，本着“缺啥补啥”原则，由专业老师来到现场，用真实的案例告诉大家团队协作对安全的重要性。

(10) 反馈交流：每个月或根据班组实际定期组织谈心谈话会，让大家说说工作中的问题，一起商量怎么解决。

三、激发团队创新力

对于煤矿班组长来说，在煤矿这个高危行业中，班组长就像领头雁，带着大家一块儿动脑筋、想点子。有了创新力，矿工们干活才能更高效、更安全。

(一) 激发团队创新力的作用

首先，煤矿工作环境复杂，工作强度大，创新力可以帮助班组长找到更高效、更安全的工作方法，提高工作效率，减轻矿工的工作负担。其次，煤矿工作存在很多安全隐患，创新力可以帮助班组长发现并解决这些隐患，保障矿工的生命安全。与此同时，激发团队创新力可以增强团队的凝聚力和向心力，提高员工的工作满意度，为企业的发展注入新的活力。

(二) 激发团队创新力的方法

激发团队创新力的方法如图 6-12 所示。

(1) 沟通开放：鼓励团队成员自由交流，分享想法和经验，让大家感受到尊重和信任。案例：煤矿班组长定期组织团队成员召开“诸葛亮会”，鼓励大家畅所欲言，提出自己的想法和建议。在这个过程中，团队成员可以自由地表达自己的观点，并且不会受到批评和指责。通过这种方式，团队成员之间的信任得到了加强，大家也更加愿意分享自己的想法和经验。

图 6-12　激发团队创新力的方法

（2）培训学习：组织团队成员参加安全培训和技术培训，让大家掌握最新的安全知识和技术，为创新打下了坚实的基础。案例：购置设备合同中明确了厂家的培训义务，可邀请设备厂家围绕设备原理、结构组成、流程操作等方面，有针对性地开展业务素质培训，帮助班组员工快速适应新生产模式，高效组织生产。

（3）鼓励尝试：树立"自由畅想，让创意变成现实"的创客理念，鼓励员工提出新的想法和建议，营造创新氛围。案例：班组长鼓励团队成员尝试新的工作方法和技术，并且为他们提供必要的资源和支持。即使有些尝试失败了，班组长也不要轻易批评和指责，而是要帮助团队成员分析原因，总结经验教训。唐口煤业的苏光辉班组通过"采煤机割煤速度分段控制法""沿空侧采取自最外侧过渡架依次向工作面支架方向放煤，对平巷及上下巷煤柱顶煤回收""实体侧自中间向端头过渡架放煤"新工艺等创新活动，提高了生产效率。

（4）奖励创新：认可创新成果，激发积极性。案例：建立了创新奖励机制，对有创新成果的团队成员进行物质奖励和精神奖励。通过这种方式，团队成员的积极性得到了激发，大家更加愿意在工作中创新。

(5) 引入资源:拓宽视野,学习经验。案例:适时邀请行业专家和设备厂家技术员到企业进行交流和分享,让团队成员了解最新的行业动态和技术创新成果。通过这种方式,团队成员的视野得到了拓宽,为创新提供了更多的灵感和思路。

(6) 关注需求:针对性创新,解决问题。案例:关注团队成员对工作环境和福利待遇的需求,组织团队成员进行讨论和协商,制定改善工作环境和提高福利待遇的方案。通过这种方式,团队成员的需求得到了满足,他们的工作积极性和创新动力也得到了提高。

(7) 给予自主:培养能力,适当放手。案例:给予团队成员一定的自主权,让他们在工作中有更多的自主决策空间。例如,在一些具体的工作任务中,团队成员可以根据自己的经验和判断进行决策,并且可以根据实际情况进行调整和优化。通过这种方式,团队成员的创新能力得到了培养,他们也更加愿意在工作中发挥自己的主观能动性。

(8) 以身作则:展示创新精神,树立榜样。案例:煤矿班组长在工作中展现出了创新精神,带领团队成员改进了工作流程和设备,提高了工作效率和安全水平。通过这种方式,为团队成员树立了榜样,激发了大家的创新动力。

四、解决团队冲突与矛盾

对于煤矿班组长来说,解决团队冲突和矛盾就像是他们的"必修课",非常重要!

(一) 解决团队冲突与矛盾的作用

解决团队冲突与矛盾的作用如图 6-13 所示。

(二) 解决团队冲突与矛盾的方法

解决团队冲突与矛盾的方法如图 6-14 所示。

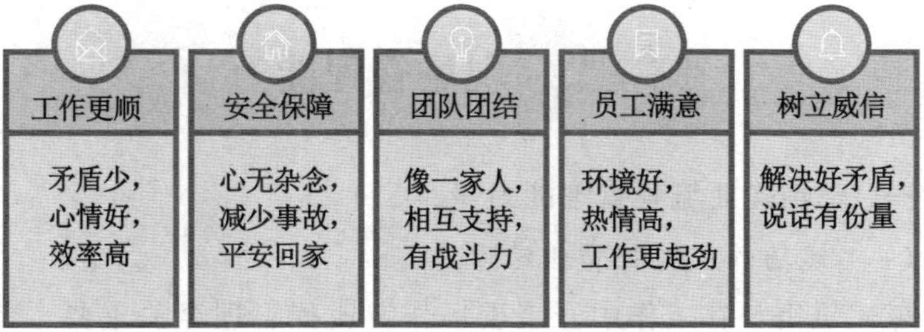

图 6-13　解决团队冲突与矛盾的作用

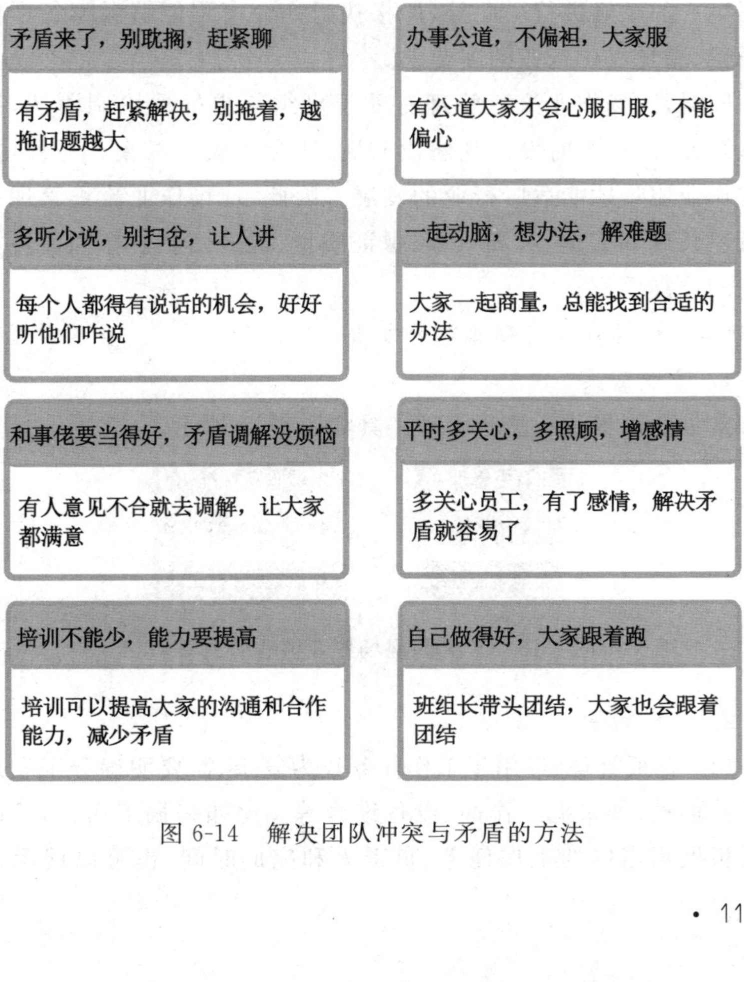

图 6-14　解决团队冲突与矛盾的方法

第三节 现场管理能力

一、现场作业流程管理能力

(一) 现场作业流程管理的作用

煤矿班组长在工作中开展现场作业流程管理至关重要。首先,这有助于确保员工在高风险的煤矿环境中遵守安全规定,减少事故发生。其次,通过精细化管理作业流程,班组长可以提高生产效率,保证生产的顺畅进行。此外,严格执行作业流程能够保障各项作业的质量,满足煤矿行业的高要求。

同时,现场作业流程管理有助于班组长更好地协调团队,提高团队协作效率,及时发现和解决问题,避免损失的扩大。另外,持续优化作业流程才能适应行业的发展。因此,现场作业流程管理是煤矿班组长确保安全、提高效率、保证质量、提升团队协作和促进持续改进的关键手段。

(二) 现场作业流程管理的方法

1. 管理工具

常见的现场作业流程管理工具如图 6-15 所示。

1 看板管理	2 作业标准化
3 PDCA 循环	4 5S 管理
5 安全监控系统	6 数据分析工具

图 6-15 常见的现场作业流程管理工具

2. 应用场景

(1) 看板管理:适用于工作任务较为复杂、需要明确分工和进度跟踪的场景,如采掘工作面、设备维修等。比如采掘工作面,可以设置看板展示当班的工作任务、负责人和完成时间,也可以展示每个采煤小组的采煤区域、采煤进度和预计完成时间，让班组长和员工能够清晰地了解工作进展情况。

(2) 作业标准化：适用于操作行为需要规范、重复性较高的场景，如采煤、掘进、运输等作业环节。以采煤作业为例，可以制定标准化的操作步骤，如采煤机启动前的检查、采煤过程中的注意事项等。如制定详细的采煤机操作规程，包括开机前的安全检查、采煤机运行速度、采高控制等，确保员工按照标准操作，提高采煤效率。

(3) PDCA 循环：适用于需要持续改进的场景，如安全管理、生产效率提升等。在安全管理中，可以运用 PDCA 循环改进安全措施。例如，通过定期的安全检查发现隐患，制定整改措施，然后执行整改并进行效果检查，最后总结经验教训，不断完善安全管理制度。

(4) 5S 管理：适用于工作环境对安全和效率有较大影响的场景，如井口、巷道、设备存放区等。在设备存放区，实施 5S 管理可以改善工作环境。例如，整理设备存放区域，明确标识设备位置，定期进行清扫和维护，提高设备的可用性和寿命。

(5) 安全监控系统：适用于对安全要求较高的场景，如瓦斯监测、顶板管理等。在瓦斯监测中，利用安全监控系统实时监测瓦斯浓度。例如，安装瓦斯传感器，当瓦斯浓度超过设定值时，系统会自动报警，提醒班组长及时采取措施，确保井下作业安全。

(6) 数据分析工具：适用于需要通过数据分析来优化作业流程、发现潜在问题的场景，如生产指标分析、设备故障预测等。通过分析设备故障数据，可以发现设备的易损部件和故障频发点。例如，对过去一段时间内设备的故障记录进行统计分析，找出故障发生的规律和原因，为设备维护和更新提供依据。

二、生产计划与调度能力

煤矿班组长在煤矿生产中扮演着关键角色，他们需要具备生产计划与调度能力。面对煤矿生产的复杂环境和不确定性，班组长应通过科学合理的生产计划，确保工作任务的高效执行，并能灵活应对突发状况。同时，有效的调度能力可以协调团队工作，保障生产的连续性和安全性。这些能力是班组长领导团队、实现卓越绩效的重要保障。

（一）考虑的因素

生产计划与调度能力重点要考虑的因素如图 6-16 所示。

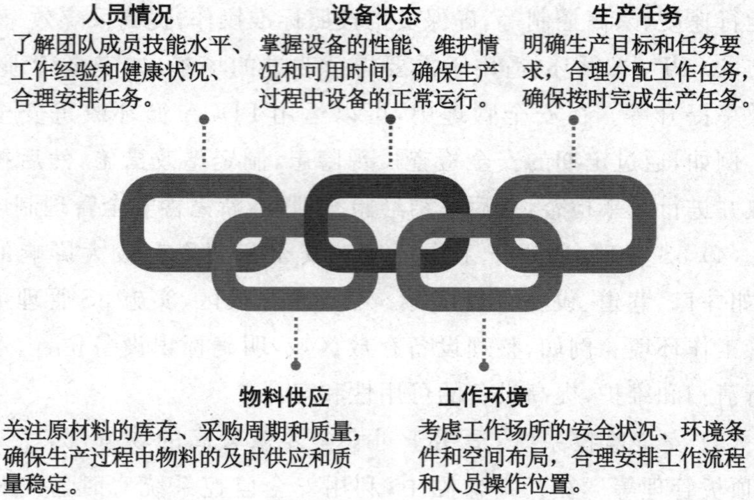

图 6-16　生产计划与调度能力重点要考虑的因素

（二）方法技巧

生产计划与调度能力培养的方法技巧如图 6-17 所示。

三、现场问题解决能力

煤矿班组长须具备现场问题解决能力，原因在于：首先，煤矿环境复杂，安全隐患多，班组长需要迅速解决问题，确保员工安全和生产顺利。其次，生产中问题频出，如设备故障、人员短缺等，班组长需及时处理，提高生产效率。再者，产品质量关乎企业效益和形象，班组长要解决现场问题，保证质量。同时，解决问题时的沟通协作学习培训不能少：参加相关课程，增长知识和技能。
- 实践出真知：工作中积累经验，总结反思要做好。
- 数据分析很重要：用好数据工具，计划调度更合理。
- 沟通协调要加强：和团队、领导、其他部门多交流。
- 注重细节别马虎：考虑周全，计划才能行得通。
- 应变能力要培养：遇到问题能应对，生产才能顺顺利利。
- 学习新技术：跟上行业步伐，应用先进方法。
- 团队协作是关键：打造高效团队，一起努力向前冲。
- 安全意识常在心：生产安全第一位，不能有丝毫松懈。
- 持续改进求进步：不断优化，能力提升更上一层楼。

图 6-17　生产计划与调度能力培养的方法技巧

能增强团队凝聚力，面对突发事件，班组长的快速应对能减少损失。总之，这种能力对保障安全、提高效率、保证质量、增强凝聚力和应对突发事件都至关重要。

（一）实用工具

现场问题解决能力培养的实用工具如图 6-18 所示。

检查表	流程图	思维导图	故障树分析	5W1H	PDCA 循环
列出需要检查的项目和标准，帮助班组长系统地检查现场情况，及时发现问题	用图形展示工作流程，让班组长更清楚地了解各个环节，快速定位问题所在	发散性思维工具，可以帮助班组长全面思考问题，找到解决问题的各种途径	通过分析故障的可能原因和影响，帮助班组长确定问题的根本原因，针对性地解决问题	对问题进行全面分析，包括原因(Why)、对象(What)、地点(Where)、时间(When)、人员(Who)和方法(How)，有助于深入了解问题	计划(Plan)、执行(Do)、检查(Check)、处理(Act)的循环，帮助班组长持续改进问题解决的过程

图 6-18　现场问题解决能力培养的实用工具

（二）提高能力的方法

现场问题解决能力提高的办法如图 6-19 所示。

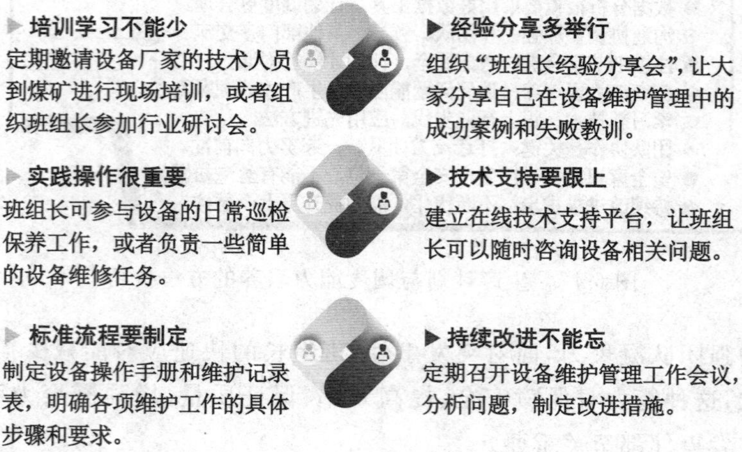

图 6-19　现场问题解决能力提高的办法

四、设备与设施维护管理能力

煤矿工作环境复杂，安全至关重要，设备的正常运行是保障安全的关键。因此，煤矿班组长必须具备设备与设施维护管理能力。他们需要通过这种能力，及时发现和解决安全隐患，减少事故发生，同时提高生产效率，降低成本，增强团队协作，并适应技术更新，从而推动煤矿的持续稳定发展。

（一）具体举措

设备与设施维护管理能力锻炼的具体措施如图 6-20 所示。

（二）操作工具

设备与设施维护管理能力操作工具如图 6-21 所示。

五、标准化管理体系的构建和实施能力

班组建设始于标准、行于标准、成于标准，在煤矿作业中，安全生产是首要任务，而标准化管理体系可以规范操作流程，降低事故

主动学知识	练火眼金睛	沟通要得法	经验靠积累	案例多研究
把煤矿的安全规定、操作流程和技术标准搞得明明白白，这是解决问题的基础。	在现场得仔细观察环境、设备、人员操作有啥不对劲的，须第一时间识别出来。	和组员、领导、其他部门打好配合，有问题大家一起解决。	多深入一线处理问题、解决问题，遇到突发情况就不慌了。	看看别人出过的事，长点记性，别在自己班上犯同样的错。

图 6-20　设备与设施维护管理能力锻炼的具体措施

设备手册和操作指南

提供详细的设备操作步骤、维护要求和常见故障排除方法，帮助班组长快速了解设备。

维护管理软件

用于记录设备维护历史、计划维护任务、提醒保养周期等，方便班组长进行设备管理。

培训视频和在线课程

通过观看视频和参加在线课程，学习设备维护的理论知识和实际操作技巧。

设备健康监测工具

如煤矿粉尘检测仪、无线智能传感器、温振数据接收站等，帮助班组长检测设备运行状况，及时发现潜在问题。

图 6-21　设备与设施维护管理能力操作工具

风险，确保员工的生命安全。同时，标准化管理能够提高生产效率，保证产品质量，增强团队的凝聚力。此外，随着行业标准的不断提升，班组长需要通过实施标准化管理来适应企业、行业变化，培养高素质的员工队伍，以提高企业的竞争力。

（一）适用的工具

标准化管理体系的构建和实施工具如图 6-22 所示。

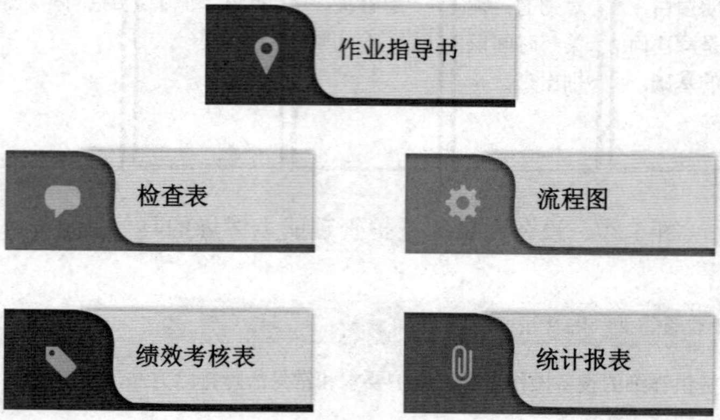

图 6-22　标准化管理体系的构建和实施工具

（1）作业指导书：如针对煤矿采掘工作，制定详细的作业指导书，包括采掘设备的操作步骤、安全注意事项等。

（2）检查表：以煤矿设备检查为例，可以设计检查表，列出设备的各项检查要点，如润滑情况、密封性等。

（3）流程图：以采煤工艺流程为例，绘制流程图，清晰展示各个环节的顺序和关系。

（4）绩效考核表：设定如采煤量、进尺、设备完好率等绩效指标，通过绩效考核表评估班组长和员工的表现。

（5）统计报表：通过统计报表，监测瓦斯浓度、设备运行时间等数据，及时发现异常。

（二）改进的方法

标准化管理体系的构建和实施改进方法如图 6-23 所示。

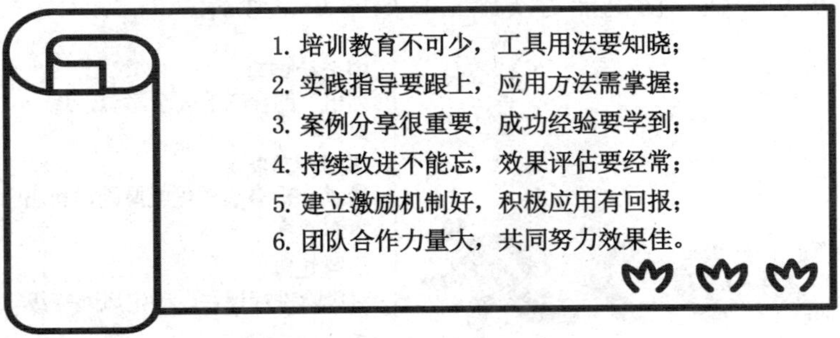

图 6-23　标准化管理体系的构建和实施改进方法

第四节　安全管理能力

一、安全规章制度的掌握与执行能力

（1）多培训：定期给班组长“充电”，把安全规章制度“刻”在脑子里。

（2）编指南：编制详细的安全操作指南，班组长照着做。

（3）召开案例分析会：大家一起讨论实际案例，从中吸取教训。

（4）现场“盯梢”：派人到现场盯着班组长，有问题及时指出，帮助其养成好习惯。

（5）营造安全氛围：让大家都把安全放心上，形成一种文化，就像每天要吃饭一样重要。

（6）定期组织演练：多演练，遇到紧急情况就不会手忙脚乱了。

二、风险评估与防范能力

（一）实施的工具

风险评估与防范能力实施工具如图 6-24 所示。

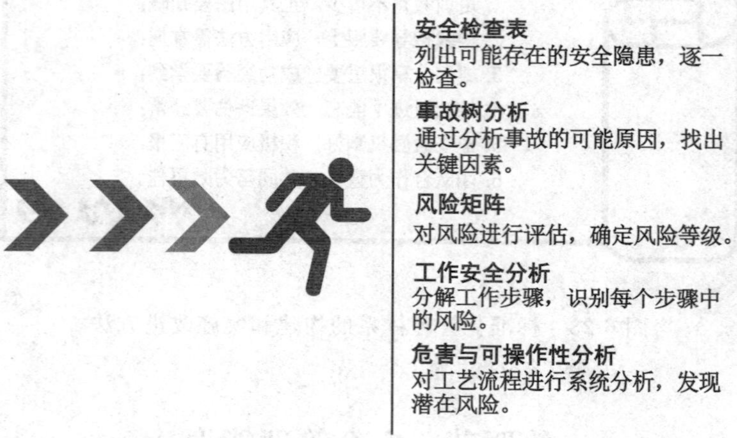

图 6-24　风险评估与防范能力实施工具

（二）提升的技巧与方法

（1）现场模拟演练：模拟井下可能出现的风险情况，如瓦斯超限、顶板冒落等，让班组长亲身体验并处理。

（2）事故复盘：对以往的煤矿事故进行复盘分析，让班组长从中学到教训，避免类似错误。

（3）安全竞赛：组织安全知识竞赛、技能比武等活动，激发班组长学习和应用风险评估与防范知识的积极性。

（4）与专家互动：邀请安全专家到煤矿举办讲座或进行指导，班组长可以直接与专家交流，解决实际问题。

（5）小组讨论：将班组长分成小组，针对具体的风险场景进行讨论，共同制定防范措施。

（6）可视化管理：使用图表、看板等工具，将风险信息直观地展示出来,方便班组长快速了解和应对。

(7) 定期考核:通过定期的安全考核,检验班组长对风险评估与防范知识的掌握程度,督促其不断提升。

三、应急处理与救援能力

事故现场的前几分钟,被称为“救命的黄金时刻”。班组长作为事故灾难预防现场第一响应者,他们的应急能力是企业整体应急能力的基础,直接决定着事故应对的有效性,间接反映了企业整体应急能力的强弱。

(一) 应急物资准备

(1) 应急预案手册:详细记录各种可能发生的紧急情况及应对措施的手册。

(2) 急救包:包含常用的急救药品和器材,如绷带、止血带、夹板等。

(3) 自救器:在缺氧或有害气体环境下提供呼吸保护的设备。

(4) 灭火器:用于扑灭初期火灾的工具。

(5) 检测仪器:如瓦斯检测仪、一氧化碳检测仪等,用于检测井下环境中的危险气体浓度。

(6) 通信设备:如对讲机、卫星电话等,确保班组长在紧急情况下能与外界保持联系。通信设备涉及工具很多,不限于以上,在具备应急处理与救援能力的同时须备好救援物资。

(二) 提升的技巧与方法

(1) 定期进行应急演练:组织煤矿班组长参与各种类型的应急演练,如火灾、瓦斯爆炸、顶板事故等,让他们在模拟的紧急情况下实践应对策略。

(2) 加强安全培训:为班组长提供专业的安全培训课程,包括应急处理与救援的理论知识、操作技能等。

(3) 制定详细应急预案:协助班组长制定针对不同灾害的详细

应急预案，明确各成员的职责和行动步骤。

（4）建立应急通信系统：确保班组长在紧急情况下能够及时与其他人员进行联系，了解现场情况并协调、支持救援工作。

（5）提供救援装备和工具：配备必要的救援装备和工具，如自救器、灭火器、急救箱等，并让班组长掌握其使用方法。

（6）案例分析与讨论：定期组织案例分析和讨论会议，分享实际发生的应急事件及处理经验，从中学习。

（7）与专业救援队伍合作：与专业的救援队伍建立联系，进行联合演练或培训，提高协同救援能力。

四、安全培训与宣传能力

（一）提升思路

班组长要实施“技能素质提升工程”，提升班组学习力。班组的学习力与职工素质息息相关。把提升班组学习力和职工素质作为班组自主管理上水平的立足点和落脚点，分专业、分岗位制订有针对性的培训计划，采取“主餐＋点餐”“线上＋线下”“理论＋实战”的学习培训模式，培养一专多能的复合型职工。把全员岗位练兵、技术比武下沉到班组，建立学习制度，制订学习计划，不断提升职工的安全素质、技能素质。如开展流程设计比赛，优化综采队班前会流程；开展“班前快餐”活动，通过讲、学、谈等形式，有效解决现场各生产环节遇到的问题。

（二）自身强化

作为班组长，要想搞好班组培训与宣传工作，必须提高自身的素养，做一名“知识型”班组长，做业务上的权威、技术上的标杆。

（1）班组长“有目标”：要让班组成员知道“目标是什么”“为什么这样干”“如何干”“如何才能干好”，不断总结，有了明确的结果目标，为结果而战，团队才能全力以赴，而不是尽力而为。

（2）班组长“有技能”：首先班组长必须要有一定的实力，其次在团队中，班组员工每个人都必须独当一面，只有这样，班组长才能服众，团队里面的每一位员工才能发挥其技能，既能完美完成工作，又能迎难而上解决问题。在班组管理中，尤其是生产一线的班组长，“如何赢得大家的信任”“如何树立自己的威信”是目前现阶段多数班组长所面临的难题。没有过硬的技术、没有一定的文化素养，在班组管理中很难服众。

企业作为班组长的“娘家”，要为班组长遮风挡雨。政治上，为班组长提供成熟成长的空间，赋予班组长更高荣誉和更强动力；学习上，为班组长搭建提升的平台，创造更多学习、培训、历练的机会；经济上，适当向班组长倾斜，让班组长“劳”有所得、“责”有所得、“能”有所得、“勤”有所得、“专”有所得，既有“里子”又有“面子”。

第七章　班组管理重点工作

第一节　开好班前会

班前会是由班组长主持，以班组为单位，在工作开始之前，在指定的地点，班组成员集合在一起召开的工作准备会议，其主要目的是安排当天的生产任务和做好安全预防工作。班前会分为室内班前会和现场班前会。

班前会经常出现的问题是：重要的信息忘了讲，想讲的事情没讲清，自认为讲清楚的事情员工没听懂，讲的事和要干的工作脱节。

班前会的有效召开，是做好当班工作的前提和基础，因此要从以下几个方面展开，组织好班前会活动。

一、班前会是安全生产第一关

班前会是班组每天工作的开端，是煤矿企业日常生产管理的重要组成部分，也是做好安全生产的第一步。同时，班前会是班组长树立个人威信，提高沟通表达能力，进行有效管理、指导和培训员工的重要平台，是员工学习、成长的重要平台，是创新思维的平台，是团队建设的平台，是企业文化塑造的平台……开好班前会，对于确保生产安全、提高生产效率具有重要意义。

班前会对现场管理、团队和班组长的价值如图 7-1 所示。

二、九个目标要落实

(1) 布置生产任务和目标：使员工明确当天的工作任务和目

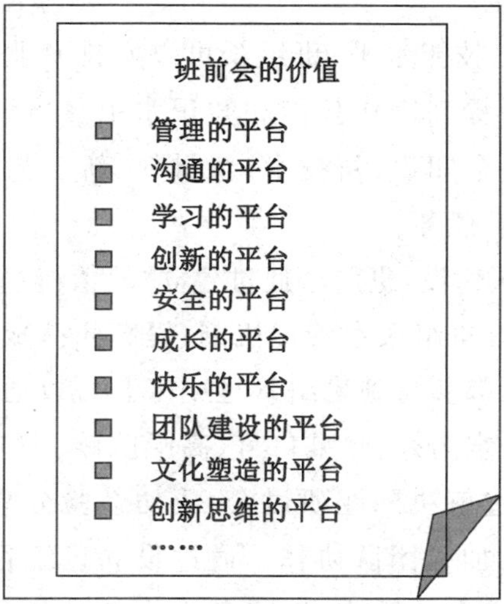

图 7-1　班前会对现场管理、团队和班组长的价值

标，包括产量、质量等要求，确保班组成员清楚自己的工作职责和任务。

(2) 提高员工安全素养：班前会是班组安全文化建设的重要平台。通过班前会，可以宣传企业的安全文化理念，弘扬安全生产的先进典型，使班组成员在潜移默化中受到安全教育和熏陶，提高他们的安全素养和安全行为能力；向员工传达安全生产信息，通报近期发生的安全事故，提醒大家引以为戒，增强安全防范意识。

(3) 预防安全事故：班前会上，分析工作环境中的危险源和潜在风险，提醒班组成员注意安全事项，做好防范。查找存在的安全隐患和问题，提出改进措施，确保工作场所的安全，预防安全事故的发生。

(4) 学会处理紧急情况：向班组成员介绍紧急情况下的应急处理方法，确保班组成员能够迅速、正确、有效地应对紧急情况，保障自身和他人的安全。

(5) 提高员工技能水平:班组长可以安排专业人员对班组成员进行培训和学习,提高工作技能和知识水平。培训、学习内容可以包括操作规程、安全知识、新技术、新材料、新工艺、新装备等,使员工更好地完成生产任务。

(6) 开展团队建设:班前会通过建立"轮值机制、评议机制、分享机制、活力机制"等班组人本管理机制,提高团队成员的参与度和积极性,让每个员工都参与到班组管理中来。可以通过组织一些简短的团队活动,如击掌问好、呼喊口号、高唱队歌、安全问答等,活跃团队气氛。可以通过解决问题研讨会、成功经验分享会,增进员工之间的沟通和交流,加强团队协作。通过设立班组目标,让班组成员了解班组的工作方向和重点,明确每个人的责任和义务,增强团队成员的责任感和使命感,提高团队的凝聚力和向心力。通过班前会,加强团队建设,鼓舞班组成员士气,使员工产生良好的精神风貌,形成良好的工作氛围。

(7) 及时解决问题:鼓励班组成员提出工作中遇到的问题或困难。通过问题反馈,可以及时发现生产过程中的问题,班组长及时解答并提供解决方案,确保安全生产。

(8) 提高管理水平:通过班前会,班组长可以了解一线员工的工作情况,及时发现问题、解决问题,不断提高管理水平。

(9) 落实安全生产责任制:班前会可以明确各级各类人员在安全生产中的职责,落实安全生产责任制,确保安全生产责任到人。

班前会的目标如图 7-2 所示。

三、简短高效提士气

(1) 简短高效:班前会的时间应控制在合理范围内,避免时间过长导致员工疲劳或注意力不集中。会议内容应简明扼要、重点突出,确保每位员工都能迅速了解关键信息。

班前会的目标

- 布置工作、解决问题
- 关注安全、预防事故
- 宣传政策、统一思想
- 沟通信息、传递情感
- 分享经验、总结教训
- 学习技能、提升管理
- 评议差距、落实责任
- 树立威信、提升能力
- 建设团队、凝聚力量

图 7-2　班前会的目标

(2) 互动性强:鼓励员工在班前会中积极参与讨论和提问,分享自己的观点和建议。班前会要充满活力,营造开放、包容、相互尊重的氛围,让员工能够充分表达意见,并最终形成更有创造力的决策。

(3) 激励士气:在班前会中适时给予员工鼓励和认可,肯定他们在工作中的成绩和进步。注意提升员工的士气和自信心,增强团队凝聚力和向心力。

(4) 参与度高:建立轮值机制,通过“人人都是班组长”落实民主、人文管理机制。

班前会的特点如图 7-3 所示。

四、队形站位有讲究

班前会在形式上可分为室内班前会和现场班前会。

(1) 室内班前会为了方便班组长能够看到每一名员工,同时也为了方便员工相互间的沟通交流,应采用“长方形会议桌布局”的

班前会的特点

- 活力班前会
- 士气班前会
- 安全班前会
- 学习班前会
- 创新班前会
- 人人受尊重
- 人人都参与
- 人人都管理
- 人人都收获
- 人人都成长
- ……

图 7-3　班前会的特点

“围桌会议”形式，把桌子排成长方形，大家围着桌子而坐。室内班前会形式如图 7-4 所示。

图 7-4　室内班前会形式

（2）现场班前会的站队形式可以根据不同的需求和场景选择不同的形式。

① 队列式：所有人员按照一定的顺序排成行，以直线的形式展现出来。这种形式适用于人数不多、场地有限的情况，可以简单明了地展示人员的情况。但队列原则上不允许超过三排。如果人数过多，可以两侧各两排，班长站在中间。队列式的班前会如图 7-5 所示。

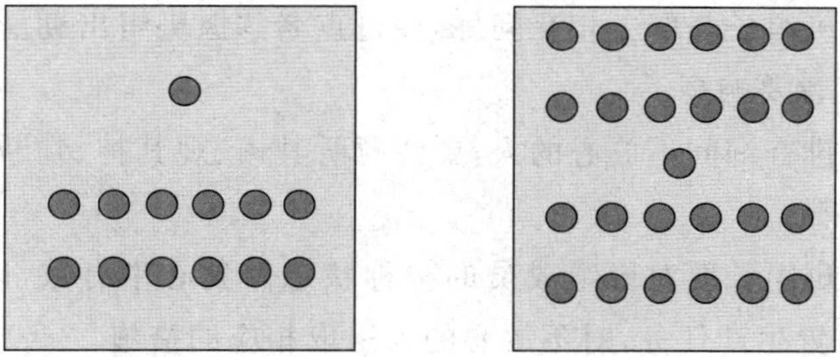

图 7-5　队列式的班前会

② 圆形队列、U 形列队、V 形队列。

圆形队列即所有人站成一个圆圈；U 形队列即所有人围成一个 U 形；V 形队列即所有人围成一个 V 形。这种队形有利于班长看清每一名班组成员，有利于大家互相看到和交流互动。圆形、U 形、V 形队列的班前会如图 7-6 所示。

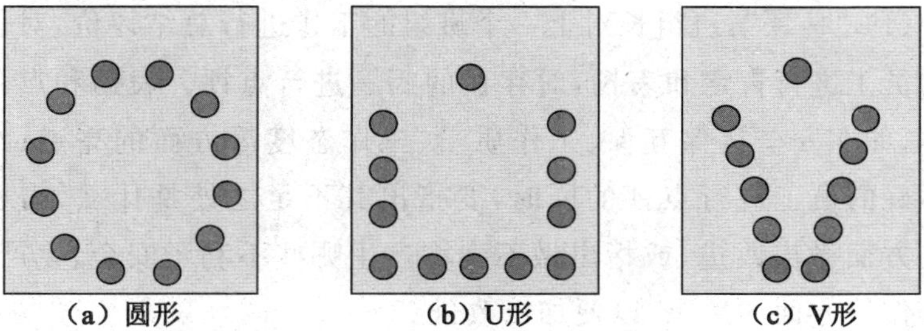

图 7-6　圆形、U 形、V 形队列的班前会

不同的班前会站队形式有各自的优缺点，可以根据实际情况选择最合适的形式。同时，站队形式的确定也要考虑到人员之间的交流、互动和组织管理等因素，以便更好地达到班前会的目的。

五、"6＋N"流程管理模式

（一）"6"项内容（必备）

1. 点名问候

(1) 班组长与职工相互问好，通过点名掌握班组出勤情况；点名和回答声音要响亮。

(2) 排查询问不放心的人，要注意听其声、观其神、判断其状态，观察要细致。

(3) 班组长要对班组成员的精神状态做到心中有数，以便有针对性地布置生产任务，对不放心的人采取相应的措施。

2. 激发活力

(1) 班长应采用灵活恰当的方式，活跃班组气氛，营造班组相互关心、关爱的温馨氛围。

(2) 班组全体员工一齐朗诵口号，调动士气、凝聚人心，激发积极向上的心态。

(3) 口号要结合班组实际，简洁明了、朗朗上口。

3. "一评三讲"

(1)"一评"：班组长对上一个班组的工作进行总结评价，对表现好的员工进行肯定和表扬，对存在的问题进行点评。表扬和点评要具体，如在安全自保互保、工作质量、工作态度等方面的亮点；对表现不好的员工进行点评的同时，要指出其不足之处是什么，需要在哪些方面做出改进，或指出做不到将产生哪些不利于安全、生产、团结协作等方面的后果，以便加以改进。

(2)"三讲"：讲工作任务、讲工作标准、讲安全风险。"三讲"中，要做到任务交底、技术交底和安全交底。

① 任务交底:班组长明确向员工传达工作的具体任务、目标和要求,确保员工对自己的工作内容有清晰的认识。

② 技术交底:对于涉及专业技能或特定知识的工作,班组长向员工提供必要的操作指南、工艺流程和技术要求,确保员工能够按照正确的方法进行工作。

③ 安全交底:班组长着重向员工强调工作中的安全注意事项、潜在风险以及预防措施。这包括个人防护装备的使用、应急处理程序、危险源的识别与避免等。安全交底的目的是确保员工在工作过程中始终保持安全意识,并采取必要的措施保护自己和他人的安全。

通过任务交底、技术交底和安全交底的组合,班组长能够确保员工对工作有全面的了解,掌握所需的技术知识,并在工作中始终注重安全。这样可以提高工作效率,减少事故发生的可能性,保障员工的健康和安全。

4. 安全自醒

(1) 针对工作任务采用安全员提问或职工自述的方式进行。

(2) 职工重点针对工作任务讲安全操作注意事项。

(3) 安全员或班长补充评议。

(4) 自醒要全面具体,补充要突出重点。

例如,采煤机司机安全操作注意事项如下:

① 准备作业前,重点确认采煤机机身里帮以及滚筒附近无人。

② 观察周围环境,确认煤壁、顶板及采煤机、支架支护状态完好。

③ 选好安全站位开机,距离采煤机不小于 3 m;开机前发出警示信号,再次确认无人后方可开机。

④ 启动采煤机时,观察油位、截割臂动作等是否正常。

⑤ 操作采煤机时,精力要集中,采煤机运转时严禁做其他事情;

同时注意保持与采煤机的安全距离，发现顶板破碎、有人经过等异常情况时立即停机处理。

⑥ 采煤机到达两端头时提醒作业人员撤离至安全区域。

⑦ 停机时，必须断开电源开关并拉开离合器，同时停掉上一级电源。

⑧ 临时性检修需在煤壁侧作业时，必须先敲帮问顶，站好贴帮柱、护好顶帮后方可作业。

5. 学习分享

(1) 学习和分享要结合实际，说出学习和分享的内容与本岗位、本班或本科队（车间）的关联点。

(2) 要强调重点，杜绝照本宣科。

(3) 要有自己的认识和思考。

(4) 案例的学习分享重点强调应学习的好经验和应吸取的教训等。

(5) 学习要紧扣本职工作，分享要能引起共鸣。

例如，学习"百日安全"活动文件，结合班组实际，至少要分享与本班组密切相关的以下几项内容：① 本班组可能存在的安全风险；② 杜绝"三违"行为，落实好规程措施；③ 开展好安全风险预知和隐患排查整改。

6. 确认总结

(1) 由班组长或跟班队长进行。

(2) 对工作任务安排和风险预控情况进行确认。

(3) 对安全重点和注意事项进行补充和强调。

(4) 班组全员知重点、知任务、知风险、知方法、知形势。

(二) "N"项内容（自选）

(1) 轮值评议。

(2) 上情下达。

(3) 问题改善。

(4) 技能培训。

……

注意:“6”项内容为班前会固定项,“N”项内容根据班组建设及管理需要的实际情况进行调整、添加。

六、做好记录很重要

班前会会议记录有以下重要作用:

(1) 准确传递信息:会议记录能够确保会议中的关键信息、决策和分配的任务被准确地记录下来,避免因口头传达而产生误解或遗漏。

(2) 提高工作效率:通过会议记录,员工可以清晰地了解自己的工作任务和职责,快速进入工作状态,减少不必要的沟通和确认时间。

(3) 问题追踪与解决:会议记录是问题追踪和解决的依据。

(4) 持续改进与学习:通过定期回顾会议记录,可以发现流程中存在的问题,不断优化工作流程和提升工作效率。

(5) 增强责任感与归属感:当每个人的发言和贡献都被记录下来时,员工会感受到自己的意见和工作被重视,从而增强对团队的责任感和归属感。

(6) 法律与风险管理:会议记录可能作为法律文件或证据被使用。准确的会议记录有助于在面临法律纠纷或审计时提供有力的支持。

班前会会议记录可参照表 7-1。

表 7-1　班前会会议记录表(示例)

会议日期：　　年　月　日　　　　　主持人：　　　　　记录人：

<table>
<tr><td>人员签到</td><td colspan="2"></td></tr>
<tr><td>一评</td><td colspan="2">上一班突出存在的问题及解决措施：
上一班业绩突出的同志及有益经验：</td></tr>
<tr><td rowspan="3">三讲</td><td>讲工作</td><td>任务交底：</td></tr>
<tr><td>讲标准</td><td>技术交底：</td></tr>
<tr><td>讲安全</td><td>安全交底：</td></tr>
<tr><td>安全自醒</td><td colspan="2">自醒人：
自醒内容：</td></tr>
<tr><td>学习分享</td><td colspan="2"></td></tr>
<tr><td rowspan="4">“N”项内容</td><td>轮值评议</td><td></td></tr>
<tr><td>上情下达</td><td></td></tr>
<tr><td>问题改善</td><td></td></tr>
<tr><td>技能培训</td><td></td></tr>
<tr><td>确认总结</td><td colspan="2"></td></tr>
</table>

第二节　做好井口宣誓

一、井口宣誓——安全生产的庄严承诺

宣誓是在一定的仪式下当众说出表示决心的话。宣誓的过程既是一种教育、一种警戒，又是一种约束。通过宣誓，人们可以更加明确自己的职责和目标，同时激发起内心的力量，为实现自己的承诺而努力奋斗。这也是保障煤矿安全生产、降低事故风险的有效措施之一。

井口宣誓对安全生产有着重要的作用和意义：

(1) 增强安全意识：井口宣誓是一种仪式化的活动，通过这种形式，员工能够在进入工作区域前集中精神，提醒自己始终保持对安全的关注。这种反复地强调有助于员工形成条件反射，从而在实际工作中更加注意安全。

(2) 强化安全责任：通过井口宣誓，员工能够明确自己的安全责任，意识到自己在保障煤矿安全方面的重要作用。这种责任感的提升有助于员工更加积极地参与安全管理，及时发现和报告潜在的安全隐患。

(3) 营造安全氛围：井口宣誓是一种集体性的活动，所有员工共同参与，有助于营造一种积极向上的安全氛围。在这种氛围中，员工之间会相互监督、相互提醒，共同维护煤矿的安全生产。

(4) 传递安全文化：井口宣誓不仅是员工个人的行为，更是企业安全文化的一种体现。通过这种形式，企业能够将安全理念、安全规章制度等传递给每一名员工，从而在企业内部形成统一的安全价值观和行为准则。

井口宣誓的意义如图 7-7 所示。

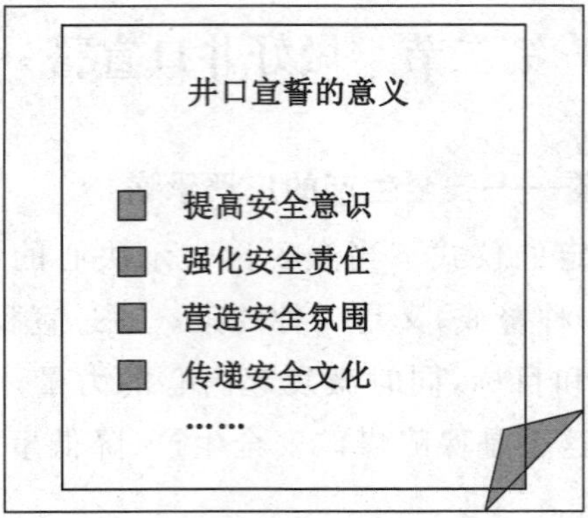

图 7-7　井口宣誓的意义

二、井口宣誓要庄重并富有仪式感

（一）对领誓人的要求

宣誓领誓人在井口宣誓活动中扮演着重要的角色，他们不仅引领着整个宣誓过程，还代表着所有宣誓人的形象，为所有宣誓人发声。因此，领誓人需要注意以下几个方面：

（1）熟悉誓词：领誓人应事先对誓词进行充分熟悉和理解，确保在宣誓过程中能够准确、流畅地领诵誓词。避免出现犹豫、停顿或错误的情况，以免影响宣誓的庄重性和严肃性。

（2）声音清晰：领誓人在宣誓时声音要清晰、洪亮，确保每个宣誓人都能听清楚誓词内容。语速适中，不要过快或过慢，让所有人都能跟上节奏。

（3）姿势端正：领誓人在领诵誓词时应保持良好的站立姿势，面向宣誓人群，背部挺直，双脚并拢或稍微分开。右手举拳的动作要标准、有力，体现出对誓言的坚定和自信。

（4）控制节奏：领誓人需要掌握好整个宣誓过程的节奏和速度，确保每个人都能在适当的时间内完成宣誓。在需要停顿或强调的地方给予明确的指示和引导，使宣誓过程更加有序和统一。

(5) 表达情感：领誓不仅仅是诵读文字，更重要的是传递一种情感和氛围。领誓人应通过声音、表情和肢体语言等方式表达出对誓言的敬畏、庄重和决心，从而激发所有宣誓人的共鸣和参与感。

井口宣誓对领誓人的要求如图 7-8 所示。

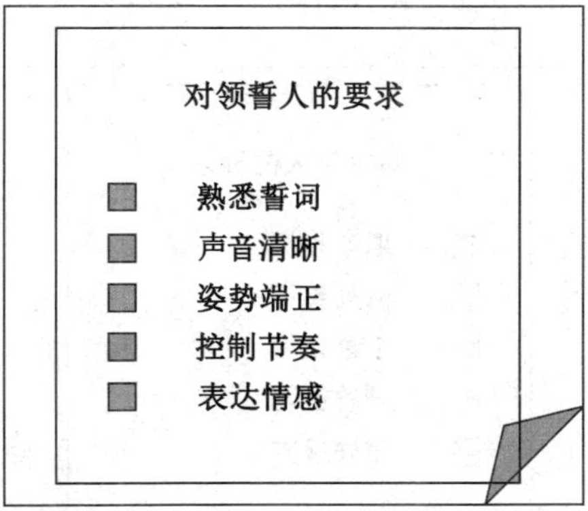

图 7-8　井口宣誓对领誓人的要求

(二) 对宣誓人的要求

(1) 遵守指挥：在宣誓过程中，应有专人指挥队列的排列和移动。宣誓人员应严格遵守指挥，确保队列的整齐和有序。

(2) 队列整齐：宣誓人员应按照身高或职务等顺序排列，保持队形整齐。队伍之间的距离和间隔也应保持一致，以展现团队的统一性和纪律性。在排队时，宣誓人员之间应保持适当的间距，以确保每个人都能够清晰地听到誓词并进行宣誓。同时，间距也不宜过大，以免影响队伍的紧凑性和整体效果。

(3) 安静肃穆：在队列中，宣誓人员应保持安静，在宣誓过程中，要站立端正、保持安静，不得交头接耳或做其他不严肃的动作。

(4) 理解誓词:在宣誓前,员工应充分理解誓词的含义和重要性。只有真正理解了誓词,才能更好地履行自己的承诺,确保安全生产。

(5) 遵守承诺:宣誓不仅仅是一种形式,更是一种承诺。员工在宣誓后,应切实遵守自己的承诺,将安全生产放在首位,时刻保持警觉,确保自身和他人的安全。

井口宣誓对宣誓人的要求如图 7-9 所示。

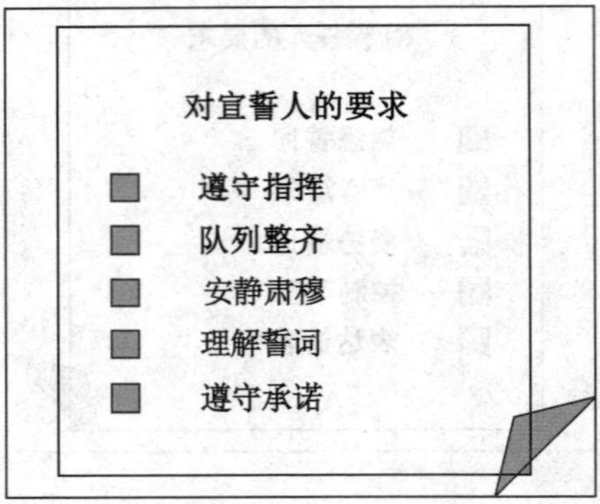

图 7-9 井口宣誓对宣誓人的要求

(三) 井口宣誓誓词示例

为了自己和他人的生命安全,为了家庭的幸福平安,为了企业的稳定发展,我宣誓:牢记安全责任,牢记亲人嘱托,严守安全规章,严守操作规程,永做安全人,誓为安全生产做贡献!

第三节 做好安全生产现场管理

现场管理是安全生产最重要的环节,对于安全生产至关重要。通过严格管理,可以及时发现和消除现场潜在的安全隐患,降低事故发生的风险，有效预防事故；通过严格的管理，可以确保员工在工作过程中遵循安全规定和操作流程，减少意外伤害的发生，保障员工安全；通过严格的管理，可以创造安全的工作环境，提高员工的工作效率和工作质量，减少因事故导致的停工和延误，提高生产效率；通过严格的管理，可以帮助企业遵守相关的安全法规和标准，避免法律责任和罚款，使企业生产工作符合法规要求，维护企业形象；通过对现场管理的监控和评估，可以发现问题并及时采取改进措施，不断提高安全生产水平，促进安全生产工作持续改进。

一、做好交接班

现场管理，首先要做好交接班工作。交接班时要重点关注以下事项：

（1）准确掌握上一班的工作进度及完成情况，核对生产进度情况，包括生产数据、采掘量、能耗等。

（2）确认现场安全情况，检查是否存在安全隐患和问题，并及时处理和报告。

（3）检查工具与设备情况，检查内容包括设备外观、运行状态、安全防护装置等。确认现场的工具、设备是否运行正常、有无故障发生，以及故障的处理情况。对于关键设备和重点区域，班长应亲自检查，一般设备可由班组岗位人员各自检查。

（4）对特殊情况进行处理，对于存在安全隐患或问题的环节，需要进行特别说明和处理的，由交接双方共同确认和处理。

（5）交接重要任务、临时工作及变更情况。填报交接事项清单，逐项确认需要交接的事项是否完成。

（6）保持沟通，确保两班之间顺畅过渡。

交接班的要求如图 7-10 所示。

交接班时应坚持以下基本原则：

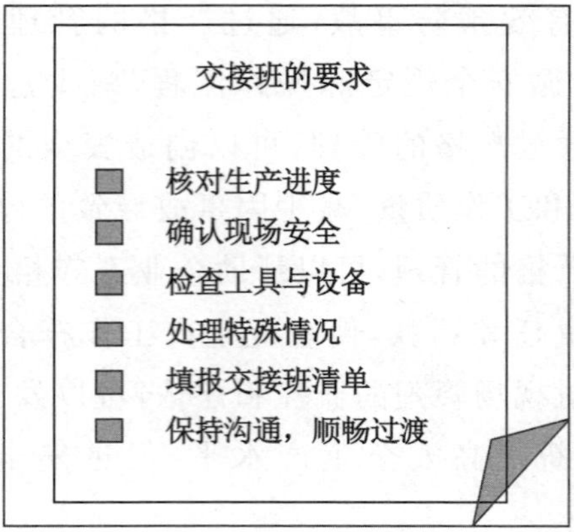

图 7-10　交接班的要求

(1) 下一班的准备工作未做好不交接。

(2) 当班发生异常现象,或设备有故障未处理好,或记录交代不清不交接。

(3) 公用工具、资料(有关专用工具、技术措施等)不齐全不交接。

(4) 清洁工作未按规定范围和要求做不交接。

(5) 上级命令通知意图不清楚不交接。

二、把握现场管理的核心六要素

影响现场安全生产管理的六个核心内容:人、机、料、法、环、管,也被叫作“5M1E”,每个要素的具体含义如下。

人(man):指参与生产过程的人员,包括员工的技能、培训、工作态度和安全意识等。

机(machine):指用于生产的设备、机器和工具,包括设备的维护、保养和操作规范等。

料(material):指生产所使用的原材料、零部件和半成品等,包括材料的质量、供应和库存管理等。

法(method):指生产过程中采用的方法、工艺和操作流程,包括作业指导书、标准操作程序等。

环(environment):指生产环境,包括工作场所的温度、湿度、清洁度、噪声等因素,以及对环境的保护和管理。

管(management):指对生产过程的管理和控制,包括生产计划、质量控制、安全管理、人员组织等。

(一) 人:做好现场人员管理

(1) 关注员工的安全意识和技能水平,采取培训、演练、考核等方式增强员工的安全意识和操作技能。

(2) 建立良好的沟通渠道,了解员工的需求和问题,并及时给予反馈和支持。

(3) 实施有效的激励机制,鼓励员工积极参与安全管理工作。

(4) 现场巡视时,关注员工的精神状况、身体状况、站位及操作情况,及时解决存在的安全隐患。

(二) 机:做好机器设备管理

(1) 检查机器设备的运转情况及维护保养情况,确保设备正常运行。

(2) 检查机器设备的防护装置、警示标识等安全设施,降低设备的安全风险。

(3) 检查机器设备标识,关注设备的使用周期和时限。

(4) 检查人员操作情况,确保员工正确操作机器设备。

(5) 设备开机必须点检到位。

设备的状态不是静止的,而是可变的,受到很多方面的影响,比如存放场所环境因素的影响、使用人的影响、设备自身寿命的影响等。多方面的影响会给设备的安全状态带来诸多不安全的因素,最怕的就是存在错误的思想认识,如“昨天操作设备都没什么事,今天操作设备也不会有什么事”。

(三)料:做好材料管理使用

(1)严格控制材料质量,确保材料的安全性和可靠性,避免使用劣质材料。

(2)采取合理的储存和运输方式,避免材料损坏或污染。

(3)对材料进行合理存储和标识,防止混用和误用。

(4)控制材料的使用量,避免浪费和过度使用。

(5)完善管理制度,明确材料验收、保管、发放等环节的责任和要求。

(四)法:落实各项规程制度

(1)做好安全规程、作业规程、操作规程的三大规程交底工作。制定详细的安全管理制度,确保员工严格按照规程、制度操作。

(2)加强安全宣传教育,增强员工的安全意识和责任感。

(3)建立安全检查和监督机制,及时发现和消除安全隐患。

(4)鼓励员工提出改进建议,不断优化工作方法。

(5)对关键工序进行监控和评估,并及时发现和解决问题。

(6)及时识别生产过程中的变化,包括新设备、新工艺、新人员等,并评估变化对安全的影响,做到有安全变更必跟踪到位。

在安全工作落实过程中,必然会存在诸多变化的因素,比如人员的变化、设备的变化、物料的变化、方法的变化、要求的变化、场所的变化等,有变化就必然会产生新的风险,就必然会出现新的隐患。因此,对于变化的情况,务必要在变化实施前辨识危险源、评估风险、调整完善管控措施,并与实施变化的人员进行安全交底,同时要在变化实施过程中跟踪监督到位。

(五)环:关注改善环境因素

(1)建立环境管理制度,明确生产环境管理的责任和要求。

(2)加强温度、湿度、照明、噪声、粉尘等方面的监测和控制,创造一个良好的工作环境。

(3) 保持工作环境的整洁和安全，及时清理杂物和废弃物。

（六）管：做好综合管理工作

(1) 建立健全安全管理体系，明确各级管理人员在安全生产中的责任和义务。

(2) 建立安全隐患排查治理制度，及时发现和消除安全隐患。

(3) 建立数据记录和分析机制，持续改进管理措施。

(4) 与其他部门进行沟通和协调，共同推动安全生产工作。

(5) 建立奖惩机制，明确价值导向，引导和塑造员工行为，促使员工遵守规则和标准。

现场管理的核心六要素如图 7-11 所示。

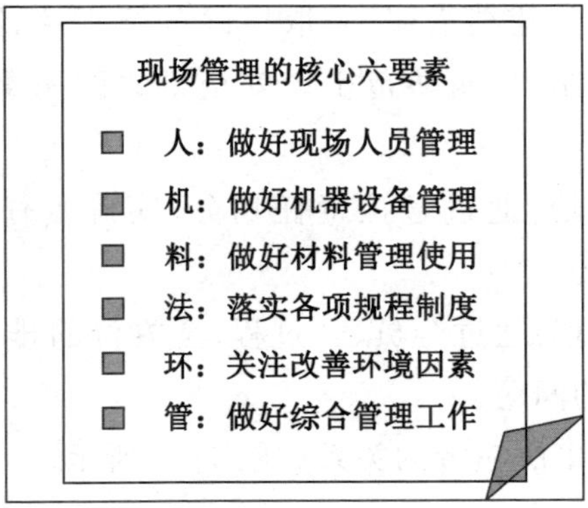

图 7-11　现场管理的核心六要素

三、构建双重预防机制

2016 年 1 月，习近平总书记在中共中央政治局常务委员会会议上发表重要讲话，提出必须坚定不移保障安全发展，狠抓安全生产责任制落实。要强化“党政同责，一岗双责，失职追责”，必须坚决遏制重特大事故频发势头，对一些重特大事故的行业领域，采取风险分级管控、隐患排查治理双重预防性工作机制，推动安全生产关口前移。加强应急救援工作，最大限度减少人员伤亡和财产损失。安全生产双重预防机制的意义在于抓住辨识管控重大风险（风险分级管控）、排查治理重大隐患（隐患排查治理）两个关键，不断完善工作机制，深化安全专项整治，推动各项标准、制度和措施落实到位。

矿山、金属冶炼、建筑施工、船舶修造、船舶拆解和危险物品的生产、经营、储存、装卸单位，以及涉爆粉尘、涉氨制冷等行业、领域生产经营单位，应当建立并实施安全生产班前会制度，由班组长或者交班人员在班前会上向当班作业人员提示安全风险，讲解岗位安全操作要点等。

（一）风险分级管控与隐患排查治理

构建风险分级管控与隐患排查治理双重预防机制就是要将安全风险逐一识别并建档入账，采取风险分级管控、隐患排查治理双重预防性工作机制，构筑防范生产安全事故的两重防火墙，防止事故的发生。

风险分级管控：通过管控责任划分，明确责任，解决“没人管”“谁来管”的问题。

隐患排查治理：通过全员、全过程、全方位的排查治理，解决“管不好”“怎么管”的问题。

风险、隐患、事故三者的关系如图 7-12 所示。

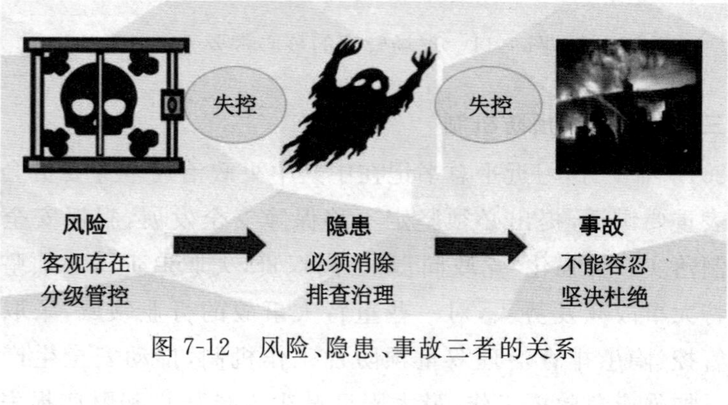

图 7-12　风险、隐患、事故三者的关系

（二）内外因事故致因理论

事故的发生是内外两方面因素共同作用的结果。内因主要指事故现场存在能量或有毒有害物。外因则涵盖了各种管理或技术缺陷：① 管理缺陷，包括安全规章制度不健全、执行不到位、安全教育培训不足、监督缺失等内部管理因素，这些均属于组织结构和管理系统层面的内因。② 人的不安全行为，如违章操作、疲劳作业、缺乏必要的安全知识和技能、心理素质低下等。③ 设备设施自身的不安全状态，如机械设备的设计缺陷、老化失效、维护不当等。④ 自然环境因素，如恶劣天气、地理条件等自然条件对安全生产的影响。

内外因事故致因理论主张只有当内外部不利条件耦合时，才会触发事故的发生。因此，预防事故不仅需要关注个体行为和设施设备的状态，还必须结合改善外部环境条件和社会管理体系来共同降低事故风险。内外因事故致因理论如图 7-13 所示。

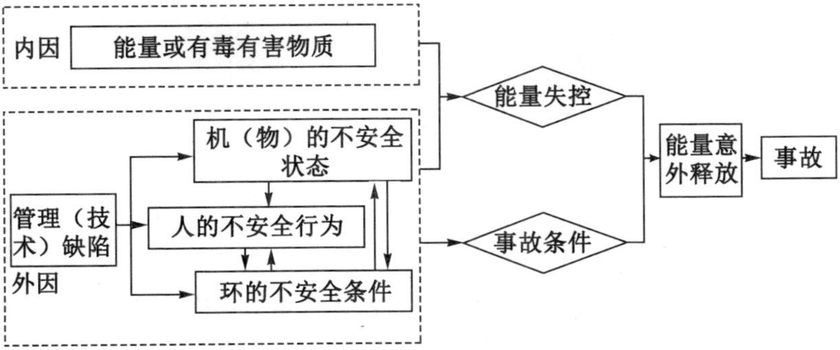

图 7-13　内外因事故致因理论

风险分级管控与隐患排查治理形成安全生产两道防火墙，如图 7-14 所示。

（三）六步构建班组安全双重预防机制。

六步构建班组安全双重预防机制如图 7-15 所示。

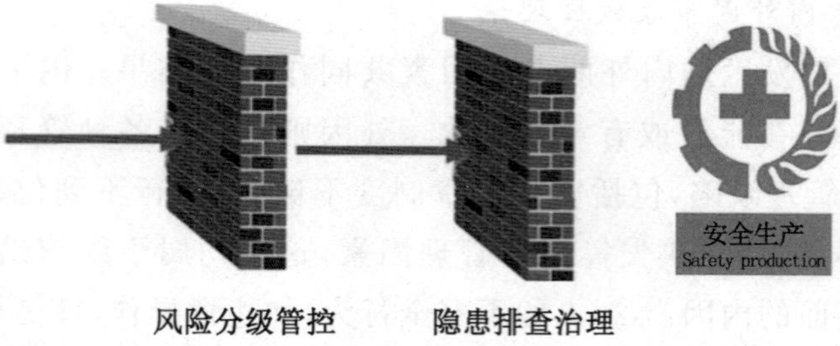

图 7-14　安全生产防火墙

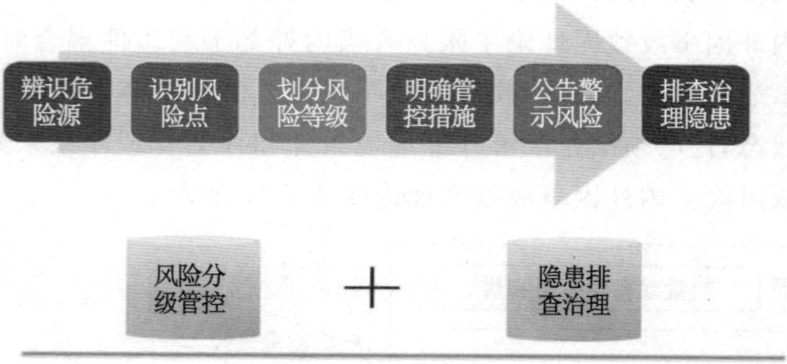

图 7-15　六步构建班组安全双重预防机制

1. 辨识危险源

危险源是指导致事故发生的不安全因素，或称事故原因因素。危险源根据性质可分为两类：根源危险源（第一类危险源，包括物理性危险和有害因素，化学性危险和有害因素，生物性危险和有害因素，心理、生理性危险和有害因素）和状态危险源（第二类危险源，包括人的不安全行为、物的不安全状态、环境的不安全因素、管理上的缺陷）。全面识别危险源，是有效安全管理的基石，如果没有识别出危险源，那么就无法制定措施和消除风险。

第一类危险源如图 7-16 所示。

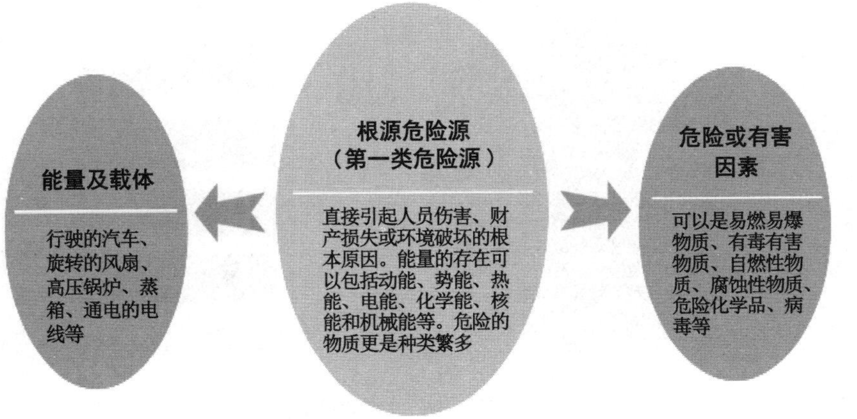

图 7-16　第一类危险源

常见的第一类危险源分类如表 7-2 所示。

表 7-2　常见的第一类危险源分类

物理性危险和有害因素	电危害、噪声危害、电磁辐射、运动物危害、明火、粉尘危害、标志缺陷、警示缺陷、设备缺陷、设施缺陷、防护缺陷
化学性危险和有害因素	易燃性物质、易爆性物质、自燃性物质、有毒物质、腐蚀性物质、其他化学性危险和有害因素
生物性危险和有害因素	病毒、致病微生物、传染病媒介物、致害动物、致害植物
心理、生理性危险和有害因素	工作生活压力大、心理异常、辨识功能缺陷、人际关系紧张、健康异常

第二类危险源如图 7-17 所示。

2. 识别风险点

风险点是指存在危险源的设备、部位、设施、场所和区域，以及

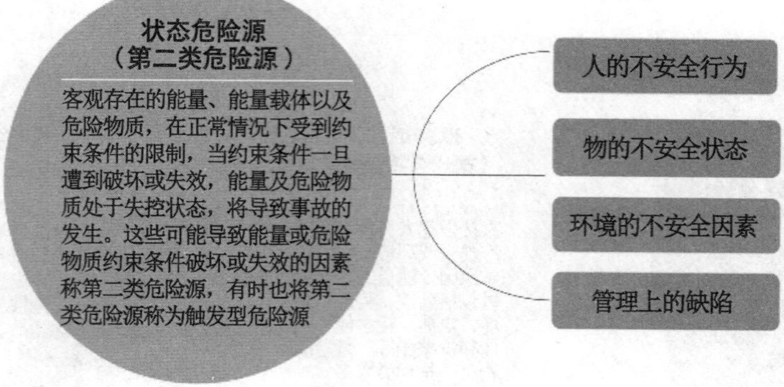

图 7-17　第二类危险源

在特定部位、设施、场所和区域实施的伴随风险的作业过程，或以上两者的组合。例如，炸药、瓦斯、顶板、运转的设备等是危险源，炸药库、工作面、设备运转区域等场所和区域是风险点；在罐区进行倒罐作业、防火区域内进行动火作业等也是风险点。对于风险点的划分，应按工作流程的阶段、场所、装置、设施、作业活动或上述几种方式的结合进行风险点排查，并建立风险点清单。风险点清单＝作业活动清单＋设备设施清单，如图 7-18 所示。

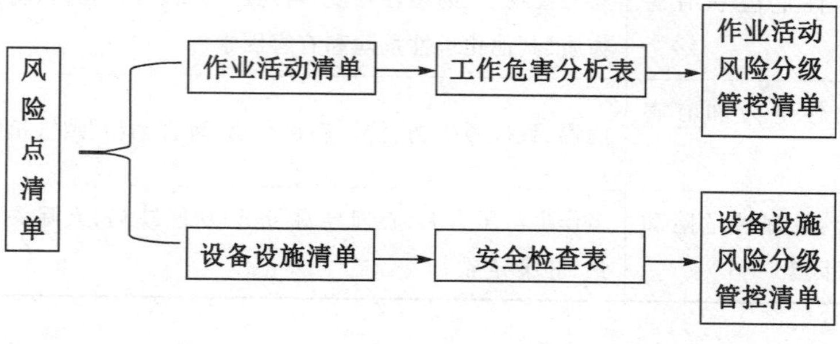

图 7-18　建立风险点清单

3. 划分风险等级

根据风险等级划分原则，对辨识出来的危险逐一进行风险评价，列出风险清单，制定管控措施，并将管控责任根据管理机构机制情况、岗位职责和风险程度高低责任到岗、到人。上一级负责管控的风险，下一级必须同时负责管控，并逐级落实具体措施。对每位员工进行岗位风险告知、培训，制作“岗位风险告知及应急处置卡”并发放至每位岗位员工。对岗位存在的风险，要在醒目的位置进行公示。

对排查出来的风险点进行分级。先确定风险类别（泄漏、火灾、爆炸、中毒、坍塌、坠落等危险因素和高温、粉尘、有毒物质等有害因素），然后按照危险程度及可能造成后果的严重性，将风险分为一、二、三、四 4 级。

风险分级标准如图 7-19 所示。

一级风险	指该风险点一旦发生事故，可能导致较大以上事故，即指能造成 3 人以上死亡或者10人以上重伤，或者1 000万元以上直接经济损失的事故。
二级风险	指该风险点一旦发生事故，可能导致一般事故，即指能造成3人以下死亡，或者10人以下重伤，或者1 000万元以下直接经济损失的事故。
三级风险	指该风险点一旦发生事故，可能导致轻伤事故（包括急性工业中毒，下同），或轻微经济损失。
四级风险	指该风险点一旦发生事故，可能导致不损失工作的伤害。

图 7-19　风险分级标准

4. 明确风险管控措施

风险管控措施包括但不限于以下内容：建立完善安全管理规章制度和安全操作规程，并采取有效措施保证其得到执行；建立健全安全监测体系，并保证其有效性和可靠性；明确关键装置、重点部位的责任人和责任部门，并定期对安全生产状态进行检查，及时消除事故隐患；在工作场所或岗位设置明显的安全风险告知卡和警示标志；以岗位风险、防控措施和应急处置方法为重点，强化员工风险教育和技能培训。

根据风险分析的结果，制订风险管理计划，包括风险类型、等级、应对策略、责任人、时间表和资源需求等。风险控制措施的原则是按以下顺序考虑降低风险：① 消除；② 替代；③ 隔离；④ 工程技术控制措施；⑤ 标志、警告；⑥ 管理控制措施；⑦ 个体防护装备。

风险管控表如表 7-3 所示。

表 7-3　风险管控表

序号	风险点	第一类危险源	第二类危险源	可能发生事故类型	事故风险等级	管控措施及落实时间	所需资源	责任人

负责人：　　审核人：　　　　制表人：　　　日期：　　年　月　日

5. 公告警示风险

制作风险警示牌、风险告知卡，明确标识风险名称、等级、控制措施等信息，张贴在显眼位置或下发给员工。

6. 排查治理隐患

定期开展隐患排查工作，包括日常巡查、专项检查等。排查内容包括设备设施、作业环境、人员操作等方面。对排查出的隐患及时进行整改，采取有效措施消除隐患，确保生产安全。对于不能立即整改的隐患，应制定整改方案，并加强监测与预警。隐患整改完成后，应进行验收，确保整改效果。建立隐患排查治理档案，实现闭环管理，防止类似隐患再次出现。

隐患治理要满足以下要求：在识别和评估安全风险的基础上，对排查出的安全隐患进行及时、有效的治理，以防止其演变成安全事故。

四、做好危险作业的管理

班组长应特别注意，进行爆破作业、吊装作业、高处作业、有限（受限）空间作业、临近油气输送管道作业、临近高压输电线路作业、建筑物和构筑物拆除作业、大型检修作业，以及涉及危险物品的场所动火和临时用电等危险作业时，应当执行有关危险作业管理制度，并遵守下列规定：

（1）对作业安全风险进行评估，确认现场作业条件符合安全作业要求。

（2）根据安全风险明确安全防范措施和现场应急处置措施。

（3）确认作业人员的上岗资格，以及劳动防护用品的配备、使用符合安全作业要求。

（4）配备相应的安全设施和应急救援器材，设置作业现场的安全区域，确定专人现场统一指挥和监督。

（5）在危险作业前向作业人员告知危险因素、作业安全要求和现场应急处置措施，并经双方现场签字确认。

（6）发现直接危及人身安全的紧急情况时，按照现场应急处置措施停止作业、撤出人员。

（7）实现危险作业申请、预约、审查、安全条件确认、许可、监护、验收全流程管理。

五、做好应急管理及应急演练

应急管理是指政府、企业以及其他公共组织，为了保护公众生命财产安全，维护公共安全、环境安全和社会秩序，在突发事件事前、事发、事中、事后所进行的预防、响应、处置、恢复等活动的总称。

应急管理的特征可以概括为以下三点：

(1) 应急管理贯穿于突发事件的事前、事发、事中、事后的全过程。

(2) 应急管理是事前、事后的管理和事发、事中的应急的有机统一。

(3) 应急管理不是“应急的”管理，而是管理的“应急”。

班组应从以下几方面做好应急管理工作：

(1) 制定全面的应急预案。应急预案的目的：一是在突发事件发生后迅速有效控制和处理，尽力减轻突发事件对社会的影响；二是采取预防措施使突发事件控制在局部，消除蔓延条件，防止突发性重大或连锁事件发生。

班组根据实际情况和可能面临的风险，制定全面的应急预案，明确应急组织、应急流程、资源调配和使用等方面的要求。现场处置方案要重点规范事故风险描述、应急工作职责、应急处置措施和注意事项，应体现自救互救、信息报告和先期处置的特点。

(2) 组织培训。对班组成员进行应急预案的培训，确保每个成员都了解自己在应急响应中的角色和职责。

(3) 定期组织应急演练。模拟突发事件的发生，让班组成员熟悉应急流程和操作，提高应急响应能力。通过应急演练实现检验预案、锻炼队伍、磨合机制、宣传教育、完善准备的目的。

应急演练应遵循以下原则：① 符合相关规定，即按照国家相关法律法规、标准及有关规定组织开展演练；② 依据预案演练，即结合生产面临的风险及事故特点，依据应急预案组织开展演练；③ 注重能力提高，即突出以提高指挥协调能力、应急处置能力和应急准备能力组织开展演练；④ 确保安全有序，即在保证参演人员、设备设施及演练场所安全的条件下组织开展演练。

应急演练实施基本流程包括计划、准备、实施、评估总结、持续改进五个阶段。

(4) 应急预案评估。通过演练，对应急预案和演练过程进行评估，总结经验教训，发现问题并及时改进。评估主要内容包括：演练的执行情况，应急预案的实用性和可操作性，指挥协调和应急联动机制运行情况，应急人员的处置情况，演练所用设备装备的适用性，对完善应急预案、应急准备、应急机制、应急措施等方面的意见和建议等。

班组应当建立应急预案定期评估制度，对预案内容的针对性和实用性进行分析，并对应急预案是否需要修订作出结论。

应急预案定期评估是应急预案管理工作的重要环节。通过评估，可以检验预案的针对性、实用性和可操作性，实现应急预案的动态优化和科学规范管理。

(5) 完善应急预案。根据演练评估结果，提出对现有应急预案的改进建议，不断完善应急预案。

(6) 修订应急预案。有下列情形之一的，应当及时修订相关预案：

① 制定预案所依据的法律、法规、规章、标准发生重大变化；

② 应急指挥机构及其职责发生调整；

③ 安全生产面临的风险发生重大变化；

④ 重要应急资源发生重大变化；

⑤ 在预案演练或者应急救援中发现需要修订预案的重大问题；

⑥ 其他应当修订的情形。

班组应急管理及应急演练的主要工作如图 7-20 所示。

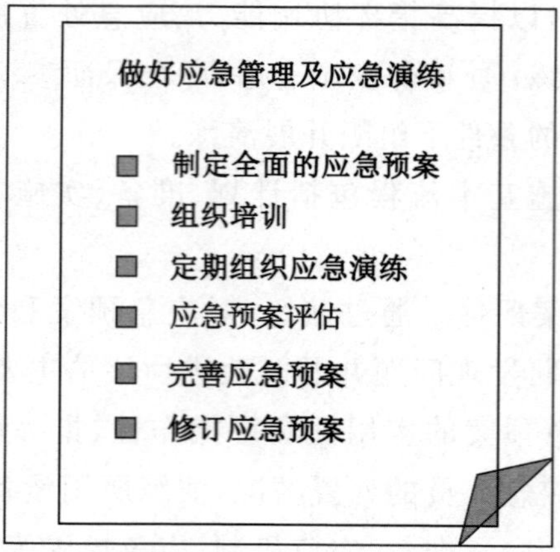

图 7-20　班组应急管理及应急演练的主要工作

第八章　煤矿优秀班组建设经验选编

第一节　白国周班组管理法

中国平煤神马集团七矿开拓四队白国周班组2009—2014年，职工人数一般保持在16～19人，平均年龄35～38岁，大专学历2人，担负着矿井开拓进尺任务。白国周班组在班组长白国周的带领下，先后获得集团先进班组、全国“五一劳动奖章”等荣誉称号。班组长白国周先后荣获全国“五一劳动奖章”、全国“劳动模范”、“中华技能大奖”等荣誉。以白国周命名的“白国周班组管理法”得到党和国家多位领导人的称赞，原国家安全生产监督管理总局、国务院国有资产监督管理委员会等国家五部委联合下文，要求全国煤矿企业可推广使用。

一、白国周班组管理法的精髓是用心干事、爱心待人和恒心坚持

白国周班组管理法的精髓是用心做事、爱心待人、恒心坚持，体现出了极为强烈的领导者人格魅力和团队氛围。

（1）用心做事。白国周是一名煤矿井下的普通班组长、一名只有初中学历的农民工，但他却在工作中始终做到用心学习、用心工作、用心思考、用心总结，探索并总结出了“六个三”管理法，解决了长期困扰煤矿现场安全管理的“大难题”。

（2）爱心待人。白国周始终坚持以人为本、善念待人的工作理念，及时给予困难工友无私的关怀和帮助。他创造的“三必谈”“六个三”等理念，以爱心待人的主旋律丰富着白国周班组管理法的内

容，使他成为做思想政治工作的行家里手，成为全班人的老大哥、主心骨，照亮了别人，成就了自己。

(3) 恒心坚持。白国周在班组管理上，始终坚持做到“六个三”，把实现安全生产和班组和谐作为积德行善的永恒追求。这是白国周班组管理法得以弘扬的基础。多年来，他把枯燥、单调的事情做得有声有色，在平凡的工作中创造了煤矿班组安全管理的奇迹。

白国周班组管理法简单、易学，拿来管用，关键在用心、爱心、恒心(简称“三心”)，这是白国周班组管理法的灵魂，而“严细实”的工作作风则是该管理法落地生效的根本保障。如果说，“六个三”是白国周班组管理体系中的一种方法，那么，“三心”和“严细实”就是“六个三”的统帅，起到了倍数、叠加和放大效应。这三者构成了白国周班组管理法的完整体系。

二、白国周班组管理法的实用方法是“六个三”

白国周班组坚持采用以“六个三”为主要内容的班组管理法，其主要内容包括三勤、三细、三到位、三不少、三必谈、三提高。

(一) 三勤：勤动脑、勤汇报、勤沟通

勤动脑：勤于思考，总结规律，擅于寻找解决办法，以便在出现安全问题时，能够迅速处理，避免事态恶化。

勤汇报：对生产过程中发现的隐患和问题，及时向领导汇报，以便领导及时了解情况，迅速采取应对处置办法。

勤沟通：经常与队领导沟通，了解队里的措施要求；与上一班和下一班的班组长沟通，了解施工进度和施工过程中出现的问题；与工友沟通，了解和掌握工友工作和生活情况，及时化解可能对生产安全构成危险的影响因素。

(二) 三细：心细、安排工作细、抓工程质量细

心细：从开班前会开始，针对当班出勤状况，分析岗位人员配置，做到心中有数，尤其仔细观察特殊岗位人员的精神状态。

安排工作细：认真考虑，量才使用，发挥长处，提高效率，减少个人因素可能带来的隐患。

抓工程质量细：严格按照施工要求、操作规程和安全技术措施施工，严把工程质量关。

（三）“三到位”：布置工作到位、检查工作到位、隐患处理到位

布置工作到位：交代清楚工作任务、安全措施、上班遗留的问题等。

检查工作到位：对每个环节、每个设施设备都及时检查，不放过任何一个潜在的隐患点。

隐患处理到位：对于隐患和问题，能处理的及时处理掉，当时处理不了的就采取措施，指令人员处理。

（四）“三不少”：班前检查不能少、班中排查不能少、班后复查不能少

班前检查不能少：接班前对工作环境及各个环节、设备依次认真检查，排查现场隐患，确认上班遗留问题，指定专人整改。

班中排查不能少：坚持每班对各个工作点进行巡回排查，重点排查在岗职工精神状况、班前隐患整改情况和生产过程中的动态隐患。

班后复查不能少：当班结束后，对安排的工作进行详细复查，重点复查工程质量和隐患整改情况，发现问题及时处理，处理不了的现场交接清楚，并及时汇报。

（五）“三必谈”：发现情绪不正常的人必谈、对受到批评的人必谈、每月必须召开一次谈心会

发现情绪不正常的人必谈：注重观察工友在工作中的思想情绪，有问题及时交流，弄清原因，因势利导，消除不良情绪，提高安全生产注意力。

对受到批评的人必谈：对受到批评或处罚的人，单独与其谈心，

讲明原因，消除抵触情绪。

每月必须召开一次谈心会：每月至少召开一次谈心会，工友聚在一起，谈安全工作经验，反思存在的问题和不足，互学互帮、共同提高。

（六）“三提高”：提高安全意识、提高岗位技能、提高团队凝聚力和战斗力

提高安全意识：引导职工牢固树立“安全第一”理念，通过各种方式教导工友时刻绷紧“安全”这根弦，时刻把安全放在心上，坚决做到不安全不生产。

提高岗位技能：经常和工友一起学习、研究各工种的工作原理和操作技术，讨论生产和现场管理中出现的问题，提高业务水平和综合素质。

提高团队凝聚力和战斗力：充分调动工友积极性，耐心指导，不让任何一名班组成员掉队，要求大家做文明人、行文明事。

三、白国周班组的“五种信念”是激励班组成员的行动指南

白国周班组管理法虽然是一种方法，但其内在却潜藏着令人折服的精神光芒，有着鲜明的时代特点和精神追求。

(1) 坚决做到不安全不生产。白国周说安全第一，可不仅是嘴上说说而已，在实践中他确实就是这么做的。他上班的第一天就给自己立下了一个誓言：“我这一辈子绝不违章”。22 年的工作实践中，他不仅自己没有一次违章，而且还主动帮助工友增加安全意识。有一次，他的工友祁某上午在老家收完麦子，下午就急匆匆地赶回了矿上，为了拿到保勤奖，他准备上 4 点的班。开班前会时，白国周发现他连打哈欠，精神疲倦，一问才知道他刚从老家赶回，当时就决定让他马上回家休息，这个班决不允许他上。在安全管理上，白国周更是严格执行标准。一次班后复查，白国周发现一根锚杆打得不合格，要求返工，需要到附近的三分队去借工具，来回需要半个多小

时。工友劝他，一根锚杆也坏不了多大事，而且喷进去后谁也看不到，就别再费事了。白国周说正是因为看不到，产生的安全隐患才更可怕。不得已，工友只得借了工具重新打锚杆，直到达到要求才升井。

(2) 生产过程中注重质量，盯住细节。白国周说："质量是企业的生命，同样也是安全的保证，质量搞不好就不可能搞好安全。"他带领团队在施工过程中，始终坚持追求最优的质量等级，22 年来他所在班组掘进、维修井下巷道近万米，工程质量全部达到了优良标准。不仅保证了安全，而且提高了效益，增加了职工的收入。他和他的工友确确实实尝到了质量优良所带来的甜头。盯住细节和勤于检查是白国周同志现场管理的又一重要手段。每天开完班前会到达井下现场后，从风门、绞车、轨道、耙斗机到工作面他都依次认真检查一遍，不放过任何一个细节。有一次，他发现绞车一边的滚筒处两根螺丝松动，就把问题写在一旁较为醒目的位置，要求绞车司机到位后及时与小班机电工联系，问题不处理坚决不能开动绞车。一个班结束后，他还要进行详细的复查，能处理的及时处理，不能处理就做到口传口、手交手，进行严格的交接班。多年来，在白国周科学严谨的管理下，许多隐患都被消灭在萌芽状态，安全生产的各项规章制度得到了很好的贯彻落实。

(3) 共同成长。白国周同志非常注重自身的学习和素质的提高。他从一个仅有初中文化的农民工起步，通过自学和实践锻炼，系统地掌握了绞车、电车、耙斗机等 10 多种设备的工作原理和操作要领，一个人拿到了 5 个特殊工种的上岗证，成为知识型、安全型、技能型、创新型的新时期产业工人优秀代表，先后多次获得中平能化集团"技术状元""首席技工"等光荣称号，2009 年 4 月获得了全国"五一劳动奖章"。同时，他还带领班组员工共同学习进步，通过言传身教、签订特殊师徒合同等多种办法帮助工友学习本领、提高技能，把许多工友都培养成了技术骨干。现在白国周的班组共有15名矿工，个个都是一把好手。几年来，在公司组织的技术比武中，该班组有7人次夺得前三名。班组的开拓进尺、安全质量、成本效益等多项指标始终处于公司前列。白国周班组多次被公司评为“和谐班组”和“先进班组”。

(4) 把每个工友都当成亲兄弟。白国周同志常说：“把每个工友都当成亲兄弟，这个班就一定能搞好”，“把大家的方法凑到一块儿，就是最好的方法”。他坚持公正透明的工资分配办法，激励工友的劳动热情，坚持亲情管理，维护班组的和谐团结，在班组管理中产生了重要作用。每月大家倒松班的时候，白国周都要组织班组的工友们一起聚会，谈工作、聊家庭，气氛十分融洽。通过聊天，白国周对班组每一名职工的家庭住址、家庭成员等情况都有了详细了解，甚至连工友家人的生日他都能记住。逢年过节，他都要组织班组职工一起聚会；还经常组织为工友们及其家人过生日。班里谁家有人生病，大家都主动去探望。哪个工友有怨气，白国周就主动找他谈心，晓之以理，动之以情。长期的交往使全班组十几个小家庭形成了一个和谐温暖的大家庭。多年来，白国周班组的工友们像亲兄弟一样抱成团儿，心往一处想，劲往一处使，生活上互相关心、工作上互相帮助，不仅每月都圆满完成了生产任务，而且还结下了深厚的友谊。

(5) 专注而执着。白国周对煤矿因了解而热爱，因热爱而执着，因执着而尽责，这是他22年始终如一、不懈追求的动力源泉。开拓四队党支部书记石峰说：“白国周并没有因为是农民工就不把自己当主人看，而是深深地爱着自己的岗位，像爱护自己的家一样守护着矿山的安全”。做一件事并不难，难的是20多年持之以恒。白国周坚持“三勤”“三细”跑现场，“三到位”抓落实，“三不少”查隐患，“三必谈”聚亲情，“三提高”塑团队，持之以恒地学技术、提技能，把枯燥、单调的事情做得有声有色，在平凡的工作中创造了煤矿班组安全管理的奇迹。

四、白国周班组管理法既是工作方法、工作作风，更是工作态度

白国周班组管理法既是一种工作方法，也是一种工作作风，更是一种工作态度。是有效实用的管理方法与精神特点的有机结合，既体现了“严细实”的工作作风，又体现了用心做事、爱心待人、恒心坚持的工作态度。

（一）白国周班组管理法是一种有效的工作方法

白国周同志通过多年的实践证明，“六个三”在加强班组建设、发挥班组职能作用、强化班组现场安全管理等方面具有重要的作用。白国周同志运用这套方法，不仅实现了自己所带班组 20 多年安全无事故，而且融合了班组职工的感情，提升了班组职工的素质，化解了班组职工的思想矛盾，使整个班组始终保持为一个安全稳定、团结互助、亲善和睦的大家庭。从白国周班组里走出的 13 名班组长，运用同样的方法也取得了同样的效果。

实践证明，白国周班组管理法之所以能创下那么好的“安全纪录”，很重要的一点就在于该方法通俗易懂、便于操作。白国周 20 多年来，通过运用“六个三”中的“三勤”“三细”“三到位”工作法，在煤矿现场工作的标准上，把烦琐的作业标准化、制度化，让安全生产的观念植根于每一个职工的心中，让安全生产的要求体现在每个职工的具体行动上；通过“三不少”“三必谈”“三提高”等办法，从道理上和情感上把抽象的要求具体化，从而使安全生产变成每一个职工的自觉行动。

（二）白国周班组管理法是一种“严细实”的工作作风

白国周同志的“六个三”实质上是对工作的从严要求，是一种“严细实”工作作风的体现。白国周参加工作以来，始终坚持对工作要求严、要求细、要求实，在任何时候都遵守“安全第一”的理念，都把安全生产放在第一位。他严格执行规章制度，做到规章制度面前

人人平等。工作中不仅自己不违章,也不允许违章发生在自己的监控范围。他严格隐患排查,在工作中始终做到"三不少""三细",并对查出的各种隐患严格落实"五个到位";"三细"体现了他做事的细致程度。每天开完班前会到达井下后,他都认真检查所需的每一件物品,一个班结束后,还要详细复查,进行严格的交接班,把许多隐患消灭在萌芽状态,22 年来他带领的团队所施工的工程质量全部达到了优良。

(三) 白国周班组管理法是一种务实的工作态度

白国周班组管理法是白国周同志 20 多年来一种务实的工作态度,主要体现在他用心做事、爱心待人、恒心坚持方面。

用心做事。"认真做事能把事做完,用心做事能把事做好"。凡事用心就不难。白国周同志不是学者,不是专家,也不是工程技术人员,他只是一名煤矿井下的普通班组长,一名只有初中学历的农民工。但他却在工作中始终做到用心学习、用心工作、用心思考、用心总结,探索并总结了"六个三"管理法。他的工作方法看似简单,却解决了长期困扰煤矿现场安全管理的"大难题"。白国周同志认为,凡事都要三思而后行,干工作就要把工作干好,必须认真对待,用心去做,讲究工作方法,全身心地投入,只有这样才能把工作做到位。20 多年来,白国周同志始终这样要求自己,并身体力行地去践行。

爱心待人。多年来,白国周同志始终坚持以人为本、善念待人的工作理念,他关心企业、关心工友、关心家人。每当工友有困难的时候,他总是及时出现,给予无私的关怀和帮助。他创造的"三必谈",诠释了以人为本的理念,也使他成为做思想政治工作的行家里手,成为全班组工友的老大哥、主心骨。在白国周班组管理法的内容里,始终高扬着爱心待人的主旋律。"六个三"管理法把对工友的爱、对工友家人的责任,以及工友的生命安全放在突出的位置。

恒心坚持:俗话说,做一件好事容易,难的是,一辈子做好事。白国周在班组管理上,坚持把实现安全生产和班组和谐作为一种积德行善的追求,22 年持之以恒、尽职尽责、无怨无悔,这是白国周班组管理法得以弘扬的基础。在班组管理上,白国周始终坚持做到"六个三",20 多年来,他把枯燥、单调、重复的事情做得有声有色,在平凡的工作中创造了煤矿班组安全管理的奇迹。

白国周班组管理法简单、易学,拿来管用,关键在用心、在爱心、在恒心,在"严细实"的工作作风。没有用心、爱心、恒心的工作态度,白国周班组管理法就失去了灵魂,就是一纸空文;没有"严细实"的工作作风,白国周班组管理法就很难得到有效的落实。多年来,企业探索制定了不少有效的制度,关键在于落实不够、执行不力。白国周同志 22 年始终坚持用"三心"治理班组、管理安全、对待工作、融合团队,打造出了一支技术过硬的班组。如果说,"六个三"是白国周班组管理体系里的一种方法,那么,"三心"和"严细实"则对"六个三"起着统帅的作用。"六个三"中每种方法都体现了"三心"的工作态度和"严细实"的工作作风。"三心"的工作态度和"严细实"的工作作风在"六个三"中起到了倍数效应、叠加效应和放大效应,是对白国周班组管理法"六个三"功能的放大。"六个三""严细实"和"三心"构成了白国周班组管理法的完整体系。

第二节 "人人都是班组长"全员自主管理班组模式

"人人都是班组长"全员自主管理班组模式由中煤大同能源有限责任公司塔山矿提出并组织实施。

一、建立一个轮值体系中心,打通全员管理路径,构建班组全员自主管理体制

设立由一名轮值班组长和分别负责安全、学习、和谐、士气的四名轮值委员组成的轮值班委会。四名轮值班委一起辅助正式班组长管理班组，人数较多的班组增设由轮值班委领导的轮值管理小组，全班组成员按一定周期轮流任职轮值班组长和轮值班委。班组轮值管理体制依托班组长、轮值班组长、轮值班委三方，打通了从依靠个人管理到依靠全员管理的路径，构建形成了以“三有三无”为核心的班组自主安全管理体系。在轮值过程中，班组成员通过体验班组长角色，都有了参与班组管理的平台和机会，最大限度地激发了每位员工的内在动力，实现了由被管理者向管理者的角色转变，充分提高了管理和运作效能。

二、搭建三大班组管理平台，完善班组全员管理载体，推动班组基础管理水平提升

为逐步实现“人人都是班组长”全员管理，保证人人参与轮值管理，打造班组管理平台是必要的条件，按照班组人员素质和管理状况，可先建立三个平台：例会平台——区分班前、班后会作用与重点，规范流程、丰富内容，不断提升班组例会的质量和价值；案例平台——发动全员编写、讲述案例，提高员工管理参与度，增强其对问题的敏感性和安全意识；看板平台——将看板更新周期与实际管理行为周期结合，与轮值人员职责结合，多载体设计、多形式展示，以达到时时提醒、时时对标、时时激励的效果。在条件成熟时，逐步建立其他平台，达到充分发挥各载体的作用。

三、以“三标三控”为抓手，企业安全生产标准化落地到班组、落地到现场

为实现企业全员、全方位、全过程安全管理目标，把企业、行业安全生产标准化体系落地到班组、落地到现场，以“一岗一标＋一人一控、一事一标＋一事一控、动态达标＋班组联控”为抓手，通过对“现岗、现人、现事”的管控，将安全生产管理责任的具体要求落地到“每岗、每人、每事、每班”，实现岗位操作达标、班组作业达标及现场动态达标，为企业安全生产强本固基。

四、打造五大组织赋能技术，增强班组团队建设

（一）教练赋能

让员工遇到最好的自己。在“人人都是班组长”全员自主管理班组模式中，班组长管理角色、管理风格发生转变，由“工头”变成了“教练”，工作中发现每一位员工的特点、特长，帮助每一位员工成长，完成对员工的专业技能、安全绩效赋能，激发员工的工作热情和工作潜能。促进了员工间关系再造，提升了员工的技能水平和对班组建设的整体认知水平。

（二）文化赋能

打造班组命运共同体。当一个班组无愿景、无使命、无宗旨、无目标、无共同遵守的原则、无群体意识时，易被外在负能量干扰，造成员工情绪不稳定、班组安全工作无根基的状态。文化赋能是通过对照信念、对照目标、对照标杆等方式让人时刻唤醒内心，排除干扰，激发热情的一种内省机制。各班组应结合本班组的工作目标、工作要求、工作特点，制定本班组特色的文化理念，通过开展人人都讲一小课、人人都讲一案例、人人担当一责任、人人都做一分享、人人都做一创新、人人都有一绝活等立标、对标、超标、创标相关活动，以多种方式宣传落实，并形成文字材料留存。促进班组全员反思、高效反馈，最终建立了自组织、自驱动、自修复、自涌现、自赋能的新型民主管理班组。

（三）关系赋能

实现班组一家亲。人不仅仅是“经济人”，还是“社会人”，都渴望建立良好的人际关系，渴望被尊重、被重视。关系赋能致力打造一个让每个人被关注、被发现、被激励、被尊重、被爱戴的管理环境，开展员工沟通“六必访、七必谈”“早接班、早安全、早回家”等活动营造一个互敬、互帮、互促的良好人际关系氛围，化解劳资关系、干群

关系、人与组织的关系冲突，让人在团队中感受到安全感、温暖感、归属感，有效稳定员工情绪，改善员工积极性，最终实现班组一家亲。

（四）制度赋能

制度赋能是指在公司、部门制度的统一要求下，依据合理、特定的流程，由班组全员讨论的方式制定班组制度，凡是班组职权范围之内的，皆可采用制度公约化的方式，经全员签字确认，确保制度的全面性和可执行性，将班组的各项制度内化于心、外化于行，形成员工全员参与、推动全员自主管理的组织行为。

（五）活力赋能

活力赋能是指通过自主分配、赛场、活动、娱乐、游戏、可视化管理等方式激活场域中的活力因素，使人们放松自我，解放思想。比如，为员工搭建赛场，开展赛安全、赛创新、赛节约、赛技术、赛学习等活动，争做班组的安全之星、质量之星、学习之星、创新之星。活力赋能充分调动了班组成员的干劲，提升了班组整体战斗力，加强了班组成员之间的互动，激发了班组的精气神。

五、施行七大人本机制，激活员工潜能，改善员工心智模式

这七大机制分别是活力机制、轮值机制、赛马机制、分享机制、评议机制、荣誉机制、连锁机制。

（一）活力机制

活力机制就是营造一种氛围，塑造一种环境，激发员工潜能，调动员工积极性，缓解员工工作压力，提高团队的战斗力，打造和谐团队。

班组的活力机制建设关系到班组建设的成败，关系到班组管理的效能，是新班组建设与发展必不可少的关键驱动力。

1. 构建活力机制的作用

(1) 提振士气。活力机制有助于调动班组成员的士气和干劲，

提升班组整体战斗力。

(2) 缓解压力。活力机制加强了班组成员之间的互动，为每天繁重的劳动增添了乐趣，可以让班组成员释放激情，缓解情绪，高高兴兴上班，快快乐乐下班。

(3) 激发潜能。活力机制可以提升每个班组成员的精气神，激发班组团队潜能。

2. 活力机制的操作原则

(1) 人人参与。班组每个成员都应参与班组调情活动，在展现自己的同时也给班组成员带来快乐。

(2) 形式多样。活力内容和方式不必拘泥于形式，可由班组成员根据自己的兴趣爱好自由发挥。

3. 活力机制的实践应用

(1) 班会活力仪式：通过班前/班后会"调情"活动，如讲笑话、讲故事、唱歌、喊口号等方式提升班组的活力。

(2) 班组集体活动：通过开展班组集体活动，如体育活动、娱乐活动、聚餐活动、拓展活动、郊游活动等，增强团队士气和活力。

4. 活力机制的常见误区提示

(1) 活力机制在运用过程中，有可能会出现僵化运用的情况，如活力"调情"的内容太固定，天天重复，失去新鲜感。

(2) 活力机制引导班组成员形成积极向上的价值观和团队文化，如果对活力机制理解不到位，可能会因活力内容较为低俗而产生负面影响。

(二) 轮值机制

轮值机制即在一定周期内赋予班组成员特定的责任和权利，使其在相关岗位上承担责任、行使权利、履行义务。员工参与轮值管理，是全员管理思想的延伸和具体体现，也是现代企业管理中正在探索和实践的新型管理模式。

轮值机制是创造性体验和责任塑造最便捷、最高效的途径，同时体现了管理中的平等、透明与民主。轮值机制的导入既能让轮值者在体验中获得经验和技能的提升，又实现了管理中的角色体验与换位思考，便于班组成员之间的相互理解及和谐氛围的营造。

1. 轮值机制的作用

(1) 换位思考。把普通班员放在班组管理者的位置上，使其了解班组管理的繁杂性和重要性，才能真正做到换位思考、提高认识、转变思想，对自身的责任和义务有更深入、更透彻、更全面的认知。

(2) 才干展示。轮值机制赋予每一个班组成员相同的、平等的机会，使其在管理者岗位上展示自己的优势和才干，便于优秀人才的选拔和培养。

(3) 锻炼提升。轮值机制培养每一个班组成员以管理者的思维和认知去解决实际问题，使班组成员的能力得到全方位锻炼，综合素质也得到不断提升。

(4) 增进和谐。轮值机制赋予每一个班组成员机会、权利、责任，使其在管理者岗位上产生内心体验和感受，便于班组成员之间形成相互理解、相互包容的和谐氛围。

2. 轮值机制的操作原则

(1) 全员参与。除部分特殊岗位因工作性质、特点不参与轮值外，其他班组成员均参与轮值管理活动。

(2) 权责明确。在轮值管理中，应明确轮值管理人员的角色分配、职责权利和责任义务，使轮值管理人员能够各尽其责，明确自身的工作目标和工作任务。

(3) 制度规范。各班组应根据自身工作性质及人员素质等实际情况，设立本班组轮值管理规范和制度，使班组轮值管理活动能够有序进行。

(4) 循序渐进。在轮值管理中，各班组应根据自身工作性质、特点及人员的素质等综合情况，对轮值管理人员进行适当放权，对轮值管理的适用范围进行适当限制，确保轮值人员能够在适度的压力和动力中得到能力的锻炼和提升。

3. 轮值机制的实践应用

（1）轮值班长。在各班组开展“人人都是班组长”的全员轮值管理模式，让每一个班组成员体验班组长的管理角色。

（2）轮值班委。在各班组内部，根据自身特色，开展“班委会”轮值，如轮值安全委员、轮值学习委员、轮值士气委员、轮值质量委员、轮值和谐委员等。

4. 轮值机制的常见误区提示

（1）如果赋予轮值管理人员的权责过大，可能会有部分员工因能力素质较差而无法承担轮值过程中的责任，不能确保轮值期间的管理效果。

（2）如果对轮值管理人员的权、责、利界定不清楚，可能会引发管理冲突，不利于班组正常生产活动的顺利进行。

（3）如果轮值管理周期太短，可能会导致轮值只是“走过场”，起不到应有的作用；如果轮值周期太长，可能导致部分班组成员在长时间内未有轮值锻炼机会。

（三）赛马机制

俗话说，相马不如赛马，择人不如认人。赛马机制通过搭建赛台和价值展现平台，以比赛和竞争的方式，实现对人的深度激活，发掘人的内在潜能，激发人的工作热情和进取心，促进人的自我价值实现。

赛马一方面是“赛”的过程，一方面是“练”的过程。“赛”提供了公平竞争、展示能力的机会，“练”提供了以赛代练、不断提升的平台。二者都是班组人才培养中不可或缺的环节。因此，赛马机制的本质不是为“赛”而“赛”，而是在于锻炼人、培育人、塑造人。

1. 赛马机制的作用

(1) 激发潜能。通过搭赛场、摆擂台,调动班组成员的激情和热情,激发其内在潜能。

(2) 提升技能。以“赛”促“练”,不断提升班组成员的专业知识技能和综合职业素质。

(3) 选拔人才。“赛”提供了能力展示和公平竞争的机会,是一种人才选拔的有效方式。

(4) 推动发展。“赛”强化了班组成员自我发展的动力和压力,从而推动班组整体发展。

2. 赛马机制的操作原则

(1) 在“赛”的内容上,应与班组工作特点、工作性质、工作内容等实际情况相结合,切忌与实际工作相脱节,起不到以“赛”促“练”的效果。

(2) 在“赛”的形式上,应将个人竞赛和小组竞赛相结合,在提升个人技能的基础上不断增强整个班组的战斗力和凝聚力。

(3) 在“赛”的过程中,应明确竞赛细节和评判标准,将物质激励和精神激励相结合,并将激励幅度和激励方法控制在适当可行的范围内。

3. 赛马机制的实践应用

(1) 岗位练兵。在班组内开展各种竞赛,如赛安全、赛生产、赛质量、赛创新、赛学习等,通过“赛”营造“比学赶帮超”的良性竞争环境,内强素质,外塑形象。

(2) 技术比武。在各班组内开展各类岗位技术竞赛,赛技术、赛本领、赛内功、赛绝活等,不断提升班组成员的岗位技能。

4. 赛马机制的常见误区提示

(1) 如果对赛马机制理解不当,可能会导致为“赛”而“赛”,竞赛内容和竞赛方式脱离实际工作,流于形式,缺乏实效。

(2) 如果在“赛”的过程中，由于竞赛标准不明、激励措施不当，可能会引发班组成员之间、小组与小组之间、班组与班组之间的矛盾，削弱组织的凝聚力。

(四) 分享机制

分享机制可以提供班组成员与他人互动、与环境互动的机会，实现班组内部思想、知识、经验、成果的交流与共享。其实质是通过信息的传递与反馈，使分享者从体验性实践中实现心理和行动上的双重提升。

1. 分享机制的作用

(1) 信息传递。班组内的分享活动为班组内新思想、新知识、新技能、新经验、新动向的快速传播提供平台支持。

(2) 提升能力。在分享中，通过信息的传递与反馈，使分享者个人的心理素质、沟通能力、呈现能力得到有效提升。

(3) 增进和谐。在分享中，班组成员通过思想交流、智慧激荡、情感融合，使团队文化和价值观得到进一步的整合，保证了班组的和谐和融洽。

(4) 价值实现。分享是一个互动交流的过程，分享者不仅从体验性实践中获得心理和行动上的双重提升，也从反馈中获得自我价值的实现。

2. 分享机制的操作原则

(1) 全员参与。对于案例分享、绝活分享等，要求全员参与，每一个班组成员都应积极思考和参与分享。

(2) 互动反馈。在分享过程中，应重视信息的传递和反馈，如案例分享可采用问答式、讨论式等，在互动中不断进行思想的碰撞和观点的交汇。

(3) 有序实效。每一次正式的分享活动，都应确立分享主题、内容，分享时间、地点，分享参与人员等，确保分享过程的有序性和实效性。

3. 分享机制的实践应用

(1) 案例分享。案例分享是一种最有效的分享形式。通过每日案例的学习、讨论和分享,发现案例的价值点、借鉴点、启发点、改善点等,不断提升员工的安全意识、业务水平、思维能力和解决问题的能力。

(2) 绝活分享。如在班组内部、班组之间开展绝活交流会,分享好的经验、好的技术、好的方法、好的创意等。

(3) 非正式分享。如班组成员可在茶余饭后分享工作的感受和心得,在班组聚餐活动、生日聚会等非正式场合中分享生活感言和日常趣事等。

4. 分享机制的常见误区提示

(1) 如果对于分享的主题和内容没有明确的范围,会导致分享过程处于无序状态,分享就会变成一场“开开口、张张嘴、讲讲话”的无意义的闲聊,分享参与人会无所收获。

(2) 如果分享过程中缺乏必要的反馈和互动,分享就会变成分享者个人的“独角戏”,分享参与者的内心体验感不强,不利于团队思想的融合。

(五) 评议机制

评议机制是指鼓励团队成员通过一件事或一个案例进行相互学习和分享评议,交流其中的经验,借鉴成功点,发现其中的不足,避免同样的错误,从而客观认识每个人的优势和劣势,继而强化优势,弥补能力缺陷。

评议机制不同于评价机制,更不同于考核机制,评议强调的不是“评”的结果,而是“议”的过程。通过“议”有所“感”,在“感”中评议双方都获得提升和融合,是一个互为借鉴、双向互补的过程。

1. 评议机制的作用

(1) 激励鞭策。通过评议明晰每个班组成员的成绩和价值,从而激励先进、鞭策后进。

(2) 思想融合。通过对一件事或一个案例的分享评议，促进班组成员之间的思想融合。

(3) 增进信任。通过“评”和“议”，了解班组成员的所思所感，增进彼此间的信任。

(4) 优势互补。通过评议借鉴成功点、剖析不足点，从而进一步强化优势、弥补不足。

2. 评议机制的操作原则

(1) 全员参与。除非有特殊情况，所有班组成员均应参与班组任何一项评议活动。

(2) 自由开放。班组评议活动中，应鼓励所有班组成员讲真话、说实情、谈实感。

(3) 即时点评。班组评议中，应对事对人进行即时点评，及时发现问题点和改善点。

(4) 即时激励。对于班组评议中值得肯定的成绩和优点，应对当事人进行即时激励。

3. 评议机制的实践应用

(1) 工作绩效评价。如在班后会上，结合当日工作目标和工作计划的完成情况，以班组集体评议的方法开展员工工作绩效评价。

(2) 案例分享评议。如班前、班后会上，通过对具体案例的分析讨论，评议案例的价值点、借鉴点、启发点、改善点等，提升员工的思维能力和解决问题的能力。

(3) 班组之星评选。通过班组成员集体评议的方式，确立班组之星的具体名称、评星标准、评星程序、激励措施等，提升员工公平感，增强班组凝聚力。

(4) 员工之间工作互评。如班组成员可以对轮值班长、轮值班委在轮值期间的工作表现进行集体评议，分享优点，指出不足，激励其不断成长。

4. 评议机制的常见误区提示

（1）如果班组成员对评议机制的价值和作用认识不充分、参与度不高，评议过程可能会变成班组长“一言堂”，导致评议结果缺乏公正性，从而引发班组内部矛盾。

（2）由于评议是一个自由发言的过程，可能因班组内部观点不同、意见不同、利益不同而引发班组成员之间的争议和冲突，弱化班组凝聚力。因此，在班组评议中应本着“尊重、包容、互信”的理念，确保在“评”中改进，在“议”中提升。

（六）荣誉机制

人天生具有对荣誉以及自我实现的渴求，荣誉是人最高阶段的需求，也是激励的最高层次。荣誉机制的设立正是基于对人价值实现需求的研究和把握，对人心理动机的满足。班组建设中荣誉的赋予，能够激发人持续的能动性和自我实现感，用荣誉激励行动，用荣誉创造价值，用荣誉塑造品格，用荣誉产出绩效。

荣誉机制不同于常规的激励机制，激励侧重于对个体的引导和触发，荣誉机制则侧重于对群体的感染和影响。同时，荣誉机制强调正向激励，弱化负向刺激。

1. 荣誉机制的作用

（1）正向激励。通过赋予荣誉，实现对班组成员的人本激活，从而起到积极的激励作用。

（2）塑造文化。在班组内设置荣誉的过程，就是引导班组成员思维方式和行为方式的过程，也是塑造班组品格和班组文化的过程。

2. 荣誉机制的操作原则

（1）公开原则。在优秀班组和“班组之星”评选过程中，应坚持公开的原则，杜绝暗箱操作。

(2) 公正原则。在优秀班组和“班组之星”评选过程中，应有明确的评选标准和评选规则，确保评选结果的客观性和公正性。

(3) 公平原则。每一个班组、每一个班组成员拥有同等的机会参与评选，拥有同等的权利参与评议及评选过程。

(4) 即时原则。将班组文化看板作为荣誉机制的显性载体，即时展现、即时激励、即时分享、即时传播。

3. 荣誉机制的实践应用

(1) “班组之星”评选。如根据各班组自身特点，在班组内评选每日之星、安全之星、质量之星、学习之星、创新之星、质量之星、和谐之星、快乐之星等。

(2) 以员工名字命名创新技术成果。如以某项技术创新发明者的名字命名该项技术成果。

(3) 优秀班组评选。如在各区队内开展班组评选活动，并授予优秀班组的荣誉称号。

4. 荣誉机制的常见误区提示

(1) 如果“班组之星”设置不合理，不符合班组自身的实际情况，可能导致“班组之星”评选流于形式，丧失有效的激励作用。

(2) 如果在优秀班组和“班组之星”评选时，没有明确的标准和规则，违反“三公”原则，可能导致评选结果的认可度较低，挫伤部门班组及班组成员的积极性，破坏班组和谐氛围。

(3) 如果对于优秀班组和“班组之星”的奖励措施不合理，可能会引发班组之间、班组成员之间的矛盾，削弱班组凝聚力。

(七) 连锁机制

连锁机制是“自保、互保、联保”三位一体的安全管理机制，具体指一人违章或发生安全事故，身边工作的人员共同承担责任，整个班组受损失。

连锁机制的目的是进一步提高员工的安全意识，增强全矿安全生产管理，积极消除各类安全隐患和“三违”行为。

1. 连锁机制的作用

(1) 减少安全隐患。“自保、互保、联保”三位一体的安全责任，促使班组成员增强安全意识，减少安全隐患。

(2) 增强团队意识。连锁机制通过责任共担的方式，促使班组成员之间相互提醒、相互监督、相互帮助，增强团队意识。

2. 连锁机制的操作原则

(1) 责任共担。一人违章或发生安全事故，身边工作的人员及班组管理人员共同承担连带责任，且责任界定应有明确的制度规范。

(2) 安全互保。班组成员之间有安全提醒的责任和义务，对于危险作业有安全监护的责任和义务。

3. 连锁机制的实践应用

(1) “三违”责任共担。如班组成员出现“三违”，班组长、轮值班组长、同一作业区的工友共同承担连带责任。

(2) 安全事故责任共担。班组成员发生安全事故，所有班组成员共同承担连带责任。

(3) 危险作业监护。进行危险作业时，同一作业区的工友有安全监护的责任和义务。

4. 连锁机制的常见误区提示

(1) 连锁机制的目的重在防范安全事故和“三违”行为，防止因错用连锁机制而挫伤班组成员的积极性。

(2) 连锁机制如果没有明确的制度规范，相关责任人及责任程度不明确，则起不到应有的作用。

六、推行七大保障措施，夯实班组安全建设基础，确保班组安全效果

(1) 安全文化入人心：班组安全建设、文化引领、班组员工的安全文化意识建设是安全管理的重中之重。各班组可通过全员讨论建立起班组的安全文化理念，通过班会安全宣誓、安全亲情寄语、安全演讲比赛、安全环境建设等多种方式，营造班组的安全氛围，将安全文化内化于心、外化于行。

(2) 制度健全保安全：明确班组成员的安全管理责任，制定奖惩清晰的安全管理制度，以制度保障安全。

(3) 安全技能天天学：安全建设以提升班组员工安全技能和素养为核心，为了提升基层人员的安全意识，各区队应开展"每日一题"学习，开展各岗位的经验绝活交流。从原本每天由技术员给大家讲课，转变为由大家轮值来讲课，在讲课的过程中再学习、再强化。

(4) 安全案例天天分析：安全意识怎么提高？说教太空洞，案例分析是个好方法。班前、班后会上轮值安全委员应提出安全案例，人人讲安全案例、分析安全案例。同时，将案例贴在班组的目视化看板里，许多班组成员用五颜六色的小纸条"跟帖"，发表感言，自我警示，自我教育。在近一年的时间里，仅综采区由班组员工自行编写、讨论的安全案例已经达到了600余份，班组员工安全意识大大提高。

(5) 风险预控人人参与：将风险预控管理与班前、班后会结合，风险预控每个煤矿都在抓，但是塔山煤矿风险预控的特点在于全员参与，每一条风险点都是大家集思广益、日积月累形成的。如综采区检修班组全体员工根据检修班五大工种的工作程序进行了分析，制定了风险预控管理表和管理制度。在检修过程中，有效遏制了一切可能发生的事故。检修班今年以来没有发生过一次破皮伤，得到了区队和煤矿领导的高度认可。

(6) 安全提醒人人参与：每天下井前的安全提醒、安全宣誓，应从原来的区队长、班组长组织变成由轮值班长、轮值安全委员来组织；每天上井后的安全总结、分析点评也由轮值人员来主持，变被动安全为主动安全。

(7) 互保联保自主管理：充分利用连锁机制，让班组成员两人或三人签订“自保、互保、联保”责任书，形成相互监督、相互约束的自主管理小组，有效杜绝“三违”。

第三节 “四五六”班组管理新模式

国家能源集团宁夏煤业有限责任公司(以下简称宁煤公司)成立于2002年12月，是国家能源集团控股子公司，也是宁夏回族自治区龙头骨干企业，至2010年底资产总额为637亿元，煤炭生产能力超过6 000万吨，实现利润50亿元。自全国煤矿班组安全建设推进会召开以来，宁煤公司结合企业发展实际，创新求实，系统梳理总结了建企以来班组建设的好传统、好经验、好做法，并进一步解放思想，更新理念，强化执行，形成了一套“定位清晰、体系健全、载体丰富、管理到位、民主科学”的“四五六”班组建设管理新模式，整体推进了班组建设工作，收到了十分明显的效果。

一、宁煤公司“四五六”班组建设模式与特点

“四五六”班组建设管理新模式，坚持安全、工作、学习、活动“四位一体”的原则，以创建学习、安全、创新、专业、和谐“五型”班组为核心，以构建班组建设组织、制度保障、现场安全风险管控、教育培训、文化引领、考核评价六大体系为支撑，紧紧围绕科学发展、安全发展这个主题，始终把加强班组建设作为深化“双基”建设、全面加强安全生产管理的重要抓手，文化引领，持续改进，不断创新，努力将各类班组建设成为安全文明高效、培养凝聚人才、开拓进取创新、团结学习和谐的健康细胞，为职工搭建起不断提升技能素质、充分展示自身能力和抱负的平台，把班组长培养成为政治强、业务精、懂

技术、会管理和具有现代意识的基层管理者，把班组员工培育成有理想、有道德、有纪律、有文化，以及敬业、勤奋、创新、踏实、热爱本职岗位的劳动者。

（一）从战略高度定位班组建设，推行全员全过程管理

（1）班组安全管理的定位。宁煤公司班组建设始终坚持“安全高于一切，安全重于一切，安全先于一切，安全影响一切”的安全理念，以“人员无失误、系统无缺陷、设备无故障、管理无漏洞”为目标，安全管理无缝衔接、闭环相扣。公司大力推行班组成员安全动态互保联保制度，做到互相提醒、互相照顾、互相关心、互相监督、互相检查、互相保证，使班组员工真正做到不伤害自己、不伤害别人、不被别人伤害，实现班组安全生产。

（2）班组工作的定位。强化安全是第一责任，完成任务是第一要务，保质保量是第一原则，确保进度是第一目标，创造绩效是第一要义，做到事事有人管，管事凭制度，管人凭考核，奖惩看业绩，这是宁煤公司班组建设工作的根本和基石。同时，积极引入先进管理理念、先进管理方法、先进管理手段、先进信息技术，大力推进精益管理、班组核算、班组文化和团队建设。

（3）班组学习的定位。公司积极开展“创建学习型班组、争做知识型员工”活动，加大基层区队图书馆、阅览室的投入和建设，建成覆盖全员的班组学习室，做到全员学习、终身学习，工作学习化，学习工作化。

（4）班组活动的定位。践行文化、健康、文明、向上的班组活动定位。集团公司广泛开展读书竞赛、岗位练兵、技术比武、“安康杯”竞赛活动，广泛开展安全竞赛、劳动竞赛、业绩竞赛活动，“合理化建议”、班组生活会活动，小改小革、技术革新、科技攻关、修旧利废活动，以及广场文化、团队建设、体育健身活动，让员工在快乐中工作，在工作中成长。

（二）以“五型”班组创建为核心，实施全方位标杆班组工程

(1) 全力打造学习型班组。随着宁煤公司生产设备、工艺、技术的不断更新，以及信息技术、计算机网络技术的广泛运用，公司班组建设不断创新管理理念、方法和手段，做到与时俱进、快速应变，在不断学习中求创新，在不断创新中做贡献，不断提升班组管理水平和管理效能，满足企业发展对班组建设的需要。按照“干什么，学什么；缺什么，补什么；练什么，精什么”的基本原则，争做一专多能、知识型、技能型、专家型的复合型人才。

(2) 全力打造创新型班组。调动和激发班组员工的首创精神，激励员工自觉、自愿、自动地去发现问题、解决问题、改进方法、提高效率。通过建立攻关团队、创新小组等形式进行技术革新、专利发明等，增强员工创新意识，激发员工创新激情，提升班组管理的效能和效率。

(3) 全力打造安全型班组。严格执行“三不生产”和“四不开工”原则。即不安全不生产、不文明不生产、不标准不生产；危险源辨识不清不开工、管控措施不到位不开工、作业能力达不到不开工、隐患不排除不开工。推进安全质量标准化建设，推行作业现场精细化管理，不断强化员工的标准化意识，做到上标准岗、干标准活，实现现场制度落实达标、环境安全达标、设备完好达标、操作程序达标、工程质量达标。深入推进“手指口述”和“准军事化”管理，提高各级、各岗位人员的执行力。

(4) 全力打造专业型班组。宁煤公司将班组员工队伍建设纳入公司整体人才开发体系和人才强企战略。加强对班组员工职业生涯的规划，建立科学的班组岗位竞争机制和绩效考核机制。根据安全生产需求，遵循生产工艺化、对象专业化、合作效益化原则，本着有利于生产、有利于安全、有利于提高劳动效率、有利于提高经济效益、有利于管理和适应协作原则，在班组建设的目标、内容、要求、方

式方法上紧密结合实际，使每位班组员工都成为行家里手，把班组建成专家团队。

(5) 全力打造和谐型班组。宁煤公司大力弘扬和传承以“特别能吃苦、特别能战斗”“厚德载物”等为核心的企业精神，努力打造符合时代特点的先进班组团队文化，用先进团队文化凝聚力量，引导班组建设。紧紧围绕建设“四有”员工队伍目标，抓好员工政治理论、企业精神和职业道德教育，开展好工会小组活动及各类有益的文体活动、社会公益活动，教育员工遵纪守法。建立班组员工家庭档案和困难员工档案，积极开展送温暖活动。及时掌握班组成员思想动态，做好谈心家访工作。随时调解班组员工纠纷，搞好班组治安防范、职业健康、劳动保护等工作，确保班组的和谐稳定。

(三) 体系保障，提升班组建设的层次和水平

宁煤公司把班组建设纳入企业安全发展规划，纳入年度“五型”企业考核之中，出台了20余项班组建设管理制度，不断健全完善党政工团齐抓共管的班组建设组织体系、制度保障体系、现场安全风险管控体系、教育培训体系、文化引领体系和考核评价体系，构建了班组建设长效机制。集团公司把班组建设作为一把手工程、细胞工程、精品工程、和谐工程和企业长治久安的生命工程强力推进；各职能部门根据班组建设的总体要求，按照具体分工，负责各项推进措施的制定、检查和考核工作。各基层单位党政负责人都把班组建设作为提高核心竞争力、事关集团公司发展战略的全局性、基础性工作来考虑，纳入本单位战略发展整体规划来布置，定期召开联席会议听取班组建设工作汇报，及时发现问题、解决问题，确保班组建设工作稳步推进和班组建设水平的稳步提升。

二、宁煤公司班组安全建设的成绩与效果

(1) 安全管理再创新水平。强化了班组现场危险源辨识和风险预控措施落实，员工的安全意识明显增强，安全生产工作持续平稳

发展。2009 年和 2010 年，在原煤产量不断攀升的情况下，宁煤公司连续 2 年实现了原煤生产百万吨死亡率为零的突破，2010 年还消灭了重伤以上事故，2011 年以来又消灭了轻伤以上事故。公司涌现了一批安全生产 5 000 天的煤矿和安全生产近 50 年、40 年、30 年的先进区队、优秀班组。其中，红梁公司掘进队实现连续 48 年安全生产无事故，在全国煤矿中树立了安全发展的典范。

(2) 生产效率大幅提高。通过大力开展班组劳动竞赛，2010 年原煤综合单产同比提高 18%，原煤生产劳动效率同比提高 25.8%。其中：羊场湾煤矿综采一队以日产 4.8 万 t、月产 107 万 t、季产 285 万 t，再次刷新了宁夏煤炭行业原煤日产、月产、季产纪录；枣泉煤矿综掘队全年掘进进尺突破万米大关，生产一班以单班日进尺 25 m、月进尺 520 m，创造了集团公司班组单进新水平。

(3) 员工技能素质全面提升。集团公司先后涌现出“全国巾帼标兵”“五一劳动奖章”获得者张玉梅，“中央企业技能状元”“自治区首席工人技师”马洪涛，“中央企业技术能手”梁元元等一大批杰出技术人才，有 51 人荣获“自治区技术能手”称号，119 人荣获“自治区青年岗位能手”称号；采煤机和综掘机司机 2 个工种获得神华集团技能大赛第一名。

(4) 创新创效成果显著。集团公司 2 868 个班组全面开展合理化建议、小改小革、修旧利废及“五个一”创新创效活动，形成了“钱卫循环轨道”“吴磊综掘机截割部安全保护罩”“徐建华护板”“陶玉田超前液压控制阀”等一大批以班组员工命名的技术创新成果。2010 年，全集团公司共提出合理化建议近 5 万条，完成技术革新项目 400 余项，直接创造经济效益 1.46 亿元。

(5) 特色班组建设成绩喜人。集团公司羊场湾煤矿综采一队生产一班荣获“全国煤矿优秀班组”称号，枣泉煤矿综掘队检修班荣获“全国工人先锋号班组”称号，汝箕沟矿准备队生产一班、焦煤公司综采队采煤一班等 6 个班组荣获全国“安康杯”优秀班组称号，涌现出全国煤矿“十佳”班组长张宁喜、全国优秀班组长盛光前等一批先进个人。

三、“宁煤经验”的重要启示

班组是企业最基本、最基础的组织，班组建设的好坏直接关系到企业的稳固和发展。宁煤公司全面推进“四五六”班组建设管理新模式，走出了一条有思路、有亮点、有特色、有成效的班组建设之路，总结该集团公司班组安全建设的经验做法，对于全国煤矿进一步搞好班组建设具有十分重要的启示。

(1) 健全完善的制度体系是推进班组建设的根本保障。宁煤公司高度重视班组建设工作，在集团公司、各基层单位均成立了班组建设领导小组，形成了党政统一领导，分管领导主要抓，工会牵头抓，其他部门各司其职、通力合作的工作机制。并在实践中提出了“基础要夯实、安全要保障、产量要上去、质量要一流、效益要提高、成本要下降、班组要和谐”的班组建设规划和目标，班组建设呈现出创建载体多样化、安全生产标准化、动态达标制度化、班组管理民主化的良好局面。

(2) 公推直选是选好班组长的民主途径。该集团公司借鉴基层党委公推直选的先进经验，引入了公推直选班组长的选举机制，把选好、用好班组长作为抓好区队班组建设和安全工作的关键，把技术过硬、作风扎实、管理严格作为合格班组长的基本条件，按照其岗位必须具备的专业技能、安全管理、成本理念、发现问题、解决问题、现场组织、协调和谐、民主意识八种能力要求，通过民主选举产生班组长。2009 年，集团公司基层单位共公推直选出员工信任、大家拥护、工作能力强的 1 065 名班组长。2010 年，全集团公司 2 868 个班组的 3 007 名班组长全部实现了公推直选，有效推动了基层民主政治建设。

(3) 有效激励是抓好班组建设的关键举措。突出正面引导，加大奖惩力度，物质上有实惠、精神上有动力，极大地调动了班组长抓安全、促生产、提效益的工作积极性和主动性。宁煤公司在政治、经济和福利待遇上对班组长给予倾斜，各单位每季度进行一次班组建设评议考核，对评出的优秀班组长给予奖励；对连续四个季度都被评为优秀班组长的，作为矿厂先进个人给予表彰；连续两年被评为矿厂先进个人的，直接进入劳模评选行列；连续两年进入劳模行列的班组长，作为矿厂的中层后备干部进行重点培养。对连续两年被评为“十佳”班组长的个人给予重奖，该举措在企业内引起了极大反响，进一步营造了争做“十佳”班组长的浓厚氛围。

(4) 持续创新是激发班组活力的不竭源泉。大力开展学习型、安全型、创新型、专业型、和谐型“五型”班组创建，引导和激励员工围绕安全生产、成本控制、精细管理、创新创效，不断提升班组建设质量。通过持续开展各矿厂之间班组建设交流观摩活动，进一步提升了认识水平，交流了经验，营造了氛围，推动了集团公司班组建设整体水平的提升。2010 年，集团公司先进班组比例达到了 51.5%，合格班组比例为 48.5%，没有不合格班组。

(5) 文化引领是推动班组建设的强大动力。以文化育人，以文化塑人，深入开展了企业文化理念宣传贯彻和安全文化渗透、亲情文化辐射、感恩文化培育等系列主题实践活动，切实增强了员工的使命感和主人翁意识，提高了员工的工作积极性和主动性。

(6) 丰富载体是推动班组建设创水平、上台阶的重要抓手。宁煤公司各煤矿区队班组牢牢把握“安全生产、成本控制、精细化管理”三大主题，生产一线班组围绕“安全、单产单进”创特色，生产辅助班组围绕“设备三率、安全运行、系统顺畅”创特色，地面班组围绕“服务一线、环境美化”创特色，煤化工班组围绕“安、稳、长、满、优”创特色。深入开展“五型”班组、安全明星班组、最佳班组、优胜班组、金牌员工、“三无一创”班组（无轻伤、无重伤、无“三违”，创本企业班组日产日进、月产月进最高水平）和“九比”劳动竞赛（比安全、比出勤、比进尺、比干劲、比质量、比产量、比节约、比效率、比开机率）、“三和一星”竞赛（和谐车间、和谐部室、和谐班组、员工之星）、“评级挂星”竞赛等活动，深化班长实战课堂、班组拓展训练等众多建设载体，取得了明显效果，集团公司班组建设呈现出百花齐放、百花争艳的工作新局面。

经过多年的实践和探索，宁煤公司建立了一整套具有宁煤特色的“四五六”班组建设管理新模式，为加强煤矿基层和基础管理，推进企业科学发展、安全发展、和谐发展发挥了重要作用，为全国煤矿班组安全建设提供了较为成熟的成功经验，具有很强的实用性、可操作性和指导性，值得有关单位学习借鉴。

第四节　打造“四好”先锋班组，激活高质量发展“新动能”

一、班组建设概况

陕西小保当矿业有限公司（以下简称公司）隶属于世界500强企业陕西煤业化工集团有限责任公司。公司井田位于榆神矿区三期规划区，按照“一公司两矿”的模式建设，一、二号煤矿核定产能分别为2 000万t/a和1 300万t/a，先后于2020年6月、2022年2月通过竣工验收，进入生产矿井序列。两矿井下生产系统相互独立，地面设施共用。

公司现有班组60个，班组长104名，在册员工2 020名。

为适应企业高质量发展的新形势和新要求，不断提升班组建设管理水平，公司始终把加强班组建设作为推动中心任务的着力点，以打造安全管理好、创新创效好、基础工作好、团队建设好的“四好”

先锋班组为目标，推动班组建设提档升级。所属班组先后荣获省能源化学地质系统“模范职工小家”“工人先锋号”“梦桃式”班组等荣誉称号。

二、主要工作开展情况

公司坚持把班组作为安全生产的“前沿阵地”，围绕打造“四好”班组建设目标，从制度建设、基础管理、安全管理、创新创效等方面重点发力，推动班组建设持续稳中向好。

（一）强化精细管理，打造安全班组

紧扣公司“4334”安全精细化管理模式，制定《班组安全建设实施办法》，构建“1234”班组安全网络管理体系，修订 293 个岗位安全生产责任制和“一岗一清单”，签订全员安全承诺书，制定不安全行为标准 114 条，针对班组操作人员建立全员安全联责抵押制度，参与人员 1 300 余人次，全员安全联责、联保意识有效提升。开展全员“手指口述”安全确认作业法，构建设备全生命周期管理体系，建成井下“千眼”视频智能安全监控系统，持续改善作业环境，加强职业病危害因素监测治理，按期足额发放劳保用品，提升全员体检标准。

（二）强化创新管理，打造创新班组

完善创新评价激励制度，鼓励员工立足岗位实践开展技术创新，深入开展工器具革命和全员“双创”活动进班组活动，发挥技术创新在安全生产、降本增效等方面的重要作用。2023 年以来，征集一线员工技术创新项目 233 项，新获授权实用新型专利 47 项，推广转化 16 项，累计创造经济效益 8 900 余万元，职工技术创新项目“半煤岩快掘工作面除尘系统优化设计与示范应用”“隔爆兼本安型交直流多功能可移动变电装置”等 48 项成果获得煤矿企业“五小”技术创新成果奖、陕西省企业“三新三小”创新竞赛奖等。

（三）强化基础管理，打造规范班组

根据班组特点梳理班组标准体系，建立健全相关技术作业标

准、岗位工作标准、管理标准及班组制度29个，根据班组人员情况和工作性质，按照专岗专责要求对各岗位的工作项目逐条细化，明确每个班组成员的工作职责及内容、标准，使每个班组成员都更加清楚各自所辖工作范围和业务边界，进一步规范了班组员工的工作行为，引导员工做到“上标准岗、干标准活”。对班组管理资料进行优化，分层分类8大管理项目，使班组管理工作更加清晰。

（四）强化民主管理，打造团结班组

每月定期征集职工意见，设置“董事长信箱”“工会主席直通车”等载体，引导鼓励员工围绕如何高效完成班组作业任务集思广益，建言献策，讨论和制定班组各项规章制度，民主评选和民主推荐先进模范人物，民主评议班组长工作和民主选举班组长。同时严格执行“十公开十上墙”制度，对班组员工当日的工分、工资分配情况实时公开，当月的绩效考核分配办法、考勤表、全员岗位能力评价、个人绩效系数定期公开。每月开展厂务公开专项检查，切实保障职工群众的参与权和监督权。

三、亮点做法及成效

公司坚持“服务职工、服务企业、服务生产”的班组建设理念，结合企业实际全方位、多维度推进班组建设，不断增强班组竞争力、品牌力和战斗力，让班组成为企业高质量发展和追赶超越的尖刀连。

（一）月度例会推进，解难题、学经验，激活班组竞争力

开展“先锋班组”建设行动，每月召开由一名公司主要领导牵头，所有分管领导参加的班组建设推进会暨“先锋班组”表彰会，授予“先锋班组”流动红旗，优秀班组长上台分享班组管理经验；开展现场意见征集，建立“领导现场解决、部门跟踪落实”工作机制，逐项销号反馈，保证问题整改率达95%以上。截至目前，班组推进会共征集意见表170余份，经过筛查汇总，形成55条工作意见，逐项按照“五落实”原则将问题清单变成责任清单，全面督促机关各部门严格

按照时间期限抓落实，目前丰富班中餐菜品、配置浴室饮水机、提供工衣缝补等问题已全部得到解决。根据解决情况按季度开展满意度调研，满意率均达到98%以上。

2023年至今，举办班组推进会暨班组表彰会14期，共表彰了35个班组并授予“先锋班组”流动红旗，35名先锋班组代表上台分享班组管理经验，有效促进班组之间形成“比、学、赶、帮、超”的良好氛围。2023年公司在煤炭市场整体下滑的情况下，产量同比提升10%，成本同比下降10%，持续创造出利润百亿的好水平。

（二）年度折线管理，树标杆、强品牌，提升班组品牌力

构建“三层四类”考核体系，根据全年月度班组建设考核排名，绘制班组建设管理数据折线图，并编制《班组建设工作汇编》工作手册，对连续三个月排名倒数的班组实施包保提升，对先锋品牌班组进行表彰推广，进一步提升班组建设品牌力。截至目前形成了一号煤矿掘进二队胶运检修班“‘四强化’，推动班组建设稳步发展”、一号煤矿机电运输队检车班“‘严、细、实、恒’打造先锋班组”、二号煤矿综采一队检修班“念好‘三字经’，激活班组建设‘一池春水’”、二号煤矿通风维护队监测监控班“念好班组‘安全经’，保障高质量‘发展路’”等54个独具特色的班组品牌，同时加大总结提炼班组特色亮点，利用各区队学习阵地、宣传橱窗等全面宣传，为推动公司高质量发展持续赋能聚力。

定期开展劳动竞赛，按月度对区队、班组回采工效、掘进工效、吨煤成本等七项指标进行考核，多次刷新单班产量和进尺纪录，2024年一季度向破纪录班组进行贺信表彰5次并奖励54万元。全国首套450 m超长智能综采关键技术及成套装备在二号煤矿综采一队投用，刷新中厚煤层单井单面开采纪录，获得省科技进步一等奖；全国首套2 000万t中厚煤层工作面柔性生产系统成套装备在一号煤矿综采二队建成使用，产能提升50%以上。

（三）全员素质提升，强思想、增能力，提升班组战斗力

建立健全班组常态化学习制度，围绕思想建设，通过理论宣讲、主题阅读、演讲比赛、知识竞赛等方式，把“大学习”的课堂搬到生产一线，让新时代党的创新理论更好地走近职工身边、走进职工心里。加大“金牌班组长”培养力度，按照职位设定、资格培训、反“三违”情况等进行核查，(解)聘任班组长 117 名，开展公司班组长素质提升班 3 期 103 人次。同时紧扣班组技能人才需求，落实班组“师带徒”制度，利用“114 种子”计划，以及周二周五学思大讲堂、班组业务小课堂、劳模创新工作室等载体开展多元立体化培训，形成“每日小课堂学、每周大讲堂学、每月岗位练兵学、每年技能比武学”闭环机制，举办 4 届技能大赛，人均每年业务学习时长 58 h。

2023 年以来，各班组 653 人技能操作人员职级获得纵向晋升，现有高级工以上技能人才 314 人，40 余名高技能人才在省级及以上各类技能大赛中脱颖而出，其中获得一、二等奖的有 16 人次；先后有 3 名员工被评为“陕西省技术能手”，5 名员工被评为“全国煤炭行业技能大师”。

第五节　发挥班组技术优势，打造创新型安全高效班组

“发挥班组技术优势，打造创新型安全高效班组”活动由开滦能源化工股份有限公司范各庄矿业分公司刘少辉电工班组提出并实施。

一、完善创新机制，筑牢班组建设基础

一方面，利用新媒体教育手段，实行“线上＋线下”同步学习模式，改进和丰富培训方式方法，建立“创新辅导站”，通过微信交流群、休息室学习园地等载体，面向职工征集疑难问题；开设“创新辅

导课”，组织高技能人才利用丰富多样的形式，分享创新经验、交流创新心得、推介创新成果、演示创新技法，让职工学习掌握煤矿最新技术发展动态。另一方面，根据生产实际细化月份、季度、年度创新计划，发动全员围绕关键环节开展技术攻关，破解制约生产的瓶颈；持续完善考评小组成员职责，明确考核和奖惩标准，形成“创新无处不在”的良性循环。

二、务实六项举措，彰显班组创新特色

(1) 每日一题。每日班前围绕行业标准、操作规范、法律法规、专业技能等方面进行提问，对回答准确的职工予以鼓励，对回答有误或回答不出的职工进行详细解答。

(2) 每周一案例。利用班前会、班组会、安全例会、职工学习日的时间，对案例进行深入细致的分析；邀请有多年工作经验的老师傅讲述自己的亲身经历或亲眼看见的安全事故，找出事故原因，提出避免类似事故的方法。

(3) 每旬一课堂。选拔具有高级技师职称以及班组长为现场培训教练员开展实战演练，在工作现场手把手传授绝招绝技绝活。在此基础上，依托“刘少辉创新工作室”等资源优势，组织职工学习创新成果的创新亮点、创新思路和应用情况，引导职工树立创新就在身边、人人都可创新的意识。

(4) 每月一考试。刘少辉电工班组采取理论考试和实践比武两种方式进行。理论考试内容包括岗位应知应会、安全法律法规、应急处理技巧、创新思路谋划、理论学习心得等；实践比武以现场为考试场地，车间管技人员模拟故障问题，现场考查职工处理问题的能力。对综合测评成绩排名前三、进步最快的职工予以奖励，有效激发全员学理论、练技术的积极性和主动性。

(5) 每人一技改。对不同技术等级人员设定不同的创新目标，提升职工技改创新能力，定期对职工完成的创新项目进行综合评定，对立项准、思路新、方法活、效果优、价值高的创新项目，组织职工进行经验推广学习交流。

(6) 每季一评比。刘少辉电工班组制定了《班组职工技能素质评比考核办法》，每季度末最后一个月，根据职工技能等级，从理论知识掌握、现场工作实践、技改项目完成和日常表现、团队协作情况等方面，进行季度分组评比考核。

三、把准两个命脉，确保班组安全高效运转

(1) 当好职工技能提升的好导师。刘少辉总结提炼了“双四”学习法、“看、问、测、听”故障排除法、PLC 培训六步法等学习方法，主编《矿井提升机电控系统工作原理及故障分析》一书，并出版社出版发行，为进一步提高职工专业素质提供了帮助。在刘少辉的言传身教下，班组职工整体技能素质显著提高。

(2) 当好技术创新工作的排头兵。刘少辉坚持以问题为导向，勇于创新、敢于探索，围绕制约矿井提升的安全生产实际问题积极开展攻关创新活动，解决一批影响安全生产的疑难问题，实现保安全、创效益的目标，研制出“矿井主提升机盘形闸空动时间检测装置”，可自主检测提升机闸瓦空动时间，且检测精度可精确到 0.01 s。该装置获得国家新型实用专利。

第六节　千淘万漉煤海深处创智能，拼搏奋斗绽放最美青春

“千淘万漉煤海深处创智能，拼搏奋斗绽放最美青春”班组管理模式由陕西煤业化工集团有限责任公司红柳林矿业公司李永刚班组提出并组织实施。

一、“横纵并进”的本安型班组

李永刚班组在本安型班组创建过程中，一是牢固树立“安全第

一”的理念，充分利用每周二、周五学习时间组织全员学习各项安全操作规程、观看事故案例，使班组成员从“要我安全”到“我要安全、我会安全”转变。二是始终坚持“安全第一、预防为主、综合治理”的工作方针，强化过程控制，从细节入手，树立零违章理念，坚持教育与惩处相结合，不断健全班组安全管理制度。三是开展岗位应知应会及“红线”“三违”抽查背诵等安全活动，长期坚持入井安全确认、安全宣誓、正确穿戴劳动防护用具、班长带队集体进入工作岗位、现场排查隐患、班中巡回检查和收工集体升井等一整套自我保安、集体保安的安全管理模式。四是针对当天生产作业实际情况进行事故超前预测，指出可能影响安全的因素，并提出预防措施和要求。

二、“学以致用”的学习型班组

李永刚班组在学习型班组创建过程中，一是在班前、班后会和周二、周五学习会上组织班组成员进行思想政治理论、设备维护和操作中涉及的相关知识进行系统学习，端正思想，了解各系统的组成、设备设施的原理及构造，并对学习笔记进行月度考核。二是有针对性地开展多种培训，在智能化综采工作面建设期间，多次组织学习自动化，积极向厂家技术人员询问、讨论。培训结束后将所学技能投入生产实际中，优化和改进设备程序，大大提高了劳动效率、改善了学习效果。

三、“求索不止”的创新型班组

李永刚班组在创新型班组创建过程中，一是成立了以公司“创客能手”“创新能手”为组长的创客小组，带领班组成员大胆提建议，不断挖掘自身潜力，对实际工作中需要改进之处建言献策。二是开展班组事项创新项目和“金点子”创新竞赛，对每个可以实际应用并对井下设备维护起到积极作用的创新进行积分，分值越高，收益越大，极大地调动了职工参与创新的积极性，为企业区队带来了巨大的经济效益。

四、“薪尽火传”的技能型班组

李永刚班组虽然成立时间短，大部分都是年轻职工，但是他们的职业技能水平却没有输给轻车熟路的老工人。这正是整个班组把打造技能型班组作为工作的一项重要内容的结果。一是班组积极开展与其他班组的技能交流活动，并鼓励班组成员参与技能等级鉴定培训，提升职工的职业技能综合水平。二是班组每季度分工种开展一次职业技术比武，邀请公司的技能大师作为评委，评选出各工种之间操作技能“最优秀的员工”和“进步最大的员工”，如“金牌采煤司机”“金牌液压支架工”等。同时，通过每月开展一次的“岗位描述”和“手指口述”技能学习活动，练本领、学技能，大幅增强了班组成员在工作中力争上游的劲头。三是技术比武竞赛结束后，班组长根据每位员工在岗位技能上的强项和弱项，开展“一对一帮扶”“结对子”等活动，“三人行，必有我师”，大家在工作中通过学习别人的强项来弥补自己的弱项，形成共同进步、共同成长的员工技能培训模式。四是针对每年新入职员工操作技能不熟悉、自保意识不强的情况，在了解新员工对各岗位工种兴趣的基础上，积极开展“师带徒”活动，在实习期间对师傅和徒弟进行全过程考核，提高班组新入职员工的操作技术水平，为班组的后续技术力量培养打下了坚实的基础。

五、“人人参与”的节约型班组

要真正建立节约型班组，必须建立起长效机制。李永刚班组在节约型班组建设过程中，着眼于长效机制的建立，以“人人参与”为主线展开工作。一是分别建立了地面物资管理机制和井下物资管理机制，制定了材料管理各项规定和岗位责任制，把降低能耗、节约开支与每位班组成员的自身利益紧密结合起来，提高每位成员的节约意识。二是成立了以班组长为组长的材料管理小组，积极推行精细化管理办法，确保班组生产管理科学、安全、高效，优化工时利用，对每个工作环节和工种的任务进行认真分析研究，准确计算、定量考核，增加平行作业度，减少等待、无效劳动等浪费。三是切实做到材料节约人人参与、人人考核。建立材料台账，班组记录当天公布，每月末召开一次材料分析会，统计本月材料使用是否超支，如超支则查出原因，并调整下月材料使用安排。四是班组大力开展修旧利废活动，节约从一点一滴做起，树立"地面一张纸，井下一颗螺丝钉"的节约理念，使得材料回收率大大提高。

六、"公开透明"的和谐型班组

李永刚班组在和谐型班组创建过程中，一是对班务公开、劳动纪律、绩效考核、工资奖金分配、考核等方面都做出了明确的规定，提高班组管理的透明度、公正性和员工的满意度。二是实行民主管理，调动了职工的积极性，使班组员工增强参与意识和管理意识，自觉带着责任上岗。三是积极组织开展文体活动，大大提高了职工的幸福感。

第七节　其他优秀班组建设经验精编

一、刘金贵班"创新班组管理'八法'打造安全高效团队"

华亭煤业集团有限责任公司新窑煤矿公司综掘一队刘金贵班组现有职工 15 人，主要承担着矿井煤巷及岩巷的掘进任务，经过多年的探索与实践，班组长刘金贵总结提炼并完善了班组管理"八法"，在实现班组安全生产、提质增效、标准化作业、员工素质提升和凝心聚力等方面发挥了巨大作用，成为华亭煤业集团有限责任公司唯一一个以人名命名的管理方法，即刘金贵班组管理法。

（一）"三三"标准整治法

"三三"标准整治法是新窑煤矿公司综掘一队区队班组管理"八法"中的首法，也是作业现场安全生产管理的主要方法，主要是指井下生产现场班组中管理人员的构成、职责以及他们之间的联动运行方式。他们之间既有分工，又有联合，既独立，又制约，环环相扣，使生产现场井然有序，达到了标准化作业和安全生产、文明生产的目的。

（二）班清控制法

班清控制法是刘金贵班组根据“日清日结”管理法理论，在“按质论价，按利计奖”核算体系基础上，以班组核算为手段，以指标层层分解，责任落实到人为保证措施，达到成本的超前控制和职工的有效激励，实现各生产要素的合理配置，确保“效益型”班组建设取得实效。

（三）“四述”标准操作法

“四述”标准操作法是刘金贵班组针对煤矿高危行业及其作业步骤复杂、环境条件多变等特点，以煤矿企业岗位标准化作业标准为重点，依据煤矿安全规程、操作规程和作业规程，按照各岗位工种精细化管理的要求，制定的涵盖班组职工现场工作全过程的标准。

（四）“五达标”质量管理法

“五达标”质量管理法是指生产现场人、机、环等各生产环节都达到安全生产标准的管理方法，也是刘金贵班组班前、班中、班后的检查验收标准。“五达标”即现场制度达标、环境安全达标、设备完好达标、操作程序达标、工程质量达标。

（五）“ABC”动态考核法

“ABC”动态考核法是指当班组长根据“A＋6S”[安全(A)，整理、清洁、准时、节俭、素养、学习(6S)]员工行为考核标准，对职工各分项标准的执行情况和工作现场实际表现进行的综合评价，从源头上杜绝“跑冒滴漏”和“大料小用、弃旧用新”等浪费现象，有效控制了成本，提高了经济效益。

（六）优质高效竞赛法

优质高效竞赛法是班组工程质量、安全质量的综合考核评价体系，是刘金贵班组根据工程质量竞赛标准和安全质量标准要求，每班对职工工作质量考核评定，由班组长、质量验收员进行全面验收，根据职工的工作质量进行打分，同当天工资挂钩，并在工资分配台账上公布，提高职工安全生产意识，达到以班组安全保区队安全的目的。

多年来，刘金贵班组不断应用新装备、学习新技术，在提升支护强度和工程质量的同时，降低了劳动强度，提高了工作效率。2006 年至今，刘金贵班组工程质量优良率达到 91%，合格率达到 100%，机电设备完好率保持在 95%以上。

刘金贵班组以打造“学习型、安全型、技能型、效益型、和谐型”班组为目标，不断加强班组基础建设，创新班组管理方法，持续开展了比安全、比质量、比工效、比进尺的劳动竞赛。自 2004 年刘金贵担任班长以来，该班组圆满完成了 15 个工作面的巷道掘进任务，累计掘进巷道3 000 多米，实现连续安全生产 5 000 多天。

二、大柳塔煤矿班组建设先进经验

大柳塔煤矿班组建设先进经验体现在班组管理的方方面面，比如：对班组长的考核、班组文化建设、班组团队建设、班组安全建设等。本书重点选编几条煤矿班组管理中容易忽视的问题。

(1) 班组奖罚执行“罚款返还”激励体制。班组建设月度考核中，集体罚款额度超过 3 000 元、个人罚款额度超过 300 元，在下月检查考核中较上月每进步 1 个名次，则返还罚款额度的 20%，连续 3 个月进步的单位，则返还剩余所有罚款额度。

(2) 班组开展工作任务风险管控评价体系。班组内推行工作任务清单、作业风险问询观察等管理措施。要求班组每班作业前编写工作任务清单，井下 2 人以上小组作业前进行风险问询并对措施落实情况进行抽查考核，有效管控了工作任务中可能存在的风险。要求编制基于危险源辨识和标准作业流程的安全技术措施，增强了安全技术措施的规范性和针对性。

(3) 班组开展“特色降本增效”考核评价体系。在累计材料消耗节约5%以上的区队、班组中，根据全年经营综合得分取平均分，结合活动各个环节加减分项，由得分高低依次排名，排名前三的区队授予“降本增效示范单位”称号。其中，排名第一的单位，人均奖励500元；排名第二的单位人均奖励300元；排名第三的单位，人均奖励200元。同时，激励员工积极修旧利废，按照年初修订的“修旧利废中奖励直接兑现给修旧的员工”的原则，全年共计修旧利废89项2 831件(台)，节约资金732.64万元，奖励员工7.2万元。

第三篇　专业实战篇

第九章　运输专业技术知识

第一节　矿井运输设备与安全

一、矿井运输设备概述

1. 矿井运输设备的作用

矿井运输设备是矿井生产的重要设备，其主要任务是：将井下工作面采下的煤炭、矸石以及需要维修或回收的设备及材料运送到地面；将井下生产所需的物资和设备运往井下需要的地点；升降运送生产人员。

2. 矿井运输设备的分类

矿井运输设备可分为主运输设备和辅助运输设备。以煤炭运输为主的设备统称为主运输设备。辅助运输设备则泛指煤炭运输之外的其他运输设备。

3. 矿井运输设备的发展

总体来说，矿井运输设备的发展方向是：设备综合机械化、控制网络智能化、操作无人自动化。除此之外，刮板输送机朝着可弯曲、自移式方向发展；带式输送机朝着大宽度、长距离、可伸缩、大运量、高速度、大功率、低能耗方向发展；运输电（燃油）机车等朝着大型化、高速化、能爬大坡度方向发展；提运设备朝着体积小、质量轻、能力大、安全可靠等方向发展。

二、矿井主运输设备

煤矿生产中的主运输设备包括矿井提升设备、刮板输送设备、带式输送设备等。

（一）矿井提升设备

1. 罐笼提升设备

罐笼是一种多用途提升容器，提升环节复杂，往往需要人工或机械辅助装、卸载，因此，自动化程度较低，主要用于副井辅助运输。但是，在一些小型煤矿，罐笼提升设备往往与矿车配合，用作主井提运，用于提升煤炭。

2. 箕斗提运设备

箕斗是一种专用于提煤的提升容器，主要用于主井。其提运方式分为立井箕斗提升与斜井箕斗运输两种形式。其运行环节简单，易于实现自动化提升，生产能力大（可达 300 万～600 万 t/a）。但使用箕斗提运设备时需增建煤仓并加装装卸载附属设备，初期投资大。斜井箕斗一般适用于年产量大于 45 万 t、井筒倾角为 25°～35°的大中型矿井。箕斗大多采用双钩提升以提高效率。

（二）刮板输送设备

刮板输送设备是利用金属刮板链沿着特制的金属刮板输送机槽进行煤炭运输的成套设备。刮板输送设备的优点是：运输能力不受货载块度和湿度影响，机身低，便于装载；伸缩调整方便，移置容易；机体坚固，能用于爆破工作面，也能与采煤机和自移式液压支架组成综采工作面。其缺点是：工作阻力大，耗电量大，刮板输送机槽磨损严重，维修、使用不当时易断链，运输距离也受一定限制。

刮板输送设备倾斜向上运输时，煤层倾角不得超过 25°；倾斜向下运输时，煤层倾角不得超过 20°。兼作采煤机轨道，配合机组采煤的刮板输送机，适用于煤层倾角一般不超过 10°的运输。倾角较大时，应安装防滑装置。

可弯曲刮板输送机允许在垂直方向做 2°～4°的弯曲，在水平方向的弯曲度可达 90°。

（三）带式输送设备

带式输送设备是由滚筒驱动或钢丝绳牵引，采用特制的输送带承载与运输的成套设备。其优点是安全可靠、运输能力大，可实现连续不间断转载运输，自动化程度高。其缺点是对井筒倾角有严格要求，而且需要增建煤仓，安装相关装卸载设备，投资大，建设工期长，后期维护量大，不适用于深井。该设备主要适用于年产量在60万t以上、井筒倾角小于18°的大型和中型倾斜井巷或平巷运输。

三、矿井辅助运输设备

矿井辅助运输泛指除煤炭运输之外的各种运输的总和，主要包括材料、设备、人员和矸石等的运输。

（一）轨道机车

采用机车牵引矿车在轨道进行运输的形式称为轨道机车运输。轨道机车主要由牵引机车、轨道、承载矿车和辅助设备等组成。机车运输时，多采用将多个矿车首尾串在一起（又称串车）进行一次性提放或运输的方式。机车运输受运输巷道坡度的限制，运输轨道坡度一般为3‰，局部坡度不能超过30‰。

1. 架线式电机车

优点：结构简单、成本低、维护方便、运输能力大，速度高，用电效率高，运输费用低，应用最广。缺点：须有整流和架线设施，不够灵活；架线对巷道尺寸和行人的安全有一定的影响；集电弓与架空线之间易产生火花，不允许在瓦斯严重的矿井使用；初期建设投资大。相比而言，其运输总成本比蓄电池电机车低得多。因此，如果矿井条件允许，应采用架线式电机车。

2. 蓄电池电机车

优点：无火花引爆危险，可在瓦斯矿井使用；无须架线，使用灵活。缺点：须设充电设备；初期投资大；用电效率低，运输费用较高。蓄电池电机车适用于产量小、巷道不太规则的运输系统和巷道掘进运输。

3. 燃油机车

燃油机车多以防爆柴油机为动力装置,具有运行灵活、费用低、维修方便、动力强劲等优点。缺点是对于防爆安全性要求较高,多适用于通风良好的巷道运输。

(二)无极绳绞车

无极绳连续牵引车由绞车、张紧装置、梭车、压绳轮组、沿途托绳轮组、尾轮,通过钢丝绳组成一个完整的运输系统。由绞车提供动力,利用无极钢丝绳与滚筒绳衬之间的摩擦力来传动钢丝绳,从而使与钢丝绳固定连接的梭车牵引车实现往复运动,达到牵引运输重物的目的。滚筒可分为螺旋缠绕式滚筒和夹钳式滚筒两种。螺旋缠绕式滚筒的优点是结构简单,缺点是钢丝绳磨损较大。夹钳式滚筒的优点是拉力大,钢丝绳弯曲度小;缺点是维护较烦琐,夹绳弹簧质量差时易折断。

1. 无极绳绞车的特点

无极绳绞车的优点是:设备简单,结构紧凑,操作方便,运行可靠;运输环节少,辅助人员少;牵引力大,运输距离长,能够转弯;可实现连续运输,效率较高等。缺点是:只能在某一巷道往返,机动性差;在线路始端和尾端须配辅助设备进行调车,被牵引车进入线路后才能运行;只能单线运输,甩调车较困难;运输线路特别长时,钢丝绳伸长较大,张紧装置不能适应;钢丝绳易磨损,轨道附属件多,在倾角较大的巷道运输时易发生跑车事故。

2. 无极绳绞车的应用

无极绳绞车适用于长距离、大倾角、多变坡、大吨位工况条件下的工作面顺槽、采区上(下)山和集中轨道巷运输材料、设备及人员等;在系统行驶线路内可不经转载直达运输,是替代传统小绞车接力、对拉运输方式,实现设备运输的理想装备。总体来说,无极绳绞车运输形式的优点远多于缺点，作为一种符合我国国情的经济、实用、安全、高效的新型辅助运输设备，目前已在国内大规模推广应用，并被中国煤炭工业协会推荐为“煤矿小绞车替代工程”首选产品。

（三）卡轨车

卡轨车运输系统主要由轨道装置、卡轨车车辆及牵引控制设备三部分组成，目前主要有钢丝绳牵引式，以及内燃机、蓄电池机车牵引式。

卡轨车的优点是：载重量大，爬坡能力强，允许在小半径弯道行驶，可有效防止掉道和翻车；可防止超速和跑车事故；能安全、可靠、高效地完成运输任务，是矿井运输的发展方向。

（四）单轨吊车

单轨吊车是国外广泛采用、国内正在推广的高效辅助运输设备。

1. 单轨吊车的分类

单轨吊车按驱动方式可分为钢丝绳牵引式和自驱动式两类；按牵引动力和使用特征可分为钢丝绳牵引式、防爆柴油机牵引式和防爆特殊蓄电池牵引式三类。钢丝绳牵引单轨吊车由绞车、紧绳器、导绳轮系、牵引车及储绳车、承载车、制动车和尾轮站等组成。

2. 单轨吊车的特点及应用

与传统的辅助运输设备相比，单轨吊车在技术特性、安全性能与运输效率方面具有明显优势。具体表现为：运行安全可靠，不跑车，不掉道；爬坡能力强，能在起伏坡度较大和弯道道岔较多的情况下运行；牵引力大，能实现重型物料（如液压支架）的整体搬运；运行速度快；能实现远距离连续运输；有比较完整的配套设备和运输车辆，可实现装卸作业机械化。此外，钢丝绳牵引单轨吊车结构简单，成本较低，且对坡度的适应性强。防爆柴油机牵引单轨吊车体积小，机动灵活，适应性强，工作不受淋水、煤尘与底板状况影响，过道岔方便；连续运输距离长，用于掘进巷道时能迅速接长轨道，安全可靠，经济性好；可以实现从井底车场甚至从地面（斜井或平硐开拓时）至采区工作面的直达运输。

（五）防爆无轨胶轮车

防爆无轨胶轮车多以防爆低污染柴油机或蓄电池电机为动力，以抗静电胶轮为行走机构，主要用于运送人员、设备、锚喷材料、混凝土等物料，以及进行巷道工程和采煤工作面搬家等运输作业。

1. 防爆无轨胶轮车的特点

采用防爆无轨胶轮车可实现一次性装载后从地面车场至井下工作面之间（明斜及平硐运输时），以及井下两工作点之间的直达运输，简化了系统，减少了人员，降低了劳动强度，提高了生产效率；可实现一机多用，并可实现集铲装、运输、卸料功能于一机；机动灵活、操作简单、安全性好，特别适用于沿煤层开采的多分支巷道辅助运输。

2. 防爆无轨胶轮车的分类

防爆无轨胶轮车按用途可分为运输车辆、铲运车辆和具有专项功能的特种车辆三种；按结构特征可分为铰接式车架车辆和整体式车架车辆两类。

3. 防爆无轨胶轮车的应用

防爆无轨胶轮车特别适用于煤层赋存较浅、倾角不大的近水平矿井（理想是12°左右的斜副井），从地面直达采区运输。其也可用于顶、底板条件较好的竖井开拓方式的矿井；对巷道宽度和路面有一定要求；需要技术娴熟的司机；需要较宽巷道，最好是无棚腿支护巷道；有淋水时需降低使用坡度，底板较软或破碎时需经常铲平清理，有的甚至需要增加混凝土路面进行硬化处理或加垫板。

（六）架空乘人装置

1. 架空乘人装置的结构与组成

架空乘人装置主要由驱动部、乘人部、线路部、车站部、回绳迂回轮、电气控制系统等组成。其按驱动动力可分为机械驱动和液压驱动两种。采用液压驱动时工作油温不得超过 70 ℃。架空乘人装置不仅可以完成一般人员的运输，还可以改配担架等附具，以运送伤员。

2. 架空乘人装置的特点及应用

架空乘人装置具有系统简单、运行平稳、安全可靠等优点。其主要用于倾斜井巷的人员运输，也可用于平巷运送人员。

（七）调度绞车

调度绞车利用钢丝绳与卷筒的缠绕进行提升或拖运，利用制动装置控制运转和停止，从而达到调度和搬运物料的目的。

（八）矿车

1. 矿车的分类

井下矿车数量大、类型多，一般按下列方法分类：

(1) 按用途不同，分为货车、人车和专用车。用于运输煤炭、矸石、材料、机械设备及其零部件的车辆称为货车。按货物性质不同，货车又包括运松散货载矿车和运送设备的平板车，最主要、数量最多的是运松散货载矿车。用于斜井和井下主要巷道运送人员的车辆称为人车。专用车辆主要包括火工车、水车、消防车、设备车等。

(2) 按矿车构造及卸载方式不同，分为固定车厢式矿车、翻斗式矿车、侧卸式矿车、底卸式矿车，以及材料车和平板车等，如图 9-1 所示。

(3) 按车厢容积不同，分为小型、中型、大型矿车。容积小于 1 m^3 的称为小型矿车；容积为 1～3 m^3 的称为中型矿车；容积大于 3 m^3 的称为大型矿车。

(a) 固定车厢式矿车　(b) 翻斗式矿车

(c) 侧卸式矿车　(d) 底卸式矿车

(e) 材料车　(f) 平板车

图 9-1　矿车

2. 矿车的结构

矿车要求结构坚固，能经受静负荷和动负荷的作用（如装载、运行的冲击）；在容积一定的条件下，矿车外形尺寸应尽可能小，运行阻力要小，有足够的稳定性；在使用方面，要求摘挂钩方便，卸载干净，清扫容易，润滑简单。

矿车一般由车厢、车架、轮对、缓冲器和连接器等组成。其中，连接器是事关安全的重要部件。

3. 矿用人车

(1) 人车的类型

人车用于平巷接送人员。平巷人车主要由车体、双轴轮对、转向架、连接装置和缓冲装置等组成，如图 9-2 所示。

图 9-2　平巷人车

在平巷中，采用人车运送人员，对于减少非生产时间、改善矿工劳动条件，以及提高运输安全性具有重大意义。

（2）《煤矿安全规程》对人车的规定

① 长度超过 1.5 km 的主要运输平巷或者高差超过 50 m 的人员上下的主要倾斜井巷，应当采用机械方式运送人员。运送人员的车辆必须为专用车辆，严禁使用非乘人装置运送人员。严禁人、物料混运。

② 新建、扩建矿井严禁采用普通轨斜井人车运输。

③ 生产矿井在用的普通轨斜井人车运输，必须遵守下列规定：a. 车辆必须设置可靠的制动装置。断绳时，制动装置既能自动发生作用，也能人工操纵。b. 必须设置使跟车工在运行途中任何地点都能发送紧急停车信号的装置。c. 多水平运输时，从各水平发出的信号必须有区别。d. 人员上下地点应当悬挂信号牌。任一区段行车时，各水平必须有信号显示。e. 应当有跟车工，跟车工必须坐在设有手动制动装置把手的位置。f. 每班运送人员前，必须检查人车的连接装置、保险链和制动装置，并先空载运行一次。

④ 采用平巷人车运送人员时，必须遵守下列规定：a. 每班发车

前，应当检查各车的连接装置、轮轴、车门(防护链)和车闸等。b. 严禁同时运送易燃易爆或者腐蚀性的物品，或者附挂物料车。c. 列车行驶速度不得超过 4 m/s。d. 人员上下车地点应当有照明，架空线必须设置分段开关或者自动停送电开关，人员上下车时必须切断该区段架空线电源。e. 双轨巷道乘车场必须设置信号区间闭锁，人员上下车时，严禁其他车辆进入乘车场。f. 应当设跟车工，遇有紧急情况时立即向司机发出停车信号。g. 两车在车场会车时，驶入车辆应当停止运行，让驶出车辆先行。

四、煤矿运输附属设施与安全保护装置

(一) 矿井井口和井底车场

井口是地表至井下的“候车室”，是运送人员、器材和提升煤炭、矸石的中转站。提升容器不同，井口布置也不同。

采用罐笼提升矿车时，在井口必须设一系列的调车道岔和地面轨道线路，以便矿车上下与顺利通过，同时应能贮放一定数量的空(重)矿车、煤炭和材料车等，也就是要设井口车场。我国常用的有甩车场和平车场。

采用箕斗提升时，需在地面增设卸载装置，井口增设受煤仓、地面转运设备或轨道线路等。

井底车场是井下运输和提升系统的枢纽站。井底车场的线路由重车线、空车线、绕道以及其他辅助线路组成，担负着转运煤炭、矸石、人员、材料及设备的任务；同时又是设置井下各种硐室等设施之处。

(二) 井口、井底安全装置与设施

井口、井底安全装置与设施主要有安全门、推车机、阻车器和摇台等。

(三) 斜井及倾斜井巷安全装置与设施

倾斜井巷运输系统除了在相应的位置设置与立井提升系统相

同的安全装置与设施之外，还必须设置防跑车装置和跑车防护装置。

井口、井底辅助机械和安全装置与设施均须与提升信号或提升容器位置等有电气闭锁或机械闭锁关系，如罐门闭锁、水平转换闭锁、提升信号系统与提升电控回路的闭锁等，从而实现提升系统中各个环节之间及各种安全装置与提升系统之间的有序操作和动作，保证矿井提升作业安全可靠地进行。

井口、井底辅助机械和安全设施多由把钩工操作，直到各个环节操作完成后，把钩工发信号给信号室的信号工，信号室的信号工收齐各处把钩工发来的信号后才能向井口信号工发出开车信号。随着工业自动化技术的发展及可编程逻辑控制器(PLC)的应用，这些设备的操作已能集中于信号室，由信号工一人在操作台上完成，形成了成套的操控系统，并能通过操作台状态指示灯观察到各个设备、设施的动作情况，进而判断出能否向井口信号工或绞车司机发送开车信号，大大节省了人力，提高了生产效率。

五、运输安全设施

(一) 防跑车装置

防跑车装置的类型与安装和设置要求：在倾斜井巷内安设能够将运行中断绳、脱钩的车辆阻止住的跑车防护装置。在各车场安设能够防止带绳车辆误入非运行车场或者区段的阻车器。在上部平车场入口安设能够控制车辆进入摘挂钩地点的阻车器。在上部平车场接近变坡点处，安设能够阻止未连挂的车辆滑入斜巷的阻车器。在变坡点下方略大于1列车长度的地点，设置能够防止未连挂的车辆继续往下跑车的挡车栏。挡车装置必须经常关闭，放车时方准打开。兼作行驶人车的倾斜井巷，在提升人员时，倾斜井巷中的挡车装置和跑车防护装置必须处于常开状态并闭锁。

(二)跑车防护装置

1. 位置传感器控制常闭式跑车防护装置

位置传感器控制常闭式跑车防护装置主要由挡车栏、电控箱、旋转脉冲编码器、状态显示器、收放绞车、隔爆兼本质安全型电控箱、本质安全型位置传感器等设备组成。在斜巷轨道运输时,正常提物情况下,挡车栏处于常闭状态。当绞车运行,矿车到达设定位置时,挡车栏自动升起;矿车通过后,挡车栏自动放下。当矿车超速(跑车、溜车)时,挡车栏对跑车进行可靠的阻拦,避免事故的发生。运行人车时,挡车栏处于常开状态可保证人车的正常通行。显示器能够及时、准确地反映各提升机构的工作情况。

2. 吊挂式常开跑车防护装置

吊挂式常开跑车防护装置由摆杆、轴、销轴、钩杆、框环、滑轮、挡车门、钢丝绳等组成,如图 9-3 所示。

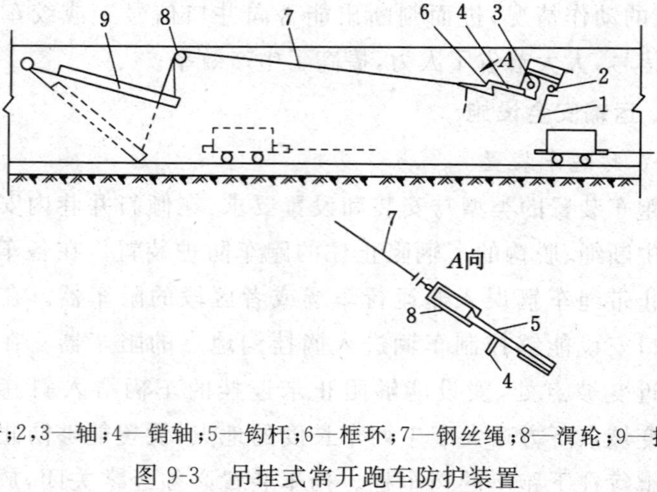

1—摆杆;2,3—轴;4—销轴;5—钩杆;6—框环;7—钢丝绳;8—滑轮;9—挡车门。

图 9-3 吊挂式常开跑车防护装置

当发生跑车事故时,下跑的矿车以高速冲击摆杆,撞击销轴,致使钩杆绕轴转动,并与框环相互脱开,此刻挡车门(或挡车杠)失去钢丝绳的牵引力,靠自重立即下落,挡住跑车。而正常行车时,由于速度较慢，矿车不会猛烈冲击摆杆，因此，挡车门经常处于吊起（常开）状态，不影响矿车正常通过。

（三）矿车连接装置

矿车的连接装置是涉及重大安全问题的部件。因此，《煤矿安全规程》对矿车连接装置做出了一系列特别规定。

（四）安全警示标志

煤矿安全警示标志主要有警告标志，禁止标志，指令标志，路标、名牌、提示标志等四种。

1. 安全警示标志的设置

(1) 安全警示标志应设置在与安全有关的明显地方，并保证人们有足够的时间注意其所表示的内容。

(2) 设立于某一特定位置的安全警示标志应被牢固地安装，保证其自身不会产生危险，所有的标志均应具有坚实的结构。

(3) 当安全警示标志被置于墙壁或其他现存的结构上时，背景色应与标志上的主色形成对比色。

(4) 多个标志牌在一起设置时，应按警告标志，禁止标志，指令标志，路标、名牌、提示标志类型的顺序，先左后右、先上后下地排列。

2. 安全警示标志的安装

(1) 防止危害性事故的发生。首先要考虑所有标志的安装位置都不可存在对人的危害。

(2) 可视性。标志安装位置的选择很重要，标志上显示的信息不仅要正确，而且对所有的观察者要清晰易读。

(3) 安装高度。通常标志应安装于观察者水平视线稍高一点的位置，但有些情况下置于其他水平位置也是适当的。

(4) 危险和警告标志。危险和警告标志应设置在危险源前方足够远处，以保证观察者在首次看到标志（即注意到此危险）时有充足的时间，这一距离随不同情况而变化。

(5) 安全警示标志不应设置于移动物体(例如风门)上,因为物体位置的任何变化都会造成对标志观察变得模糊不清。

3. 安全警示标志的维护与管理

为了有效地发挥标志的作用,应对其进行定期检查、定期清洗,发现有变形、损坏、变色、图形符号脱落、亮度老化等现象存在时,应立即更换或修理,从而使之保持良好状况。

第二节　矿井运输线路

一、矿井轨道

(一) 矿井轨道的分类

矿井轨道按轨距的大小可分为 900 mm 轨距、762 mm 轨距、600 mm 轨距的轨道。900 mm 轨距和 600 mm 轨距的轨道应用范围较广,762 mm 轨距的轨道已很少应用。

按使用地点可分为主要运输线路轨道和一般运输线路轨道。主要运输线路轨道包括井底车场、主要运输大巷和主要运输石门的轨道,以及井上运煤、运矸石的干线和集中装、卸、甩车场的轨道。一般运输线路轨道指除去主要运输线路外的轨道。

按年运输量的不同可分为一级线路轨道、二级线路轨道和三级线路轨道。一级线路轨道指单线重车方向年运输量在 100 万 t 以上的 900 mm 轨距的轨道。二级线路轨道指单线重车方向年运输量在 50 万～100 万 t 的 900 mm 轨距的轨道和单线重车方向年运输量在 30 万 t 以上的 600 mm 轨距的轨道。三级线路轨道指单线重车方向年运输量在 30 万 t 以下的 600 mm 轨距的轨道和单线重车方向年运输量在 50 万 t 以下的 900 mm 轨距的轨道。

(二) 矿井轨道的安装

1. 平整路基

轨道路基的整修,按设计要求标定巷道中腰线(每 20 m 一个点)、圆曲线起止点、道岔中心及纵断面的变坡点,进行水平测量。按设计要求的各点标高进行坡度调整,消除巷道底板凹凸不平的现象。路基符合正、负误差不超过 50 mm 要求后,即可铺道砟或灌注固定道床。

2. 摆放轨枕

路基整修、道床平整后,可根据轨枕间距散布轨枕和钢轨。轨枕铺设数量可按标桩距离确定。

3. 倾斜巷道中轨道的安装

(1) 在铺设倾斜轨道时,要考虑轨枕与轨道的稳定性,防止轨道下滑。在坡度较大(25°以上)的斜巷中设防滑设施,即在每节 10 m 的钢轨与钢轨之间设一防滑墙。其做法是在底板凿出宽 250 mm、深 100 mm 的沟槽,用风钻在槽内打一排眼,眼距为 300 mm,深度为 200 mm,然后插入直径为 20 mm 的钢筋,同时放上钢筋架用铁丝绑扎好,然后钉好横板浇灌水泥墙。其尺寸是高 300 mm、宽 250 mm。轨距为 600 mm 的轨道,其长度为 1.5 m;轨距为 762 mm、900 mm 的轨道,其长度为 1.9 m。

铺设时轨枕设在防滑墙上方,并使钢轨与枕木连接固定。由于防滑墙的阻挡,枕木与钢轨都不能下滑。巷道倾斜角度超过 30°、服务年限较长时,应采用固定道床。

(2) 在巷道倾角大于 25°时,不但要考虑轨道铺设后的防滑问题,还要考虑轨道施工中的防滑问题。因此,在施工中要有安全措施,否则不准施工。

(3) 为防止钢丝绳托磨枕木,在倾斜轨道中间要设托绳轮,间距一般为 15 m。巷道变坡时,托绳轮要安装在变坡点上方,并在两侧适当加密。托绳轮有的用旧矿车车轮焊在一起,轮缘高度应加工处理,最好不超过 15 mm,以降低托绳轮距枕面的高度。这种托绳轮直径为 300 mm,宽度为 200 mm,轴长为 400 mm,轴直径为 45～

50 mm,轮内设轴承,也可用直径为 200 mm、长度为 250～300 mm 的胶皮托辊。托辊内设 306 轴承,托辊轴直径为 30 mm,长度为 0.45～0.50 m。托辊轮不得高于轨面 35 mm,以免调机车时刮托绳轮。

(4) 在斜井绞车道地面甩车场和井下甩车场,由于牵引角度增大,钢丝绳偏移,牵引力方向与矿车运行方向不一致,容易把矿车拉翻。因此要设立轮以便使钢丝绳牵引方向与矿车运行方向趋于一致,保证矿车运行安全。如钢丝绳上下跳动距离不大,可把托辊绳轮立起安装,当立轮使用。如上下跳动较大,可用直径为 108～159 mm、长度为 750～996 mm 的输送带下托辊作立轮。立轮外缘距运行车辆最突出的部分要保持不小于 0.2 m 的距离。绞车道和甩车场的托绳轮和立轮必须设置齐全,做到大绳不托磨钢轨、枕木和刮帮,并经常检查,保持转动灵活,这样既可防止钢丝绳锯坏枕木和钢轨,减少钢丝绳的磨损和延长钢丝绳的使用寿命,还可以减少动力消耗。

二、道岔

(一) 普通轨道道岔

1. 道岔的轨距标准与安装要求

(1) 道岔轨距按标准加宽后不大于 3 mm,辙岔前后的轨距偏差为+3 mm、0 mm。

(2) 尖轨前端、直曲连接轨中部和道岔后部的两股钢轨的水平偏差不大于 5 mm。

(3) 道岔水平方向直线目视平顺,用 10 m 弦量不超过 10 mm,曲线目视圆顺,用 1 m 弦量相邻两点正矢差不大于 2 mm,用 2 m 弦量相邻两点正矢差不大于 3 mm。

(4) 轨面前后高低目视平顺,用 10 m 弦量不超过 10 mm。

(5) 道岔接头处两轨面高低和内侧左右错差不大于 2 mm。

(6) 尖轨尖端与基本轨密贴,间隙不大于 2 mm,无跳动。尖轨损伤长度不超过 100 mm，在尖轨顶面宽 20 mm 处与基本轨高低差不大于 2 mm。

(7) 尖轨开程为 80～110 mm。

(8) 尖轨根部轨缝不大于 8 mm，其他轨缝与线路部分的轨缝要求相同。

(9) 心轨至护轨工作边间距为 572 mm，偏差为＋2 mm、0 mm。

(10) 心轨尖端与护轨工作边中心垂直相对偏差为±50 mm。

(11) 心轨在顶面宽 35 mm 处和翼轨喉部的垂直磨耗不超过 7 mm。

2. 道岔附属装置的安装要求

(1) 道床板应与轨底面贴合，其间隙不超过 2 mm。

(2) 基本轨与连接轨垂直磨损不大于 7 mm。

(3) 轨撑应与基本轨密贴，间隙不大于 1 mm，数量齐全，无松动现象。

(4) 扳道器拉杆零件齐全，连接牢固，动作灵活可靠；铺设道岔处必须使用通枕木。

(5) 护轨零件齐全，安装牢固，无松动失效现象。

(6) 心轨铆钉无松动，焊缝无裂纹。

3. 转辙器的安装要求

转辙器是扳动轨尖的设备，可以安装于道岔的左侧或右侧。以手动转辙器为例，手动转撤器是通过扳动带定位重锤的手柄，手柄下端的三角板拉动连杆，连杆拖动尖轨密贴于不同的基本轨来改变车辆运行方向的，其安装在道岔枕木上，轨尖与基本轨的密贴程度通过调整拉杆的长度来实现。

(二) 单轨吊道岔

单轨吊道岔应达到以下要求：道岔框架 4 个悬挂点的受力应均匀，固定点数均匀分布不少于 7 处；下轨面接头轨缝不大于 3 mm；轨道无变形，活动轨动作灵敏，准确到位；机械闭锁可靠；连接轨断开处设有轨端阻车器。

第三节　运输作业安全生产标准化管理

一、安全生产标准化建设的意义

搞好煤矿安全生产标准化建设的重要意义对煤矿职工来说主要有以下两个方面：一是通过煤矿安全生产标准化建设，不断夯实矿井安全生产基础，不断提升安全管理水平，有助于构建更好的生产安全环境，更可靠地保障职工生命安全与健康；二是如果煤矿达到一级标准化矿井，将享受到“在全国性或区域性调整、实施减量化生产措施时，原则上不纳入减量化生产煤矿范围及在地方政府因其他煤矿发生事故采取区域政策性停产措施时，原则上不纳入停产范围”等一系列优惠政策和待遇，这对保证职工家庭有稳定的收入来源有非常现实的意义。

二、运输作业标准化工作要求

(1) 运输管理。管理制度完善，职责明确；设备设施定期检测检验；技术资料齐全，满足运输管理需要。

(2) 运输巷道与硐室。满足设备安装、运行和检修的空间要求；满足人员操作、行走的安全要求。

(3) 运输线路。轨型、轨道铺设质量符合标准要求；无轨胶轮车行驶路面质量符合标准要求；保证车辆安全、平稳运行；改善运输方式，优化运输系统。

(4) 运输设备。设备完好，符合要求；制动装置、信号装置及保护装置齐全、灵敏、可靠；安装符合设计要求。

(5) 运输安全设施。安全设施、连接装置、安全警示设施齐全可靠，安装规范，使用正常；物料捆绑固定规范有效。

（6）文明生产。作业场所卫生整洁；设备材料码放整齐，图牌板内容齐全、清晰准确。

三、运输作业标准化基本要求

煤矿运输作业标准化基本要求见表9-1。

表9-1　煤矿运输作业标准化基本要求

项目	项目内容	基本要求
一、运输管理	制度保障	制定并落实以下制度、标准： 1. 运输设备（设施）安装、运行、检修、检测等管理制度。 2. 运输线路铺设、维护标准
	技术资料	1. 有运输设备、设施、线路的图纸、技术档案，有检修记录。 2. 有作业规程、安全技术措施。 3. 运输系统、设备选型和能力计算资料齐全。 4. 单轨吊、架空乘人装置有设计。 5. 有运输设备管理台账，编号管理。 6. 纳入煤矿矿用产品安全标志管理的设备设施符合规定
	检测检验	1. 使用中的斜井人车，有完整的重载全速脱钩测试报告及连接装置的探伤报告。 2. 按规定对窄轨车辆连接链、连接插销进行检测，有检测检验报告。 3. 按规定对架空乘人装置、无轨胶轮车、单轨吊车进行试验、检测检验，有完整的试验、检测检验报告。 4. 新投用机车应测定制动距离，之后每年测定1次，有完整的制动距离测试报告。 5. 无极绳连续牵引车、卡轨车、齿轨车、异型轨卡轨车等根据产品使用说明书要求，由矿定期检查、检修、试验，并有试验记录

表 9-1(续)

项目	项目内容	基本要求
二、运输巷道与硐室	巷道车场	1. 巷道净断面与支护符合《煤矿安全规程》,巷道(包括管、线、电缆)与运输设备最突出部分之间的最小间距符合规定。 2. 车场、巷道曲线半径、巷道连接方式、运输方式设计合理,符合《煤矿安全规程》及有关规定要求
	硐室车房	斜巷信号硐室、躲避硐、绞车房、候车室、调度站、人车库、充电硐室、错车硐室、车辆检修硐室等符合规定
	装卸载站	车辆装载站、卸载站和转载站符合规定
三、运输线路	轨道线路	运行 7 t 及以上机车、3 t 及以上矿车,或者运送 15 t 及以上载荷的矿井井筒、主要水平运输大巷、车场、主要运输石门、采区主要上下山、地面运输系统轨道线路使用≥30 kg/m 的钢轨;其他线路使用≥18 kg/m 的钢轨。卡轨车、齿轨车和胶套轮车运行的轨道线路,应当采用不小于 22 kg/m 的钢轨
		主要运输线路及行驶人车的轨道线路质量达到要求: (1) 接头平整度:轨面高低和内侧错差≤2 mm; (2) 轨距:直线段和加宽后的曲线段允许偏差为 −2~5 mm; (3) 水平:直线段及曲线段加高后两股钢轨偏差≤5 mm; (4) 轨缝≤5 mm; (5) 扣件齐全、牢固,与轨型相符; (6) 轨枕规格及数量应符合标准要求,间距偏差不超过 50 mm; (7) 道砟粒度及铺设厚度符合标准要求,轨枕下应捣实,轨枕露出高度≥50 mm; (8) 曲线段设置轨距拉杆

表 9-1(续)

项目	项目内容	基本要求
三、运输线路	轨道线路	其他轨道线路质量应达到要求： (1) 接头平整度：轨面高低和内侧错差≤2 mm； (2) 轨距：直线段和加宽后的曲线段允许偏差为－2～6 mm； (3) 水平：直线段及曲线段加高后两股钢轨偏差≤8 mm； (4) 轨缝≤5 mm； (5) 扣件齐全、牢固，与轨型相符； (6) 轨枕规格及数量符合标准要求，间距偏差不超过50 mm； (7) 道砟粒度及铺设厚度符合标准要求，轨枕下应捣实
		异型轨道线路、齿轨线路质量符合设计及说明书要求
	单轨吊线路	单轨吊车线路达到要求： 1. 下轨面接头间隙直线段≤3 mm。 2. 接头高低和左右允许偏差分别为 2 mm 和 1 mm。 3. 接头摆角垂直≤7°，水平≤3°。 4. 水平弯轨曲率半径≥4 m，垂直弯轨曲率半径≥10 m。 5. 起始端、终止端设置轨端阻车器
	无轨胶轮车道路	主要运输巷道和行驶支架搬运车的采煤工作面顺槽，道路必须进行混凝土、铺钢板等方式硬化，路面平整

表 9-1(续)

项目	项目内容	基本要求
三、运输线路	道岔	道岔轨型不低于线路轨型,无非标准道岔,道岔质量达到要求: (1) 轨距按标准加宽后及辙岔前后轨距偏差≤+3 mm; (2) 水平偏差≤5 mm; (3) 接头平整度:轨面高低及内侧错差≤2 mm; (4) 尖轨尖端与基本轨密贴,间隙≤2 mm,无跳动,尖轨损伤长度≤100 mm,在尖轨顶面宽 20 mm 处与基本轨高低差≤2 mm; (5) 心轨和护轨工作边间距按标准轨距减小 28 mm 后,偏差+2 mm; (6) 扣件齐全、牢固,与轨型相符; (7) 轨枕规格及数量符合标准要求,间距偏差不超过 50 mm,轨枕下应捣实
		单轨吊道岔达到要求: (1) 道岔框架 4 个悬挂点的受力应均匀,固定点数均匀分布不少于 7 处; (2) 下轨面接头轨缝≤3 mm; (3) 轨道无变形,活动轨动作灵敏,准确到位; (4) 机械闭锁可靠; (5) 连接轨断开处有轨端阻车器
	窄轨架线电机车牵引网络	1. 敷设质量达到要求: (1) 架空线悬挂高度、架空线与巷道顶或棚梁之间的距离、悬吊绝缘子距架空线的距离、架空线悬挂点的间距等符合规定; (2) 架空线直流电压不超过 600 V; (3) 钢轨接缝处的电阻符合要求; (4) 轨道绝缘设置符合要求。 2. 电机车架空线巷道乘人车场装备有自动停送电开关
	运输方式改善	1. 长度超过 1.5 km 的主要运输平巷或者高差超过 50 m 的人员上下的主要倾斜井巷,应采用机械方式运送人员。 2. 水平单翼距离超过 4 000 m 时,有缩短人员和物料运输时间的有效措施。 3. 采用先进的运输方式替代多级、多段运输,矿井实现辅助运输连续化。 4. 矿井逐步取消调度绞车

表 9-1(续)

项目	项目内容	基本要求
四、运输设备	斜井人车	1. 制动装置灵敏、可靠。 2. 有跟车工,有在运行途中任意点都能发送紧急停车信号的装置
	架空乘人装置	1. 架空乘人装置正常运行。 2. 吊椅中心至巷道一侧突出部分的距离、钢丝绳间距、乘人吊椅距底板的高度、乘坐间距符合规定;乘人站设上下人平台,平台处钢丝绳距巷道壁≥1 m,路面进行防滑处理。 3. 运行坡度、运行速度符合《煤矿安全规程》规定。 4. 驱动系统设置失效安全型工作制动装置和安全制动装置,安全制动装置必须设置在驱动轮上,且有效;每周至少检查一次闸瓦(片)磨损情况、闸瓦(片)与闸盘间隙及接触面积,符合相关标准规定。 5. 有超速、打滑、全程急停、防脱绳、变坡点防掉绳、张紧力下降、越位等保护装置。 6. 沿线设有延时启动声光预警信号。 7. 上下人地点应装置语音提醒装置;装备通信信号装置,具备通话和信号发送接收功能,有视频监视。 8. 非固定抱索架空乘人装置有乘人间距提示和保护。 9. 减速器有油温检测,油温异常时能发出报警信号。 10. 驱动轮和尾轮有断轴保护措施。 11. 钢丝绳安全系数、插接长度、断丝面积、直径减小量、锈蚀程度符合规定。 12. 倾斜巷道架空乘人装置:与轨道提升系统同巷布置时,设置电气闭锁;与带式输送机同巷布置时,隔离措施可靠。 13. 巷道应当设置照明

表 9-1(续)

项目	项目内容	基本要求
四、运输设备	机车、平巷人车、矿车、专用车辆	1. 制动装置齐全、可靠。 2. 列车或者单独机车前有照明、后有红灯。 3. 警铃、连接装置和撒砂装置完好。 4. 同水平行驶 5 台及以上机车时,有机车运输集中信号控制系统及机车通信设备;同水平行驶 7 台及以上机车时,有机车运输监控系统。 5. 新建大型及以上矿井的井底车场和运输大巷,有机车运输监控系统或者运输集中信号控制系统,机车应具有定位装置。 6. 防爆机车有甲烷断电仪或者便携式甲烷检测报警仪。 7. 防爆柴油机动力机车有自动保护装置和防灭火装置。 8. 机车、平巷人车、矿车、专用车辆完好
	调度绞车、卡轨车、无极绳连续牵引车、绳牵引卡轨车、绳牵引单轨吊车	1. 调度绞车: (1) 安装符合设计,固定可靠; (2) 制动装置齐全、可靠; (3) 钢丝绳符合规定;排列整齐,绞车有钢丝绳伤人防护措施; (4) 声光信号齐全、完好。 2. 卡轨车、无极绳连续牵引车、绳牵引卡轨车、绳牵引单轨吊车: (1) 制动装置齐全、灵敏可靠、使用正常; (2) 越位、超速、张紧力下降等保护装置可靠; (3) 有司机与相关岗位工之间的信号联络装置;有跟车工时,设置跟车工与牵引车司机联络的信号和通信装置; (4) 驱动部、各车场设置行车报警和信号装置; (5) 钢丝绳符合规定

表 9-1(续)

项目	项目内容	基本要求
四、运输设备	单轨吊车	1. 具备 2 路及以上相互独立回油的制动系统。 2. 设置既可手动又能自动的安全闸,并正常使用。 3. 超速保护、甲烷断电仪、防灭火等装置齐全、可靠。 4. 机车设置车灯和喇叭,列车的尾部设置红灯。 5. 燃油机车排气标准符合规定,排气超温、冷却水超温、水箱水位、润滑油压力等保护装置灵敏、可靠。 6. 蓄电池单轨吊车装备蓄电池容量指示器及漏电监测保护装置。 7. 司机应当配备通信装置。 8. 运送人员时,有制动和防护装置
	无轨胶轮车	1. 转向、制动、照明系统及警示装置完好可靠,车辆有防止停车自溜设施或工具。 2. 装备自动保护装置、甲烷断电仪或者便携式甲烷检测报警仪、防灭火设备等安全保护装置。 3. 装备随车通信系统或车辆位置监测系统;行驶 5 台及以上机车时,有车辆位置监测系统。 4. 运送人员使用专用人车。 5. 载人或载货数量符合规定。 6. 运行速度:运人时不超过 25 km/h,运送物料时不超过 40 km/h,车辆严禁空挡或熄火滑行。 7. 井下燃油无轨胶轮车符合排气标准规定

表 9-1(续)

项目	项目内容	基本要求
五、运输安全设施	挡车装置和跑车防护装置	1. 轨道斜巷挡车装置和跑车防护装置符合规定。 2. 无轨胶轮车运行的长坡段巷道内采取车辆失速措施。 3. 无轨胶轮车运行的巷道转弯处设置防撞装置
	安全警示	1. 斜巷车场及中间通道口有可靠的声光行车报警装置。 2. 斜巷双钩提升有错码信号。 3. 弯道、井底车场、其他人员密集的地点、顶车作业区有声光预警信号装置,关键道岔有道岔位置指示器。 4. 各乘人地点悬挂有明显的停车位置指示牌。 5. 斜巷车场悬挂最大提升车辆数及最大提升载荷标识。 6. 无轨胶轮车运输巷道各岔口、错车点、弯道、车场等处有行车信号和安全标志。 7. 有轨运输与无轨运输交叉处、有轨运输行人通行处等危险路段设置有限速和警示装置。 8. 各运输岗位悬挂岗位责任制和操作规程
	物料捆绑	捆绑固定牢固可靠,有防跑防滑措施
	连接装置	保险链(绳)、连接环(链)、连接杆、插销、连接钩头完好,连接方式符合规定
六、文明生产	作业场所	运输线路、设备硐室、车间等卫生整洁,设备清洁,材料分类、集中码放整齐
		主要运输线路水沟畅通,巷道无淤泥、积水;水沟侧作为人行道时,盖板齐全、稳固

轨道线路、道岔主要检查项目选择检查点的规定见表 9-2。

表 9-2　轨道线路、道岔主要检查项目选择检查点的规定

轨道种类	主要项目		选检查点规定	检查点示意图
一、窄轨铁道	线路	接头平整度	选对接或错接接头，测量轨面及内错差值，不能有硬弯	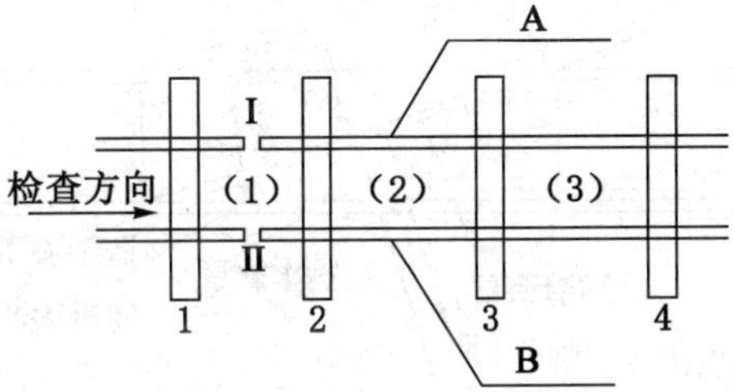 注：图中 1、2、3、4 指轨枕；(1)、(2)、(3)指轨枕间距；A、B 指钢轨；Ⅰ、Ⅱ指轨道接头
		轨距	在接头前后 5 m 内检查，轨面以下 13 mm 处测量	
		水平	测量直线段及曲线段加高后两股钢轨偏差，在被检查线路内，如有曲线者，需在曲线上选一点	

表 9-2(续)

轨道种类		主要项目	选检查点规定	检查点示意图
一、窄轨铁道	道岔	轨距	测量尖轨前端 1 处,尖轨根部 2 处,曲连接轨中部 1 处,道岔后 2 处。详见右图中 S_d、S_g、$S_{g'}$、S_q、S	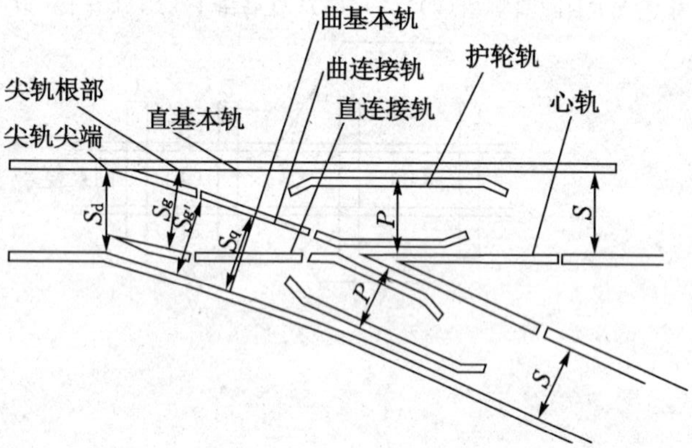
		水平	测量尖轨前端 1 处,直、曲连接轨中部各 1 处,道岔后部 2 处	
		心轨和护轨工作边间距	测量 2 处心轨和护轨工作边间距 P	
		接头平整度	选道岔接头,测量轨面及内错差值,不能有硬弯	

表 9-2(续)

轨道种类	主要项目		选检查点规定	检查点示意图
一、窄轨铁道	道岔	尖轨	测量尖轨尖端与基本轨间隙 δ、尖轨损伤长度，尖轨顶面宽 20 mm 处与基本轨高低差 h	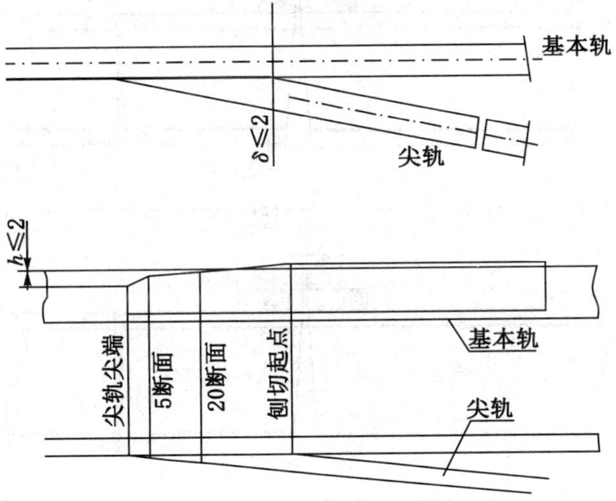

表 9-2(续)

轨道种类	主要项目	选检查点规定	检查点示意图
二、单轨吊吊轨	测量直线段和道岔下轨面接头间隙		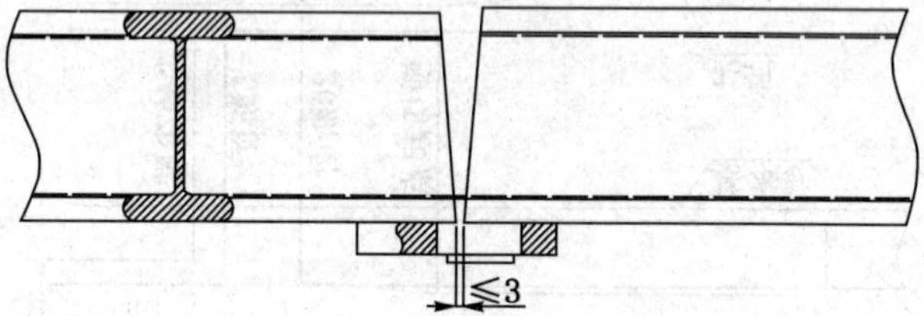
	测量接头高低和左右偏差		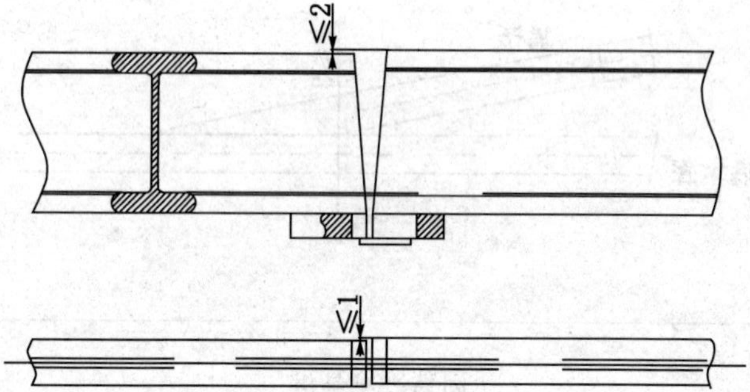

表 9-2(续)

轨道种类	主要项目	选检查点规定	检查点示意图
二、单轨吊吊轨	测量接头摆角：垂直 α 角和水平 β 角		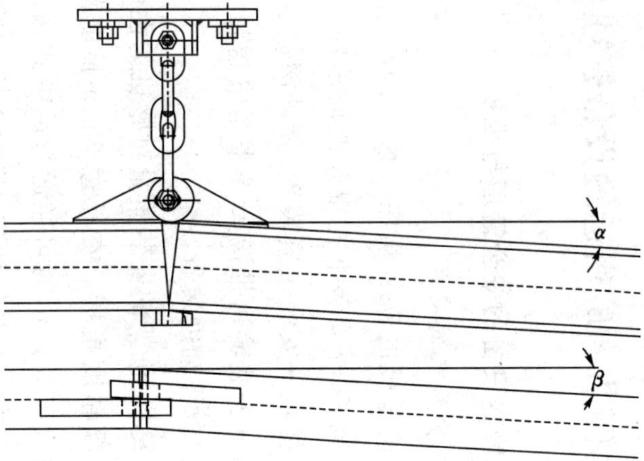

第四节　矿用运输设备管理与维护

一、带式输送设备的安全管理与维护

（一）带式输送机的安装

（1）带式输送机的安装顺序一般为：画中心线→安装机架（头部→中间架→尾架）→安装下托辊及改向滚筒→输送带铺设在下托辊上→安装上托辊→安装拉紧装置、传动滚筒和驱动装置→输送带绕过头尾滚筒→安装输送带接头→张紧输送带→安装清扫器、逆止器、导料槽及护罩等辅助装置。

（2）机架安装：机架的安装质量对整机的性能有很大的影响，安装时要检测各项精度指标。在任意 25 m 长度范围内，机架中心线的直线度不得大于 5 mm，对可逆运行的带式输送机，因其输送带跑偏可能性较大，应提高安装精度，其中心线直线度控制在上述数值的 2/30 以内。每副中间架上的编号为设备号加顺序号，顺序号的编制方法为从头架开始用 1,2,3…按顺序编排；安装时注意中间架上的编号，按顺序号安装。

（3）驱动装置安装：驱动装置一般已在制造厂组装完毕，现场可按整体部件与传动滚筒相连。对于体积较大和重量大且不易运输的驱动装置，可按部件分别发往现场进行组装，并按各自的使用说明书（电机、减速器、制动器、逆止器、液力耦合器、联轴器、电动滚筒等）进行去污、清洗、清点、安装调试。

（二）带式输送机的检查维护

（1）日检内容：① 检查（传动装置处）输送带运行是否正常，有无卡、磨、跑偏等现象；② 检查输送带接头是否平直良好；③ 检查传动滚筒有无异响，如有尖叫声，说明输送带打滑，应调整输送带的张紧程度；④ 检查减速器、液力耦合器、电动机及所有滚筒的轴承温度是否正常，耦合器是否漏液；⑤ 清煤器是否正常，是否正确接触输送带；⑥ 检查输送带张力是否合适，否则进行调整；⑦ 检查储带装置游动小车是否能在轨道上自由运动，停机后清除黏在机件上的所有煤泥；⑧ 检查带式输送机各零部件是否齐全，螺栓是否紧固、可靠；⑨ 检查所有滚筒的油封及轴承磨损程度；⑩ 检查连接卡是否完好；⑪ 检查输送带是否跑偏，如有跑偏应及时调正；⑫ 检查、试验各安全保护装置；⑬ 检查有关电气设备（包括电缆等）是否完好；⑭ 检查下托辊是否齐全，转动是否灵活。

（2）周检内容。周检内容除包括全部日检内容外，还需进行以下工作：① 检查减速器油位，必要时添加规定等级的润滑油；② 检查钢丝绳牵引带式输送机的绞车动作是否灵活，钢丝绳是否磨损，是否都在滑轮的轨道内，滑轮动作是否灵活，并清除杂物，重新调整空带运转张力；③ 检查和清理带式输送机轨道；④ 检查带式输送机驱动装置、传动滚筒、尾部滚筒等转动部位。

（3）月检内容：月检除进行全部周检内容外，还要检查滑轮的润滑情况，钢丝绳的磨损和损坏情况，以及钢丝绳是否有不正常的扭曲。

（4）季检内容：季检除了进行月检的所有项目外，还要进行以下项目的检修：① 给所有滚筒轴承加油，并清理滚筒上的油污；② 更换或调整输送带清煤器刮板；③ 清理减速器内的旧油，并更换同型号的新油。

二、电机车的管理与维护

为及时消除电机车安全隐患，防止其带病运转，保证正常运行，实现安全运输，必须对电机车进行日常维护保养和计划性检修。

（一）电机车维护保养时的注意事项

（1）维护保养必须在停车状态下进行，不得在行驶中进行。

（2）用拆卸零件的方法检查、排除故障时，应在车库内进行。

(3) 行驶中途遇到的小故障处理，可在轨道线路上进行，但必须征得值班调度同意，而且必须设置警示标牌或信号，防止受到其他车辆冲撞，确保司乘人员安全。

(4) 被检车辆停稳后，要用止轮器将机车稳住，防止检查时车辆滑动伤人。

(5) 维护电气设备时，要切断电源，进行验电，确认无电后再进行作业；蓄电池电机车要拔开电池插销连接器，断开电源。

(6) 蓄电池电机车的电气设备只允许在车库内开箱检修，禁止在装载车场或井下(运输大巷)行车途中拆开检修。

(二) 电机车的润滑维护

电机车运动部件动作准确、转动灵活是保证机车行驶安全性的重要条件。运动部件动作的准确性又取决于部件中各零件相互接触面的间隙和润滑效果。

润滑效果不好，会使机车工作性能恶化，部件磨损加快或超限报废，从而导致运行故障，甚至运输事故的发生。因此，必须对电机车各机械运动部件进行定期润滑保养，确保电机车行驶性能良好。

三、架空乘人装置的管理与维护

(一) 基本要求

每日至少对整个装置进行一次检查，发现问题及时处理，如危及运行安全，严禁开车，并立即向调度室进行汇报。基本要求如下：架空乘人装置必须由专业人员维护保养，加强日常检查和定期检修工作。系统检修前，必须制定专项安全技术措施，经有关部门和相关领导批准后方可实施。措施中要详细注明施工名称、施工时间、施工地点、施工负责人、施工方案、施工程序、技术要求、劳动组织、安全注意事项等。系统检修时，必须切断总电源开关并闭锁，挂上“设备检修，禁止合闸”警示牌，并派专人监护。日常维护及定期检修后，必须将安全检查与故障检修情况进行详细记录，作为设备维修档案保存。

（二）日检内容

日检内容包括：检查各部件的连接螺栓、铆钉、销钉和其他紧固件是否松脱。检查制动闸是否灵活可靠，制动轮盘与闸瓦间隙是否符合要求。检查润滑系统、液压系统油泵是否正常，油质、油量、油温等是否符合要求，是否漏油。检查减速机各部的轴承温度、电机和各轴承温度是否正常，各种保护装置和仪表是否正常。检查驱动轮、迂回轮及轴是否窜动，轴承是否有异响，各基座与基础螺栓是否松动。检查托压绳轮有无脱落，运转是否灵活，制动和张紧装置是否可靠，发现问题及时处理。检查各保护装置是否灵敏可靠。检查各抱索器和吊椅是否完好。

（三）旬检内容

旬检除了包含全部日检内容外，还需进行以下工作：彻底检查制动闸和弹簧（包括碟簧）的状况，保证制动可靠。消除制动装置因制动闸瓦（或闸块）磨损，螺旋弹簧（或碟簧）长度变长、开裂，导致制动力减小而造成的影响。弹簧（或碟簧）的调整应严格遵照说明书进行。检查保护装置情况，检查各部螺栓是否紧固及各条焊缝是否良好。检查液压站、减速机的油箱是否漏油，油量是否充足。

（四）月检内容

月检除了包含全部旬检内容外，还需进行以下工作：打开减速机检查孔盖，仔细检查齿轮啮合及润滑情况，检查轴承间隙和大轴窜动情况。检查联轴节情况，如销子、缓冲垫、弹簧、牙轮磨损情况以及间隙是否正常，检查整定制动系统和保护装置。

（五）半年检内容

半年检除了包含全部月检内容外，还需进行以下工作：检查驱动轮制动闸瓦和制动盘磨损情况。托绳轮连续工作 6 个月需检查加润滑油 1 次，机件应保持正常配合，转动灵活，否则应立即维修或更换。液压油和减速机润滑油应定期更换:首次更换液压油的时间为运行 200 h,以后每运行 1 000 h 左右更换;在减速机初运转 50 h 后换新油 1 次,长期连续工作的每隔 2 个月换油 1 次,每天工作时间不超过 8 h 的可隔 4～6 个月换油 1 次,每次加油至油箱(或副油箱)油标上、下刻线之间。

四、无极绳绞车的管理与维护

(一) 煤矿无极绳绞车的运行管理

无极绳绞车使用前应做好相应的安全检查与准备工作;无极绳绞车运行时严禁司机离开工作岗位,并随时观察绞车运行情况和张紧装置配重等情况,发现异常,立即停车检查。采用无极绳运行的货运车辆,运送物料时跟车工应坐在头车控制室内制动手柄座位处,运行时时刻观察列车前方状况,发现异常情况及时向绞车司机发出停车信号。严禁其他人员坐在控制室内。采用无极绳运行的乘人装置,必须有跟车工并坐在带有安全制动手柄的座位处,运行过程中做好监护工作,发现紧急情况,立即实施紧急制动。运行时绳道内严禁有人,严格执行“行车不行人,行人不行车”规定。乘人装置运行时不得拉挂其他车辆。每班运送人员前,必须检查乘人装置各部位完好情况,并分别进行一次手动落闸试验与空负荷运行试验。每月至少进行一次超速保护试验,投入使用前及使用后每年至少进行一次重载全速脱钩试验。无极绳人车乘人时必须遵守下列规定:

(1) 严禁携带的工具和身体部位露出车外。

(2) 行驶中或车辆尚未停稳前,严禁上、下车或在车内站立。

(3) 两车厢之间严禁搭乘人员。

(4) 严禁扒车、蹬车、跳车。

(5) 严禁超员乘坐。

(6) 列车在人车停车场或站点以外任何地点停车,未经跟车工允许不得下车。

(7) 严禁携带火药、雷管及其他危险品乘车；携带的工具、配件、材料要捆扎或装包随身保管。

(8) 乘车人员必须在指定乘车地点及乘人侧上、下车，到达下车地点时必须及时下车。

(9) 绞车司机、把钩工、信号工等有关人员必须经过培训，考试合格。

(10) 无极绳绞车使用前必须制定相应的安全生产制度，制作设备系统图、技术特征表等，并在硐室内悬挂。

(二) 无极绳绞车的维护保养

1. 绞车维护保养内容

(1) 定期检查绳轮摩擦衬垫的磨损情况，超过规定及时更换。

(2) 轴承的润滑油应采用钙基润滑脂，并做到 3 个月清洗 1 次。

(3) 轴承温升超过 70 ℃立即停车检查处理。

(4) 减速器应保持润滑良好，定期检查油位情况，发现不足及时补充。

(5) 每 6 个月换油 1 次。

(6) 制动器的制动闸瓦磨损严重应及时更换。

(7) 机房内应保持整洁，整个绞车应保持清洁不积尘污，易锈蚀的金属表面应保持完整的油漆面。

2. 无极绳人车维护保养内容

(1) 液压系统投入使用 3 个月时更换液压油 1 次，以后每隔 6 个月更换液压油 1 次。

(2) 乘人装置各车轮每 3 个月加 1 次润滑油。

(3) 乘人装置必须每年大修 1 次，将各活动部件注满润滑脂。

(4) 每天检查制动闸磨损情况，在实施 5 次紧急制动后必须更换新闸块。

3. 张紧装置维护保养内容

(1) 所有静轮和动轮的轴端均有油杯，每周须用黄油枪注钙基润滑脂1次。

(2) 两端导向轮的方向应与钢丝绳的方向一致，导向轮磨损时，应及时调整方向或调换前后(左右)导轮使用，并及时更换。

4. 尾轮维护保养内容

(1) 尾轮中间轴端上有注油杯，每周须用黄油枪注钙基润滑脂1次。

(2) 固定尾轮用钢丝绳直径不得小于规定值，须缠绕至少3圈，紧固绳卡不得少于6只，并经常检查是否有松动的状况。

5. 托、压绳轮组维护保养内容

(1) 经常检查各轮组的运转情况，及时清理影响轮子转动的杂物。

(2) 轮子转动不灵活时应及时处理或更换轮子。

(3) 定期给各轮组加注钙基润滑脂。

(4) 定期检查各轮组的磨损情况，及时更换轮组或调换方向使用。

五、提升绞车的管理与维护

(一) 提升信号设备

绞车提升信号电源额定电压不得超过127 V，并设置独立信号电源变压器和电源指示灯，信号装置的直接供电线上禁止分接其他负荷。信号电缆应采用铠装或非铠装通信专用电缆、橡套电缆或MVV型塑力电缆。井筒和巷道内的通信信号电缆应与电力电缆分开悬挂在井巷的两侧，如受条件限制，井筒内应敷设在距电力电缆0.3 m以外的地方；巷道内应悬挂在电力电缆上方0.1 m以上的地方。井口信号房应安设视频监控装置。立井建井期间，井口与绞车房必须设置独立信号装置。井口与绞车房必须装设直通电话。主副井提升机房、井底车场、上下山绞车房等主要机电设备硐室必须设有直通矿调度室的有线调度电话。升降人员和主要井口绞车的信号装置的直接供电线路上，严禁分接其他负荷。通信联络装置完好可靠。

（二）提升信号基本要求

工作信号必须声光具备，警告信号必须为音响信号，指示信号一般采用灯光信号。检修信号与事故信号有区别。每一套提升装置，必须装有从井底信号工发给井口信号工和从井口信号工发给司机的信号装置。大型绞车的井口信号装置必须与提升绞车的控制回路相闭锁，只有在井口信号工发出信号后，提升绞车才能启动。除常用的信号装置外，还必须有备用信号装置。井底车场与井口之间、井口与司机操控台之间，除有上述信号装置外，还必须装设直通电话。一套提升装置服务多个水平时，从各水平发出的信号必须有区别。

井底车场的信号必须经由井口信号工转发，不得越过井口信号工直接向提升机司机发送开车信号，但有下列情况之一时，不受此限：发送紧急停车信号；箕斗提升；单容器提升；井上、下信号联锁的自动化提升系统。

（三）提升信号管理

（1）建井期间若罐笼与箕斗混合提升，提人时应当设置信号闭锁，且当罐笼提人时箕斗不得运行。装备1套提升系统的井筒，必须有备用通信、信号装置。

（2）立井罐笼提升井口、井底和各水平的安全门与罐笼位置、摇台或者锁罐装置、阻车器之间的联锁，必须符合下列要求：

① 井底和中间运输巷的安全门必须与罐位和提升信号联锁：罐笼到位并发出停车信号后安全门才能打开，安全门未关闭，只能发出调平和换层信号，但发不出开车信号；安全门关闭后才能发出开

车信号;发出开车信号后,安全门不能打开。

② 井口、井底和中间运输巷都应当设置摇台或者锁罐装置,并与罐笼停止位置、阻车器和提升信号系统联锁:罐笼未到位,放不下摇台或者锁罐装置,打不开阻车器;摇台或者锁罐装置未抬起,阻车器未关闭,发不出开车信号。立井井口和井底使用罐座时,必须设置闭锁装置,罐座未打开,发不出开车信号。

(3) 罐笼提升的井口和井底车场必须有把钩工。人员上、下井时,必须遵守乘罐制度,听从把钩工指挥。开车信号发出后严禁进出罐笼。

(4) 用多层罐笼升降人员或者物料时,井上、下各层出车平台都必须设有信号工。各信号工发送信号时,必须遵守下列规定:

① 井下各水平的总信号工收齐该水平各层信号工的信号后,方可向井口总信号工发出信号。

② 井口总信号工收齐井口各层信号工信号并接到井下水平总信号工信号后,才可向提升机司机发出信号。信号系统必须设有保证按上述顺序发出信号的闭锁装置。

③ 当多层罐笼的下层装矿车、上层乘人时,信号工必须发出提升人员的信号,绞车司机也必须按提升人员的速度操作绞车。严禁在同一层罐笼内人员和物料混合提升。

(四) 罐笼提升信号特别规定

罐笼提升程序烦琐,而且事关人员安全、特殊物品与大型设备吊运,其提升信号除满足基本要求外,还须满足下列要求:

(1) 开车信号必须为转发式,并能详细区分作业内容。停车信号为直发瞬动式,各信号台的停车信号均能够直发至提升机房。

(2) 开车信号应设为灯光保留信号。为了增强提升工作的安全性,立井罐笼混合提升时,应设置表示提人提物、提煤提矸或者上、下设备和材料,以及检修作业的灯光自保信号,并且各信号间应有闭锁。

（五）箕斗提升信号特别规定

箕斗提升信号除应满足前述基本要求外，还应满足下列要求：

（1）开车及停车信号可用一套设备并设为直发瞬动式。

（2）卸载煤仓及装载煤仓均须设置煤位信号。

（3）应设置装载闸门正常位置指示和防撞报警信号。

（4）应分别设置停车、装载与卸载指示信号。

（5）卸载煤仓的仓满信号必须与提升机控制系统闭锁。

（6）井口煤仓设置仓位超限警示信号与给煤机运转指示灯。

（7）箕斗提升开车、停车信号既能手动发送，又能自动发送。

（六）提升绞车安全运行管理

（1）在倾斜井巷提升运输时不得进行安装作业。

（2）主要绞车道不得兼作人行道。提升量不大、保证行车时不行人的，不受此限。

（3）提升形式规定：新建、扩建矿井严禁采用普通轨斜井人车运输。逐步淘汰调度小绞车。

（4）提升与把钩安全规定：严禁司机擅自离开工作岗位。发出开车信号后，井口安全门不能打开。专为升降人员和升降人员与物料的罐笼提升，超过规定人数时，把钩工必须制止。严禁在罐笼同一层内人员和物料混合提升。升降无轨胶轮车时，仅限司机一人留在车内，且按提升人员要求运行。人员上、下井时，必须遵守乘罐制度，听从把钩工指挥。开车信号发出后严禁进出罐笼。

（5）斜井运送人员规定：高差超过 50 m 的供人员上、下的主要倾斜井巷，应当采用机械方式运送人员。运送人员的车辆必须为专用车辆，严禁使用非乘人装置运送人员。严禁人、物料混运。

（6）架空乘人装置运送人员规定。

架空乘人装置运行速度规定见表 9-3。

表 9-3　架空乘人装置运行速度规定

巷道坡度 θ/(°)	$28\geqslant\theta>25$	$25\geqslant\theta>20$	$20\geqslant\theta>14$	$\theta\leqslant14$
固定抱索器/(m/s)	≤0.8	≤1.2		
可摘挂抱索器/(m/s)	—	≤1.2	≤1.4	≤1.7

（7）倾斜井巷内使用串车提升时，必须遵守下列规定：① 在倾斜井巷内安设能够将运行中断绳、脱钩的车辆阻止住的跑车防护装置。② 在各车场安设能够防止带绳车辆误入非运行车场或者区段的阻车器。③ 在上部平车场入口安设能够控制车辆进入摘挂钩地点的阻车器。④ 在上部平车场接近变坡点处，安设能够阻止未连挂的车辆滑入斜巷的阻车器。⑤ 在变坡点下方略大于 1 列车长度的地点，设置能够防止未连挂的车辆继续往下跑车的挡车栏。上述挡车装置必须经常关闭，放车时方准打开。兼作行驶人车的倾斜井巷，在提升人员时，倾斜井巷中的挡车装置和跑车防护装置必须是常开状态并闭锁。

（8）倾斜井巷使用提升机或者绞车提升时，必须遵守下列规定：① 采取轨道防滑措施。② 按设计要求设置托绳轮（辊），并保持转动灵活。③ 井巷上端的过卷距离，应当根据巷道倾角、设计载荷、最大提升速度和实际制动力等参量计算确定，并有 1.5 倍的备用系数。④ 串车提升的各车场设有信号硐室及躲避硐；运人斜井各车场设有信号和候车硐室，候车硐室具有足够的空间。⑤ 提升信号需遵守《煤矿安全规程》第 403、404 条规定。⑥ 运送物料时，开车前把钩工必须检查牵引车数、各车的连接和装载情况。牵引车数超过规定，连接不良，装载物料超重、超高、超宽，或者偏载严重有翻车危险时，严禁发出开车信号。⑦ 提升时严禁蹬钩、行人。

（9）提升绞车操作纪律：严禁绞车司机擅自离开工作岗位；操作时手不准离开手把，严禁与他人闲谈，不做与操作无关的事；不得在操作台面、机身、手把上存放或悬挂与操作无关的物品，如水杯，以防倾倒流水导致电气线路短路；司机接班后严禁睡觉、打闹；正在操作运行中，禁止换人；因身体不适，不能坚持操作时，可中途停车，并与井口信号工联系，由另一名司机代替。

（七）提升绞车消防管理

1. 管理内容

（1）绞车房（硐室）或机位处禁止存放易燃、易爆物品。消防器材种类齐全，定期试验，用后及时补齐。

（2）绞车硐室非工作人员不得入内，参观者必须进行登记，由专人陪同，不得乱摸乱动。绞车的机械旋转部位要设围栏，并悬挂相应警示牌。

（3）擦拭设备的棉纱应及时清理。在井下硐室内不得随意堆积掩埋，应装入带盖的铁桶内，定期带到地面处理；在使用易燃清洗剂时，应远离带电设备，防止电火花引起火灾。

（4）加强巡检，设备温升异常及时停机处理。

2. 灭火方法

（1）扑灭绞车火灾时，应首先切断电源，以防触电。

（2）若不能及时断电，应采用不导电灭火器具与材料灭火，且不可将身体或手持的用具触及导线和电气设备。

（3）扑灭油火时，不能使用水，只能使用二氧化碳和干粉灭火器等。

（4）若不能迅速扑灭初期火灾，则应采取各种有效措施控制火灾蔓延，并立即向矿调度室汇报，请求支援。

（八）提升绞车的检查维护

1. 设备润滑

为防止零部件过快磨损，延长使用寿命，保证设备安全运行，以及为了散热、防尘、防锈和吸振等，必须对有相对摩擦运动的部件进行润滑。

(1) 滑动轴承的润滑

滑动轴承对润滑油脂的要求为：当轴承所承受的载荷大，轴颈转速低时，应选针入度较小的润滑油脂；反之，应选针入度较大的润滑油脂。滑动轴承如在有淋水或潮湿环境中工作时，应选用钙基、铝基润滑油脂；如在环境温度较高的条件下工作时，可选用钙-钠基润滑油脂或合成润滑油脂。

(2) 滚动轴承的润滑

滚动轴承用润滑油脂润滑时，润滑油脂黏度应根据轴承直径的大小、转速和工作温度的高低来选择。

滚动轴承填入润滑油脂应注意以下要点：① 轴承里面要填满，但不应填满外盖以内全部空间的1/3～1/2。② 装在水平轴上的一个或多个轴承要填满轴承里面和轴承之间的空间，但外盖的空间只填全部空间的2/3～3/4。③ 装在垂直轴上的轴承，要装满轴承里面，但上盖则只填空间的一半，下盖只填空间的1/3～1/2。④ 在易污染的环境中，对低速或中速轴承，要把轴承和盖里全部空间填满。如果运转后轴承温升很高，应该适当减少装脂量。

(3) 润滑方式

常用的润滑方式有：手工润滑，即人工用油壶、油枪或手注涂抹的方式；飞溅注油，即依靠旋转的机件或附加于轴上的甩油盘、甩油片等将油甩起，使油溅落到润滑部位上；强制给油润滑，即利用油泵与管路等，将润滑油间歇地压向润滑点进行润滑。

润滑系统的完好标准是油质合格、油量适当、油压正常、油路畅通、油圈转动灵活、润滑系统不漏油。

2. 提升绞车的周期检查

煤矿运输以运煤、排矸为主业，针对不同运输任务与生产条件，往往采用不同的绞车。但无论采用何种类型的绞车，开展经常性的检查维护都是一项十分重要且必不可少的工作，目的是保证设备持续、安全运转，及时发现和消除事故隐患。

小绞车故障往往通过日检与小修即可排除完成，较严重的故障可直接将其替换并运往地面工厂再行维修。但针对中大型提升绞车而言，拆装运输不易，因此还要制订以预防为主的检查、维护和修理计划，内容包括各类检修周期、内容与质量标准等。

由于提升绞车形式多样、大小不同、工作环境恶劣程度不同、在生产中的工作强度轻重不同、工作中的间歇连续性不同等，检修的周期、内容与质量标准等往往不是完全一致、一成不变的。因此，应在通用标准基础上，根据绞车的型号、结构形式、性能特点、工作条件的不同而有所侧重、有所调整。例如，工作强度重、连续不间断的绞车其检查周期就要缩短，检查次数就要增加等。提升绞车的检查结果和修理内容均应记入检修记录簿，并由检修负责人签字。

当前，矿井提升绞车，特别是中大型绞车的维修工作一般分为小修、中修和大修。检修周期一般分为日检、周检和月检。

(1) 日检内容

日检基本内容：① 由检查孔观察减速器齿轮啮合情况。② 检查减速器、电动机的外壳及温度，发现温升异常、浮尘积覆，应及时处理、清除。③ 用检查手锤检查各部分连接零件，如螺栓、铆钉等是否松动，销钉是否脱落。④ 检查制动系统，如闸轮、闸盘、闸瓦、传动机构、液压站、闸把与按钮等是否正常，间隙是否符合规定。⑤ 试验各种信号(包括开机、停机、急停信号等)。⑥ 检查各转动部分的稳定性，如轴承、联轴器是否振动，机座螺栓是否松动。⑦ 检查电气设备及操作装置。如操作是否灵活可靠；触点接触是否良好等，不良的及时调整、研磨或更换。⑧ 检查提升容器及其附属装置，如矿车、斜井箕斗、卸载曲轨、阻车器及其连接装置的性能、连接与磨损情况。⑨ 检查钢丝绳在滚筒上的缠绕及排列情况，如中小型绞车是否有错绳、乱绳与咬绳现象。⑩ 检查钢丝绳的性能状况，如钢丝绳有无断丝、断股、松绳、扭结或打弯等情况。⑪ 检查天轮(绳轮)、地辊、立辊等运转及磨损情况。

(2) 特别检查内容

对于一些大型或特殊绞车，具有如下装置的，还应进行如下相应检查：① 检查绞车的润滑系统。如油泵运转是否正常；管路、接头与闸阀有无阻塞和漏油；液压绞车的液压泵、液压马达有无异响和漏油等。② 试验过卷、过放保护装置。③ 手试一次松绳信号装置。④ 检查深度指示器。如螺母是否松动，指示位置是否准确，速度有无异常，保护装置和仪表动作是否灵敏可靠。⑤ 双滚筒绞车还应检查调绳离合器(如采用双钩串车提运方式时)。⑥ 检查防跑车装置与跑车防护装置的弹簧、抓捕器、联动杆件的连接和润滑等情况。⑦ 检查井口、煤仓口、装卸载设备，如翻车机、阻车器、挡车栏的工作情况。⑧ 在斜巷利用中小型绞车，在没打基础情况下，临时性进行物料拖运时，应认真检查固定绞车的顶柱和戗柱是否牢固，基础螺栓或锚杆是否松动，底座有无裂纹等，有问题应立即处理。

(3) 周检内容

对于一些中、大型或特殊绞车(如液压绞车、双滚筒绞车)，不能直接对其进行拆装替换并运往地面工厂维修时，还要加强维护，进行相应的周检。周检内容包括：① 检查制动系统(盘式闸及块闸)，尤其是液压站和制动器的动作情况，调整闸瓦间隙，紧固各紧固件。② 检查各种安全保护装置，如过卷、超速、过欠荷欠电压、错向运行等保护装置。③ 检查防跑车装置及跑车防护装置，必要时予以调整和注油润滑；检查并清理躲避硐与缓冲坑等安全设施；检查安全绳及其连接装置。④ 斜巷箕斗提升时，检查仓位超限保护装置的动作情况。⑤ 检查滚筒的铆钉是否松动，焊缝是否开裂；检查钢丝绳在滚筒上的缠绕或排列情况及绳头固定是否牢固可靠。⑥ 带绳槽衬垫的绞车要检查滚筒的绳槽塑(木)衬紧固情况、绳槽磨损情况。⑦ 修理并调整装卸载设备的易损零件,必要时进行更换。⑧ 检查钢丝绳的工作状况。对易损坏、出现断丝或者锈蚀较多的一段钢丝绳应当停车详细检查处理,检查结果应当记入检修记录簿;对使用中的钢丝绳,应根据井巷条件及锈蚀情况采取防腐措施与防断绳保护。

(4) 月检内容

对于一些大型、重型、结构复杂或任务繁重的提升绞车,若不能直接对其进行拆装替换并运往地面工厂进行维修时,往往需要制订计划进行周期性月检。月检内容除包括全部周检内容之外,往往还要停工停产,进行下列各项检查工作:① 打开减速器观察孔盖或检查门,详细检查齿轮的啮合状况,用检查锤检查螺栓的紧固情况;检查轮轴是否有裂纹等。② 详细检查和调整保险制动系统及安全保护装置,必要时清洗液压零件及管路。③ 拆开联轴器,检查其工作情况。如间隙和端面倾斜、径向位移是否符合规定;连接螺栓、弹簧及内外、齿等是否有松动、断裂及磨损超限等。④ 检查各部分轴瓦间隙。⑤ 检查和更换各部分的润滑油,清洗润滑系统中的部件,如油泵、滤油器及管路等。⑥ 检查和调整防跑车装置与跑车防护装置。⑦ 检查井筒设施与装备。如立辊、地辊、导绳轮、挡车栏,清理躲避硐、缓冲坑等。⑧ 试验安全保护装置和制动系统的动作情况。

3. 提升绞车的计划维修与性能测试

提升绞车,特别是中、大型绞车的维修工作一般分为小修、中修和大修。按计划进行维修是使设备保持完好状态,恢复原有性能、延长使用寿命、防止发生事故,保证设备安全运行的重要措施。

(1) 小修内容

小修工作主要针对个别零部件,易处理故障基本上不拆卸设备的复杂部分。小修包括如下内容:① 检查调整制动系统各部件,必要时更换闸瓦和销轴等磨损零件。② 检查各安全保护装置是否灵敏可靠，必要时进行重新调整。③ 打开轴承箱上盖或轴承端盖，检查轴颈与轴瓦间隙，必要时更换垫片。④ 打开减速箱上盖，检查齿轮啮合及磨损情况，轮齿有无裂纹，必要时更换。⑤ 检查、清洗润滑系统各部件，处理油污杂质，更换润滑油，必要时更换密封件。⑥ 检查滚筒的焊缝是否开裂，铆钉、螺栓、键等有无松动变形，必要时加固或更换。⑦ 检查联轴器的销轴与胶圈磨损是否超限，内、外齿轮的啮合间隙或蛇形弹簧的磨损情况是否超限，必要时更换磨损零件。⑧ 检查各连接部件、基础螺栓有无松动和损坏，必要时进行紧固或更换。⑨ 对于双滚筒提升绞车（如双钩串车提运），进行钢丝绳的调绳、调头和更换工作。⑩ 检查提升容器位置指示装置和传动部件是否灵活准确，必要时进行调整处理。⑪ 检查和调整电气设备的继电器、接触器和控制线等，必要时进行更换。⑫ 检查日常维修不能处理的项目，保证设备能正常运行到下次检修时间。对于个别小型绞车，小修工作可每月进行一次，主要是对机器的个别零件进行检修，基本上不拆卸设备的复杂部分。

（2）中修内容

中修工作一般需绞车暂时性停工停车。内容除包括小修全部检修内容外，主要针对较难问题与中型部件进行解体检修：① 更换制动系统的闸瓦和转动销轴。② 车削闸轮或闸盘，必要时进行更换。③ 更换减速器各部轴承，或对使用中的轴瓦进行刮研处理。④ 调整齿轮啮合间隙，或更换齿轮对。⑤ 更换滚筒绳槽衬垫，车削绳槽。⑥ 处理和更换电控设备的零部件。⑦ 检修不能保持到中修间隔期，而小修又不能处理的项目。对于个别小型绞车，中修工作每隔 6 个月进行一次，主要是对机器的主要部件进行解体检修。

（3）大修内容

大修内容除包括全部中修内容外，主要针对难点问题与大型、重型部件，甚至整机解体进行检修：① 重新加固、更换滚筒。② 更换主轴、轴瓦并吊起主轴检查下瓦，调整主轴水平度。③ 检测找正各轴间的水平度和平衡度。④ 更换减速器的传动轴、齿轮和轴承，重新进行调整。⑤ 更换联轴器。⑥ 进行机座和基础加固。⑦ 更换主电动机和其他电控设备。⑧ 检修不能保持到大修间隔期，而中修又不能处理的项目。对于个别小型绞车，大修工作每隔 12 个月进行 1 次，运往地面检修工厂进行全面彻底的解体检修，从而使设备恢复整体完好状态与额定提升能力。

（4）检查验收和测试的内容

新安装或经过大修的提升绞车，特别是中、大型绞车，应进行相应的安全检查与测试试验，合格后方能正式投入运行。例如：① 试验各种保险装置，包括过卷过放保护、超速保护、过负荷和欠电压保护、提升容器位置指示保护、闸间隙保护、油温油压保护装置等。② 检测导向绳轮（天轮）的垂直度和水平度，有无轮缘变位和轮辐弯曲。③ 试验机械的传动装置和控制装置。④ 检测自动记录装置以及提升容器位置指示装置的工作状况和精密程度。⑤ 检测制动器闸间隙及其各部连接、固定情况，并验算其制动力矩和防滑条件。⑥ 测试提升绞车制动器的空动行程时间和制动减速度。⑦ 测试盘形闸的贴闸压力。⑧ 检查斜井栈桥或井架的变形、损坏、锈蚀和振动情况。

检查和测试结果必须写成报告书。针对发现的缺陷，必须提出整改措施，并限期解决。

4. 提升绞车检修和调整注意事项

一切拆修和调整工作，均不得在运转中进行，也不得擦拭各运转部位。检修人员重新校对与调整机件的（如各种安全保护装置、制动装置以及各种指示仪表等），相关人员应主动了解校对与调整的原因、目的；校对与调整后应了解其检修结果。中、大型提升绞车经过大修后，必须由使用单位与检修单位对检修项目进行联合验收，由主管负责人、检修负责人会同绞车司机进行相关验收与测试，全部无误后方能正式运转：对各部件进行外表检查；根据检修内容进行相应的测定和试验（如检修了制动闸，就要测定其空行程时间、闸间隙及保险制动时的减速度值）；进行空负荷与重负荷试运转等。

第五节　运输作业常见设备故障与处理

一、带式输送机的故障与处理

带式输送机的常见故障有逆转飞车、托辊不转、输送带跑偏、断带、减速器异响、减速器漏油等。带式输送机常见故障处理及预防措施见表9-4。

表9-4　带式输送机常见故障处理及预防措施

故障现象	故障原因	处理方法	预防措施
逆转飞车	1. 超负荷运转。 2. 制动闸的制动力矩不足。 3. 误操作，使货载流向相反	1. 发现超负荷时应卸空输送带上的煤；少量装载试车，观察是否正常，无问题后方可正常运行，否则继续检查调整。 2. 首先检查电机、减速器、联轴器，特别是制动装置，如有损坏及时处理；检查调整闸轮（闸盘）与闸瓦的间隙，保证制动可靠。 3. 清除机尾堆煤；慢速空载试车，观察倾听各部转动有无异常	1. 控制给煤量，防止超负荷运转。 2. 调整制动力矩，满足制动要求。 3. 加强管理，认真操作；增加逆止保护装置

表 9-4(续)

故障现象	故障原因	处理方法	预防措施
托辊不转	1. 托辊与输送带不接触。 2. 托辊外壳被煤泥卡阻或端面与支座干涉。 3. 托辊密封不严导致煤泥进入,引起轴承卡阻	1. 先调整托辊,使其与输送带良好接触。 2. 若是托辊卡阻或干涉,则清除煤泥,校正托辊支座,使其端面与输送带脱离接触。 3. 若是煤泥进入,则拆洗或更换轴承	1. 垫高托辊位置,使其与输送带接触。 2. 防止煤炭潮湿淋水;干涉部位加装垫圈并校正托辊支架。 3. 清洗或更换轴承,重新组装托辊
输送带跑偏	1. 滚筒、托辊安装不正,机头或机尾滚筒变形,两端直径不等。 2. 输送带接口与中心线不垂直或输送带松弛。 3. 装载不均,偏于输送带一侧。 4. 带下积煤过多,运行时将输送带挤向一边。 5. 地压造成底板鼓起、机架不正、托辊歪斜;托辊黏结物料,表面凹凸不平。 6. 张紧装置调整不当	1. 调整校正,保持水平标准,保证中心线一致;采用具有调心、调偏功能的托辊与滚筒;装设输送带防跑偏保护装置。 2. 重新接头,达到平直。 3. 调整溜煤嘴,使其中心线与输送带中心线重合。 4. 清理带下的积煤。 5. 平整机道底板,调整机架;清理托辊黏结物。 6. 调整张紧装置	1. 提高安装质量。 2. 提高输送带接头质量。 3. 加强巡检与维护。 4. 保证装载不偏。 5. 保证清扫装置正常。 6. 加强检查与日常维护

表 9-4(续)

故障现象	故障原因	处理方法	预防措施
断带	1. 输送带张力不够;滚筒与输送带间有较大异物。 2. 输送带磨损严重、老化或质量不合格。 3. 装载严重不均、严重超载、水煤冲击或大块物料及铁器等卡住或冲击输送带。 4. 输送带接头质量差或接头严重变形损坏。 5. 输送带跑偏被机架卡住。 6. 张紧装置作用在输送带上的张力过大	1. 首先清除输送带上的浮煤。 2. 用卡板卡住断带一头,用钢丝绳锁住断带另一头。 3. 松开输送带张紧装置,用绞车牵引输送带。 4. 裁齐输送带断头,用金属卡子、硫化冷补或热补方法连接输送带	1. 更换符合规定的输送带。 2. 加强检查,及时更换。 3. 均匀装载,防止超载、偏载,防止水煤、大块物料及铁器给到输送带上。 4. 去除低劣损坏接头,重新连接输送带;或更换金属卡子。 5. 采用调偏托辊及防跑偏装置;发现跑偏或被机架卡住立即停机处理。 6. 将输送带张紧装置的张紧力调整合适
减速器异响	1. 齿轮啮合不好。 2. 轴承或齿轮过度磨损。 3. 减速器内油中有金属等杂物。 4. 轴承间隙过大	1. 检查调整齿轮啮合情况。 2. 更换调整磨损严重的轴承、齿轮。 3. 清除减速器内油中的杂物。 4. 调整好轴承轴向游隙量,进行试车检查直至达到完好	1. 加强检查,发现轮齿磨损严重或轮轴偏斜及时修理调整,对于损坏严重的及时更换。 2. 精心润滑维护。 3. 定期检查清理减速器内油中的杂质,及时过滤或更换润滑油。 4. 加强维护调整

表 9-4(续)

故障现象	故障原因	处理方法	预防措施
减速器漏油	1. 回油沟堵塞、毡垫和胶圈损坏或老化导致轴端漏油。 2. 轴承压盖垫片损坏或螺丝不紧导致轴承压盖处漏油。 3. 外壳对口面变形、对口螺栓连接不紧、密封胶垫损坏导致外壳对口平面处漏油。 4. 注油孔盖变形、螺丝不紧、垫片损坏等导致注油孔盖处漏油。 5. 减速器外壳破裂、损坏导致外壳及底部漏油	1. 疏通减速器内回油沟；更换毡垫及密封胶圈。 2. 紧固压盖螺丝，更换损坏垫片。 3. 采用耐油橡胶垫，紧固对口螺栓，更换密封胶。 4. 紧固注油孔盖螺丝，更换损坏垫片；平整或更换注油孔盖。 5. 修补外壳破损处，严重时更换减速器外壳	1. 轴上加装挡油盘；及时更换毡垫及密封胶圈。 2. 对于容易漏油处注意检查密封圈的安装及完好情况，发现问题及时调整或更换。 3. 加强检查维护，发现问题及时对齐、调整与紧固。 4. 加强维护，及时更换垫片，拧紧注油孔盖。 5. 日常运行时，要加强防护措施，防止减速器受到外部碰撞而造成外壳损坏破裂

二、电机车的故障与处理

电机车常见机械故障现象、原因分析与处理方法见表 9-5。

表 9-5　电机车常见故障现象、原因分析与处理方法

故障现象	故障原因	处理方法
牵引力太小	1. 主动轮对的轮缘表面有油污。 2. 双电机只有一台工作。 3. 轨道表面有水或污物	1. 清理表面油污。 2. 检修控制器、电动机接线。 3. 清理水或污物

表 9-5(续)

故障现象	故障原因	处理方法
冲击力大	1. 启动操作不当。 2. 弹簧托架的钢板折断。 3. 轮箍磨损严重并失圆。 4. 轨道变形	1. 按规定操作。 2. 更换钢板。 3. 更换轮箍。 4. 维修轨道
轴承箱过热	1. 轴承箱与车轮轮毂间隙过小。 2. 内部润滑油不足、老化或不洁。 3. 轴承损坏或轴承内、外圈及滚珠表面有损伤和疲劳麻点	1. 适当增大间隙。 2. 更换润滑油。 3. 更换轴承
齿轮箱有异响	1. 轴承损坏或间隙太小，齿轮磨损、有剥蚀、断齿或箱内有异物。 2. 润滑油量不足或不洁。 3. 操作不当，即快速越挡或换向，产生强大冲击。 4. 齿轮箱螺栓松动或丢失造成齿轮罩松动或歪斜，与齿轮发生摩擦。 5. 载货超限，使齿轮啮合不好	1. 检查、更换，排除异物。 2. 补充或更换润滑油。 3. 按规程操作。 4. 检查紧固。 5. 减除一定负荷，调整齿轮啮合情况
撒砂不灵活或不撒砂	1. 砂子的粒度偏大，含土量大。 2. 砂子潮湿、结块或砂管堵塞。 3. 操纵杆变形，操作不灵活	1. 选用合适的砂子。 2. 选用干砂并防止砂箱进水。 3. 调整操纵杆

表 9-5(续)

故障现象	故障原因	处理方法
运行时车身摇晃、歪斜	1. 轮对断轴。 2. 轮箍松脱。 3. 板弹簧折断。 4. 电动机悬挂装置松脱	1. 更换轮对。 2. 对轮箍进行紧固处理。 3. 拆除更换板弹簧。 4. 紧固调整电动机悬挂装置
电动机过热	1. 牵引矿车数量过多、货载过重,造成电动机过负荷。 2. 频繁启动,启动电流又大,造成电阻热累积。 3. 电动机润滑油过多或风扇损坏,造成散热不良。 4. 电动机线圈损坏,如匝间短路造成电流增大,产生电阻热。 5. 传动装置故障造成电动机堵转,电流增大	1. 减少矿车数或货载量。 2. 避免短时多次频繁启动。 3. 减少润滑油,维修风扇。 4. 维修电动机绕组。 5. 检查维修传动装置

三、架空乘人装置的故障与处理

(一) 架空乘人装置常见机械故障分析与处理方法(表 9-6)

表 9-6　架空乘人装置常见机械故障分析与处理方法

故障现象	故障原因	处理方法
制动运行时牵引钢丝绳速度加快	1. 掉绳。 2. 钢丝绳结头松散。 3. 张紧力松懈	1. 调整托压轮。 2. 重新接好钢丝绳。 3. 调整重锤张紧机构

表 9-6(续)

故障现象	故障原因	处理方法
动力运行时牵引钢丝绳速度变慢	1. 打滑。 2. 钢丝绳结头松散。 3. 过载	1. 调整重锤张紧力(加配重块)。 2. 重新接好钢丝绳。 3. 调整吊椅间距(新换轮衬时常见)
掉绳	1. 托轮安装偏离钢丝绳中心。 2. 压轮不到位	1. 调整托轮。 2. 调整压轮
吊椅滑动	1. 抱索器抱紧力不够。 2. 抱索器损坏	1. 更换抱索器衬垫。 2. 更换抱索器
制动器锁不紧	1. 油量不足。 2. 间隙过大	1. 加足液压油。 2. 调整闸间隙不超过 2 mm
减速机噪声增大	1. 油量不足。 2. 使用时间过长,油质变差。 3. 紧固螺丝松动。 4. 蜗轮蜗杆装配间隙过大。 5. 未按规定的油号加油。 6. 轴承松动。 7. 制动器半制动	1. 加足液压油。 2. 更换润滑油。 3. 锁紧螺栓。 4. 通知厂家维修。 5. 按规定的油号加油。 6. 更换轴承。 7. 调整制动器或更换制动瓦块
迂回轮出现异常	1. 润滑油不够。 2. 轴承磨损。 3. 轮衬磨损	1. 加足润滑油。 2. 更换轴承。 3. 更换轮衬
卡绳	1. 托绳轮轮衬磨损。 2. 抱索器损坏	1. 更换托绳轮轮衬。 2. 更换抱索器
驱动装置振动大	1. 电动机与减速器轴不同心。 2. 驱动轮装配不平衡。 3. 驱动装置机架刚度不够	1. 调整同心度。 2. 调整驱动轮使其平衡。 3. 增强刚度
乘人过托绳轮时振动大	轮衬磨损太大	更换托绳轮轮衬

（二）架空乘人装置常见电控故障分析与处理方法（表 9-7）

表 9-7　架空乘人装置常见电控故障分析与处理方法

故障现象	故障原因	处理方法
过速保护动作	1. 牵引钢丝绳本身速度加快。 2. 装有感应磁块的托轮轮衬磨损。 3. 速度传感器接线端子上的电容断开。 4. 人为地增加了感应磁块。 5. 速度传感器损坏	1. 见表 9-6 中处理方法。 2. 更换轮衬。 3. 接好电容或更换电容。 4. 感应磁块的正常数量为 10 块，将多余的感应磁块取消。 5. 测试更换同型号传感器
欠速保护动作	1. 牵引钢线绳本身速度变慢。 2. 感应磁块脱落。 3. 装有感应磁块的托轮过紧，使其与钢丝绳之间打滑。 4. 速度传感器的接线脱落。 5. 速度传感器损坏	1. 见表 9-6 中处理方法。 2. 将感应磁块的数量补足 10 块。 3. 更换托轮。 4. 重新连接电缆。 5. 测试更换同型号传感器
	备注	以上各项由非机械部分原因导致过速、欠速或零速时可应急使用“强制解锁”按钮使系统正常运行，但操作人员不得离开现场，并密切注视装置运行情况，一旦发现牵引钢丝绳速度加快或变慢时应及时按下“停止”按钮，并查明原因
机头越位、机尾越位	1. 吊椅坐人越位。 2. 越位开关触动后不回位。 3. 连接导线轧断后短路	1. 人员下车后按下“故障复位”按钮。 2. 更换越位开关。 3. 重新连接导线
重锤下限位故障	1. 重锤触及限位开关，或限位开关触动后不回位。 2. 连接导线轧断后短路	1. 利用张紧小车将重锤往上拉，或更换限位开关。 2. 重新连接导线

表 9-7(续)

故障现象	故障原因	处理方法
上变坡点掉绳保护动作	1. 上变坡点掉绳开关动作。 2. 人为地或其他物件碰击了保护开关碰杆。 3. 保护开关动作后回位，或连接导线轧断后短路	1. 将牵引钢丝绳挂上托绳轮。 2. 检查保护开关是否松动，位置是否正确。 3. 更换保护开关，或重新连接导线
各保护开关在检修时人为动作后不起保护作用	1. 保护开关的触头损坏。 2. 连接导线断开	1. 更换同型号的保护开关。 2. 重新连接导线
不能启动	1. 有故障报警而未复位。 2. “急停、禁启”按钮已按下	1. 确认无故障后按下“故障复位”按钮。 2. 确认急停、禁启的原因，故障排除后，将“急停、禁启”按钮复位

四、无极绳绞车的故障与处理

无极绳绞车常见故障分析与处理方法见表 9-8。

表 9-8　无极绳绞车常见故障分析与处理方法

故障现象	故障原因	处理方法
钢丝绳在滚筒上打滑	1. 张紧装置配重落地。 2. 潮湿煤泥等使绳衬摩擦系数变小。 3. 张紧装置配重不足。 4. 运输货载超重。 5. 坡度超出设计范围	1. 进行收绳以增大钢丝绳预紧力。 2. 排除积水，并可在滚筒上撒些水泥等精细耐磨又吸水的颗粒物。 3. 加大配重。 4. 减轻运输重量。 5. 修正变坡点的角度

表 9-8(续)

故障现象	故障原因	处理方法
梭车运行过程中掉道	1. 轮对卡住转动不灵活。 2. 不同轨道或轨距有变化。 3. 坡度变化急。 4. 梭车自重不够或牵引连杆不适	1. 修理车辆。 2. 更换、调整轨道。 3. 调整低洼高度。 4. 加大梭车自重或更换合适的连杆
轮组与平板车或矿车有干涉	1. 平板车或矿车轴卡太低。 2. 平板车或矿车有挡车板。 3. 轨型与轮组要求不相符	1. 修正轴卡高度或垫板降低轮组高度。 2. 取消或修正挡车板高度。 3. 更换轨型或垫板,降低轮组高度
压绳轮跳绳	1. 压绳轮安装位置不合适或数量少。 2. 巷道坡度太大。 3. 弹簧变形或损坏	1. 调整安装位置,增加压绳轮组数。 2. 调整巷道坡度。 3. 更换弹簧

五、提升绞车的故障与处理

(一) 提升绞车机械部分常见故障、原因分析及处理方法(表 9-9)

表 9-9 提升绞车机械部分常见故障、原因分析及处理方法

故障现象		故障原因	处理方法
主轴装置	滚筒产生异响	1. 筒壳螺栓松动。 2. 筒壳产生裂纹。 3. 焊接滚筒开焊。 4. 双滚筒绞车游动滚筒衬套与主轴间隙过大。 5. 齿式(或齿块式)离合器有松动。 6. 切向键松动	1. 更换或紧固螺栓。 2. 焊接处理。 3. 焊接处理。 4. 更换衬套,适当加油。 5. 调整、紧固连接件。 6. 背紧键或更换键

表 9-9(续)

故障现象		故障原因	处理方法
主轴装置	主轴折断	1. 各支撑轴承的同心度和水平度偏差过大,使轴局部受力过大,反复疲劳折断。 2. 多次重负荷冲击。 3. 加工不良。 4. 材质不佳或久用疲劳	1. 调整同心度和水平度。 2. 防止重负荷冲击。 3. 保证加工质量。 4. 更换符合要求的材质
	轴承发热、烧坏	1. 缺润滑油或油路阻塞。 2. 润滑油脏,混进杂物。 3. 间隙小或瓦口垫磨损。 4. 与轴颈接触面积不够。 5. 油环卡塞	1. 补充润滑油,疏通油路。 2. 清洗过滤器,换油。 3. 调整间隙或瓦口垫。 4. 刮瓦研磨。 5. 检查、修理油环
	滚筒产生裂缝	1. 设计误差太大,导致筒壳钢板太薄。 2. 局部受力过大,导致连接零件松动或断裂。 3. 塑性(或木质)绳槽衬垫磨损或断裂,导致钢丝绳直接拉磨金属筒壳产生裂缝	1. 重新精确计算,重新加工更换。 2. 筒壳内部加焊立筋或加装支环紧固连接零件,拧紧螺栓,焊补裂缝。 3. 更换衬垫,焊补裂缝
制动装置	液压闸或盘形闸制动液压缸卡缸	1. 活塞皮碗老化变硬。 2. 活塞皮碗在液压缸中太紧。 3. 压力油脏,过滤器失效。 4. 活塞底部的压环螺钉松动或脱落。 5. 制动液压缸磨损不均	1. 更换。 2. 调整。 3. 清洗换油。 4. 定期检查坚固,增加防松装置。 5. 修理或更换

表 9-9(续)

故障现象		故障原因	处理方法
制动装置	闸瓦、闸块过热及烧伤闸轮	1. 用闸过多、过猛。 2. 闸瓦磨损过度或螺栓松动触及闸轮。 3. 闸瓦接触面积小于60%	1. 精心操作，平稳运行。 2. 拧紧螺栓，紧固或更换闸瓦。 3. 调整闸瓦的接触面积或更换闸瓦
	制动液压缸顶缸	液压闸工作行程设置不当	调整工作行程
	制动器和制动手把跳动或偏摆，制动不灵	1. 闸座销轴及各铰接轴松动或黏滞。 2. 传动杆件有卡塞的地方。 3. 活塞松动窜油或调节不当。 4. 制动器安装不正。 5. 压力油脏，油路阻滞(液压闸)	1. 更换销轴，定期注润滑油脂。 2. 检查处理传动杆件。 3. 调整或更换活塞。 4. 重新调整找正制动器。 5. 清洗油路，换油
	盘形闸闸瓦断裂，制动盘磨损	1. 闸瓦材质不好。 2. 接触面不平或有杂物	1. 更换材质好的闸瓦。 2. 清除杂物，进行调整
	蓄压器柱塞明显地自行下降	1. 液压闸接头及管路漏油。 2. 液压闸柱塞密封不好	1. 检查处理各处漏油。 2. 更换密封圈
	蓄压器上升不稳，产生波动现象	液压闸密封皮碗压得过紧	调整密封皮碗，使之不漏油

表 9-9(续)

故障现象		故障原因	处理方法
制动装置	制动缸漏油	液压闸/盘闸密封圈磨损或破裂	更换密封圈
	启动叶片油泵后不产生油压，溢流阀没有油流	1. 叶片油泵内进入空气。 2. 叶片油泵卡塞。 3. 滤油器堵塞。 4. 滑阀失灵，高压油泵和回油路接通。 5. 溢流阀节流孔堵死或滑阀卡住	1. 排出油泵中的空气。 2. 检修叶片油泵。 3. 清洗或更换滤油器。 4. 检修滑阀。 5. 清洗、检查溢流阀
	正常运行时油压突然下降	1. 电液调压装置的控制杆和喷嘴的接触面磨损，或比例阀损坏。 2. 动线圈的引线接触不好或自整角机无输出。 3. 溢流阀的密封不好，漏油。 4. 管路漏油	1. 更换磨损元件或修理更换比例阀。 2. 检查维修动线圈引线或自整角机。 3. 修理溢流阀。 4. 检查处理管路
	溢流阀压失调	1. 辅助弹簧失效。 2. 阀座或阀球接触面磨损。 3. 叶片油泵损坏	1. 更换辅助弹簧。 2. 更换已磨损的元件。 3. 更换叶片油泵
	液压站残压过大	1. 电液调压装置的控制杆端面离喷嘴太近，或比例阀损坏。 2. 溢流阀的节流孔过大	1. 拧紧电液调压装置十字弹簧上端的螺母，或修理、更换比例阀。 2. 更换节流元件
	油压高频振动	1. 油泵、溢流阀、电液调压装置十字弹簧发生共振，或比例阀损坏。 2. 油压系统中进入空气	1. 更换液压元件，或调整比例阀。 2. 利用排气孔排出空气

表 9-9(续)

故障现象		故障原因	处理方法
减速器	齿轮断齿	1. 齿间掉入金属硬物。 2. 突然重载荷冲击或多次受重复载荷冲击。 3. 材质不佳或久用疲劳	1. 杜绝异物掉入。 2. 精心操作，避免重载荷冲击。 3. 更换或改进材质
	齿轮磨损严重	1. 装配不良，导致齿轮啮合不好。 2. 润滑不良。 3. 加工精度不符合要求。 4. 负荷过大或材质不佳。 5. 疲劳	1. 调整装配。 2. 加强润滑。 3. 适当检修处理加工精度。 4. 调整负荷或更换齿轮。 5. 修理或更换
	减速器异响，振动过大	1. 齿轮间隙超限，或点蚀剥落严重，或润滑油不符合要求。 2. 轴向窜量过大。 3. 各轴水平度及平行度偏差太大。 4. 轴瓦间隙过大。 5. 键松动。 6. 地脚螺栓松动	1. 调整齿轮间隙，或限定负荷，或更换润滑油。 2. 调整轴向窜量。 3. 重新调整各轴的水平度及平行度。 4. 调整轴瓦间隙或更换轴瓦。 5. 背紧或更换键。 6. 紧固地脚螺栓
	传动轴弯曲或折断	1. 齿间掉入金属硬物，轴受弯曲应力过大。 2. 断齿进入另一齿轮齿间空隙，使两齿轮齿顶相互顶撞。 3. 材质不佳或疲劳。 4. 加工不良，使轴产生较大应力集中	1. 防止异物掉入。 2. 加强检查维护，发现断齿现象及时处理。 3. 更换或改进材质。 4. 改进加工方法，保证加工质量

表 9-9(续)

故障现象		故障原因	处理方法
耦合器	耦合器发出异响,连接螺栓切断	1. 缺润滑油脂,漏油。 2. 齿轮间隙超限。 3. 切向键松动。 4. 齿轮磨损超限。 5. 同心度及水平度偏差超限。 6. 外壳窜动切断螺栓。 7. 蛇形弹簧折断	1. 补润滑剂,换密封圈。 2. 调整齿轮间隙。 3. 背紧切向键。 4. 更换齿轮。 5. 调整找正同心度及水平度。 6. 处理外壳,更换螺栓。 7. 更换蛇形弹簧
机械式提升容器位置指示装置	指示器的丝杠晃动,指示失灵	1. 丝杠弯曲或安装不当,螺母磨损。 2. 传动齿轮磨损,跳牙。 3. 传动齿轮脱键或传动杆脱销	1. 调整丝杠或更换螺母。 2. 更换传动齿轮。 3. 修理,背紧或更换键、销

(二)提升钢丝绳的常见故障、原因分析及处理方法(表 9-10)

表 9-10 提升钢丝绳的常见故障、原因分析及处理方法

故障现象	故障原因	处理方法
钢丝绳排列不正常出现错绳乱绳	1. 提升绞车或导向绳轮安装偏斜。 2. 主轴不水平。 3. 钢丝绳缠绕过多。 4. 提升绞车距变坡点距离过近	1. 调整校正。 2. 调整主轴轴线。 3. 按规定层数缠绕钢丝绳,或减小余绳数量。 4. 减少缠绕宽度

表 9-10(续)

故障现象	故障原因	处理方法
出现钢丝绳磨损和断丝过快	1. 冲击载荷大,次数多。 2. 钢丝绳规格不符或材质不良。 3. 无绳槽衬垫或衬垫损坏。 4. 钢丝绳缺油。 5. 钢丝绳排列不整齐,出现错绳、乱绳或咬绳。 6. 双层缠绕时,临界处过渡块损坏或没设过渡块	1. 精心操作,防止载荷冲击。 2. 更换符合标准要求的钢丝绳。 3. 增设或更换绳槽塑衬或木衬。 4. 加强检查,定期润滑。 5. 调整钢丝绳的偏角,加设导向轮等。 6. 调整换层位置,更换或增设过渡块
钢丝绳折断	1. 钢丝绳有断丝、断股或磨损严重未发现,继续使用。 2. 负荷过重或其他外力突然冲击。 3. 提升时钢丝绳或容器突然卡阻,导致钢丝绳被强行拉断	1. 加强检查,及时发现处理或更换。 2. 严禁过负荷,避免意外冲击。 3. 加强检查,采取防范措施,防止发生卡阻现象
运转中出现钢丝绳振动,或由绳轮槽中脱槽	1. 绳弦过大。 2. 偏角过大。 3. 斜井矿车、箕斗掉道或意外翻车等,导致提运过程中出现偏摆晃动	1. 增加导向绳轮。 2. 调整偏角。 3. 加强检查,及时停机处理,使之复轨

（三）导向绳轮常见故障、原因分析及处理方法（表 9-11）

表 9-11　导向绳轮常见故障、原因分析及处理方法

故障现象	主要原因	处理方法
衬垫磨损过大、过快	1. 衬垫材质不好。 2. 安装偏斜，偏摆角过大，绳轮轴线与滚筒轴线不平行。 3. 钢丝绳偏角过大	1. 更换绳轮衬垫或损坏的绳轮，采用符合要求的材质。 2. 认真检测，及时调整。 3. 检查调整钢丝绳偏角
绳轮轮轴断裂	1. 材质不好。 2. 加工不良。 3. 矿车、提升钢丝绳等突然掉道或卡阻，导致绳轮受到猛烈拉力冲击。 4. 上、下山斜巷上提重车时，发生紧急制动，重车惯性上冲导致松绳，而后重车带绳反向下跑车时，使绳轮受到猛烈拉力冲击。 5. 上、下山斜巷下放重车时，发生矿车在轨道上意外卡阻导致松绳，而后卡阻突然解除，矿车带绳快速向下跑车，绳被快速拉伸拉直，传导到达绳轮处猛然受阻，在矿车跑车时巨大的向下冲击力作用下，使绳轮受到猛烈冲击，导致轮轴折断	1. 改进或更换材质。 2. 重新加工或更换。 3. 采取措施，防止这类现象。 4. 加强检查维护，精心操作，防止发生紧急制动导致的松绳事故，对绳轮轮轴进行更换。 5. 加强检查维护，防止松绳事故发生，对绳轮轮轴进行更换

第十章　运输班组长现场安全管理实战

第一节　班前会召开与工作布置

一、班前会工作内容

（一）人员点名与确认

确保所有班组成员均已到达，了解是否有成员缺席或迟到，对于缺席或迟到的情况，需要了解原因，并确认是否会对当前工作造成影响。记录班组成员的出勤情况，排查班组出勤人员是否存在不安全因素，如情绪不稳定、酒后上岗等，作为后续考核和评价的参考。

（二）安全状况回顾

对上一班次的安全生产情况进行详细回顾，包括事故发生、违规操作等，分析事故原因，找出问题所在，并提出改进措施。强调作业中的安全注意事项，分析可能遇到的安全风险，并制定相应的防范措施。鼓励班组成员积极提出安全建议和改进意见，共同提高安全意识。

（三）任务分配与说明

根据工作计划和班组成员的技能特长，明确本班次的工作任务和具体分工，确保每个成员都清楚自己的职责和任务要求，对人员进行合理分工。对运输作业技术要求进行讲解，确保作业人员了解并掌握相关技术要求，对复杂的任务进行详细说明和解释，确保班组成员充分理解并能够正确执行。

（四）安全技术措施贯彻学习

运输安全技术措施的贯彻学习是一个系统而持续的过程，需要制订详细的学习计划，全面学习安全技术措施，结合实际案例进行分析，加强实践操作训练。运输安全技术措施包括运输设备操作与管理、运输过程中的安全操作、物料搬运与运输、爆破与炸药管理、运输设备维护与检修、特定区域的安全措施等方面。在学习过程中，应全面掌握这些措施，了解各种安全措施的原理、操作方法和注意事项。

（五）安全培训与提醒

针对当前工作可能遇到的安全风险，进行具体的安全培训和提醒。例如，针对煤矿运输的重要性、运输系统介绍、煤矿运输安全知识、个人防护与应急处置等方面进行培训，确保班组成员掌握必要的安全知识和技能，提高自我防护能力。

（六）交流与沟通

鼓励班组成员之间积极交流，分享工作经验和安全建议，通过互相学习和借鉴，提高班组整体工作水平和安全意识。对班组成员提出的问题和建议进行及时回应和处理，增强团队的凝聚力和向心力。

二、本班工作布置及安全注意事项

（一）工作布置

根据工作计划和任务分配，详细布置本班次的具体工作内容、步骤和要求，包括作业区域、作业时间、作业流程、作业标准等方面的具体安排。对可能出现的问题和困难进行预测和分析，制定相应的应对措施和解决方案。

（二）安全注意事项

针对本班次的工作特点，强调关键的安全注意事项。例如，运输工具和设备（包括制动系统、照明灯、轮胎及液压系统等）必须经过严格检查，确保车辆状态良好，各部件正常。提醒班组成员时刻保持警惕，遵守安全规定和操作规程，确保自身和他人的安全。

（三）应急处理

告知班组成员在发生紧急情况时应该如何迅速、有效地采取应对措施，包括紧急停机、疏散逃生、报警求助等方面的具体操作步骤和注意事项。组织班组成员进行模拟训练，提高应对突发事件的能力和水平。

第二节　接班及作业环境确认

一、接班

（一）查看工作记录

仔细阅读上一班次的工作记录，了解是否有遗留问题或需要注意的事项，包括设备故障、作业进度、安全隐患等方面的问题。对遗留问题进行逐一排查和处理，确保当前工作能够顺利进行。

（二）与上一班班组长交流

与上一班班组长进行简短的交流，询问工作过程中存在的问题，了解上一班在工作中遇到的困难和挑战，以及采取的措施和取得的效果。通过交流和学习，吸取上一班的经验教训，避免重蹈覆辙。

（三）现场检查

对作业现场进行检查，包括设备、工具、环境等，检查设备是否运行正常、工具是否齐全完好、作业环境是否安全整洁等方面的问题。发现问题及时进行处理和整改，确保作业现场的安全和有序。

（四）填写交接班记录表

在确认所有交接班相关事项均已妥善处理之后，接下来需要详细填写交接班记录表。交接班记录表是确保工作连续性和责任追溯的重要文件，因此填写时需要仔细、准确。

（1）基本信息填写：填写日期、班次、部门等基本信息，确保记录表的识别性和可追溯性。记录当前交接人的姓名和上一班交接人的姓名，明确责任归属。

（2）遗留问题处理记录：详细描述上一班次遗留的问题，包括设备故障、作业进度、安全隐患等。记录对遗留问题的处理情况，例如是否已经解决、解决的方法、解决效果，或待进一步处理的建议等。

(3) 与上一班班组长交流内容：简要记录与上一班班组长交流过程中提到的关键问题和解决措施，以及学到的经验教训。

(4) 注意事项和特殊要求：如果有特殊注意事项或要求，例如某项任务需要重点关注、某个设备需要特殊维护等，那么应在此处详细记录。

(5) 签名确认：交接双方（当前交接人和上一班交接人）应在记录表上签名确认，以示双方均已了解和认可交接内容。

(6) 记录存档：交接记录表应妥善保管，方便后续查阅和审计。一般可按日期、班次或部门分类存档。

通过填写详细的交接班记录表（表 10-1），可以确保工作的连续性和责任的明确性，有助于提高工作效率和保障工作质量。同时，这份记录表也为后续的工作分析和问题追溯提供了重要的依据。

表 10-1　某煤矿交接班记录表

<table>
<tr><td colspan="8">交接班记录表</td></tr>
<tr><td colspan="4">年　月　日</td><td colspan="3">工作面</td><td></td></tr>
<tr><td rowspan="2">当班完成情况</td><td rowspan="2"></td><td>跟班队干</td><td></td><td>交班班次</td><td></td><td>交班人员</td><td></td></tr>
<tr><td>本班出勤</td><td></td><td>跟班班次</td><td></td><td>接班人员</td><td></td></tr>
<tr><td colspan="2">本班情况</td><td colspan="6">采煤设备：
主辅运：
任务情况：</td></tr>
<tr><td colspan="2">接班安全注意事项及特殊要求</td><td colspan="6"></td></tr>
<tr><td colspan="2">上一班遗留问题及处理情况</td><td colspan="6"></td></tr>
</table>

二、作业环境检查

煤矿井下运输作业环境的检查是确保煤矿安全生产的重要环节，详细的检查内容如下。

（一）巷道与运输设备间距检查

人行道间距：人行道宽度应不小于 0.8 m（综采矿井、人车停车地点的巷道上下人侧应不小于 1.0 m），巷道另一侧应不小于 0.3 m（综采矿井应不小于 0.5 m）。

双轨运输巷间距：两列列车最突出部分之间的距离，对开时不得小于 0.2 m；采用单轨吊车运输的巷道，对开时不得小于 0.8 m。

无轨胶轮车运输巷道：双车道行驶，会车时不得小于 0.5 m。单车道应根据运距、运量、运速及运输车辆特性，在巷道的合适位置设置机车绕行道或者错车硐室，并设置方向标识。

（二）硐室车房检查

斜巷信号硐室、躲避硐应符合《煤矿安全规程》及有关规定要求。信号硐室宽度不小于 1.5 m，深度不小于 1.5 m，高度不小于 2.0 m。躲避硐宽度不得小于 1.2 m，深度不得小于 0.7 m，高度不得小于 1.8 m，内部严禁堆积物料。

（三）作业环境卫生管理

材料码放：应整齐，材料上架，托盘、锚固剂等其他材料分类码放，不得超出指定摆放区域。

电缆管理：检测、通信、信号电缆与动力电缆应分挂在巷道两侧。

巷道卫生：掘进巷道，包括电缆、水管、带式输送机机头等，煤尘厚度不得超过 2 mm（长度大于 5 m）。掘进巷道及车场应保持清洁，无淤泥、积水、杂物和浮煤（矸）。

（四）安全设施与设备检查

通风系统：确保通风系统正常运转，有足够的氧气供应，无可燃气体等。

电气设备：检查电气设备是否符合安全标准，是否存在漏电、短路等问题，是否有防爆措施。

瓦斯检测：检查瓦斯检测仪器是否正常运转，灵敏度是否符合要求，是否经过定期校验。

（五）其他

照明设备：确保作业区域照明充足，无阴暗角落。

安全标识：巷道至少每 100 m 设置醒目的里程标志，分岔口有指向标志。

通过以上检查，可以全面评估煤矿井下运输作业环境的安全性，及时发现并解决潜在的安全隐患，确保煤矿生产的安全顺利进行。

三、运输设备检查

（一）主提升机检查（表 10-2）

表 10-2　主提升机检查表

流程	检查内容
交接班检查	1. 设备外观检查：检查主提升机机身、支架、杆头、轮组等部件是否完整，无断裂、损伤等情况。检查机身附加物是否牢固，有无裂缝、断裂、变形等异常情况。检查支架是否牢固，有无螺钉松动等情况。 2. 设备运行状态检查：检查主提升机是否处于正常运行状态，各部位运转是否异常，声音是否异常。检查深度指示器、液压站、盘形制动器、测速装置等关键部件是否工作正常。进行试运行，观察设备运行情况，确保设备能够正常运行。 3. 故障和隐患检查：详细了解上一班设备故障和隐患的处理情况，确保问题已得到妥善解决。对当前可能存在的故障和隐患进行排查，确保设备安全无隐患。 4. 工具、材料检查：检查交接班所需的工具、材料是否齐全，数量是否相符。检查设备硐室卫生是否清洁，设备周围无杂物堆积。 5. 记录填写情况检查：检查上一班的各种记录是否填写完整准确、无遗漏。对当前交接班的记录进行填写，确保记录真实完整

表 10-2(续)

流程	检查内容
作业前检查	1. 各紧固螺栓不得松动,连接件应齐全牢固。 2. 联轴器间隙应符合规定,防护罩应可靠。 3. 轴承润滑系统的泵站、管路完好可靠。 4. 各种保护装置及电气闭锁,必须完整无损;试验过卷、松绳、紧急制动、闸瓦磨损、油压系统或压风系统的过压和欠压保护,声光和警铃都必须灵敏可靠。 5. 制动系统中,闸瓦、闸路表面应清洁无油污,液压站油泵运转应正常。各电磁阀动作灵活可靠,位置正确;油压或风压系统运行正常。液压站(或蓄能器)油量油质正常。 6. 离合器液压缸和盘式制动器不漏油,特别是不能污染闸路表面。 7. 离合器位置正常,闭锁到位。 8. 各种仪表指示应准确。 9. 信号系统应正常。 10. 检查钢丝绳的排列情况及衬板、绳槽的磨损情况。 检查中发现的问题,必须及时处理并向当班领导汇报,处理符合要求后,方可正常开车
试运行	1. 空负荷试运行:在不挂钢丝绳和容器的情况下,启动提升机进行空负荷试运行。观察提升机运行是否平稳,有无异常声响和振动。检查各部件动作是否灵活可靠,无卡滞现象。检查电气系统、润滑系统是否正常工作。 2. 重负荷试运行:在空负荷试运行合格后,悬挂钢丝绳和提升容器进行重负荷试运行。检查提升机在重载下的运行性能,如启动、制动、速度控制等。特别注意观察制动装置和防滑装置的性能,确保安全可靠。 3. 故障模拟测试:在试运行过程中,模拟各种可能出现的故障情况,如过卷、欠压、过热等。检查设备的安全保护装置是否能够及时、准确地响应并采取相应的保护措施

（二）无极绳绞车检查(表 10-3)

表 10-3　无极绳绞车检查表

流程	检查内容
交接班检查	1. 提前到达：接班人应提前 20 min 到达绞车现场，以便有足够的时间进行交接班检查和交流。 2. 熟悉环境：接班人应熟悉绞车及其周围环境的布局，确保对设备有初步的了解。 3. 设备完整性：检查绞车机身、支架、绳轮等部件是否完整，无断裂、变形或损伤现象。 4. 安装稳固性：确保绞车安装稳固，基础螺栓无松动、变位现象。 5. 防护设施：检查绞车的防护罩、防护栏等是否完好，确保人员安全
作业前检查	一、滚筒装置 1. 滚筒无裂纹、破损或变形，无严重锈蚀，轮衬磨损不超标，固定螺栓不突出轮衬表面且固定牢靠，轮衬表面无油渍。 2. 护绳板或护罩固定牢靠，无变形。 二、闸和闸轮 1. 闸把及杠杆系统动作灵敏可靠。 2. 拉杆螺栓、叉头、闸把、销轴无损伤、变形。 3. 闸带无断裂，铆钉不得磨绳轮，铆接可靠不松动；制动时，闸带与闸轮紧密接触，制动可靠。 4. 闸轮表面无油迹。 5. 闸带与闸皮应用铆钉铆接，闸带与闸皮铆接后应紧贴，不得有间隙。 6. 安全闸制动可靠。 三、机座和基础 机座无变形损坏；紧固可靠，基础无变形、开裂、松碎现象。

表 10-3(续)

流程	检查内容
作业前检查	四、梭车 1. 运行平稳。 2. 车轮不得有裂纹。 3. 车轮定期注油，转动灵活。铸钢碰头无裂纹，弹簧无断裂和永久变形。弹性碰头连接器防脱装置齐全有效。 4. 车架不得有开焊和裂纹，碰头铆钉无松动。 5. 缠绳滚筒无裂纹、破损和变形，固定可靠，转动灵活，闭锁装置可靠，不磨侧护板。螺栓、轴销固定可靠，紧固有效。 6. 钢丝绳锁具可靠无损坏；双向制动器灵活可靠，闭锁装置可靠。 7. 牵绳板固定牢固，无严重变形，工作可靠。 8. 梭车应能顺利通过普通道岔和沿途的托压绳轮组和导向轮组。 9. 梭车断绳保护齐全可靠；制动车液压系统压力正常，落闸机构灵敏可靠，并定期进行试验。 五、张紧装置 张紧装置的活动滑轮及配重块上下移动灵活，不卡轮轴，不歪斜，不碰支撑架；支架无开焊、变形，固定牢固可靠。 六、绳轮装置 导绳轮、托绳轮和压绳轮不脱绳，转动灵活，固定可靠。托、压绳轮编号管理。 七、钢丝绳 钢丝绳的安全系数、钢丝绳的使用和检验符合《煤矿安全规程》的有关要求。 八、减速机 运转无异响，油脂清洁，润滑良好，不漏油，悬挂油脂管理牌。 九、连接装置 1. 必须使用专用销链连接装置，并进行编号管理。

表 10-3(续)

流程	检查内容
作业前检查	2. 连接车辆及两车辆之间所使用的连接不得落地,要防止碰坏托压绳轮。 十、保护装置 1. 机头、机尾设置到位报警装置,且灵敏可靠。 2. 其配重张紧装置及尾轮前方必须设有阻车器,有醒目的停车位置标志,梭车严禁超越停车标志。 十一、尾轮 尾轮必须采用 6 根 ϕ20 mm×2 000 mm 的锚杆配合 1 根 600 mm 的 22# 工字钢梁固定。 十二、拐弯装置 轨道水平拐弯处必须安装合适的弯道护轨,每组弯道护轨之间使用连板连接。 十三、行车警示红灯 符合斜巷运输管理有关要求,线路两端、车场、弯道处、中间联络巷口、直巷人行道一侧每隔 200 m 及巷道起伏较大处必须设置行车警示红灯或行车声光报警装置。 十四、电气部分 1. 声光信号齐全有效;操作按钮必须上锁。 2. 在用防爆电气设备及防爆小型电器防爆率达 100%。 3. 开关保护装置齐全、整定合格、灵敏可靠;电气、机械连锁装置齐全,动作正确可靠
试运行	1. 空载试运行:在不挂钢丝绳和容器的情况下,启动无极绳绞车进行空载试运行。观察绞车的运行情况,包括运行是否平稳、有无异常声响或振动等。 2. 重载试运行:在空载试运行合格后,悬挂钢丝绳和提升容器进行重载试运行。验证绞车在重载下的运行性能,如启动、制动、速度控制等。特别注意观察制动装置和防滑装置的性能。 3. 故障模拟测试:在试运行过程中,模拟各种可能出现的故障情况,如过卷、欠压、过热等。检查绞车的安全保护装置是否能够及时、准确地响应并采取相应的保护措施

（三）矿用电机车检查(表 10-4)

表 10-4　矿用电机车检查表

流程	检查内容
交接班检查	一、电机车总体状况检查 1. 外观检查:检查电机车整体是否有明显的变形、裂纹或焊接问题。 2. 电气元件检查:检查电气元件是否完好,接触是否良好,确保无短路、断路现象。 3. 检查电机车的灯、铃、警示装置等是否正常工作。 二、机械部分检查 1. 轴承箱与轮对:检查轴承箱温度是否正常,润滑是否良好,螺钉是否坚固。 2. 制动系统:检查制动装置是否发生作用,闸瓦磨损是否超限。 3. 撒砂装置:检查撒砂装置动作是否正常,砂粒是否符合要求且数量充足。 4. 电机与齿轮箱:检查电机吊挂螺杆及弹簧是否完好。 三、安全装置与工具检查 1. 安全装置:检查各种保护装置和闭锁装置是否完好有效。 2. 随车工具:核对随车工具是否齐全,确保无丢失或损坏。 四、环境与卫生检查 1. 车辆卫生:检查车辆内部及外部是否干净,无积尘和杂物。 2. 工作环境:检查工作环境是否安全,如轨道、线路、巷道等是否有异常
作业前检查	一、电气系统检查 严格检查机车的所有电气、电控设备的完整性和完好性。检查各熔断器是否正常完好。检查空气自动开关接点接触是否良好。 二、机械部分检查 1. 检查车体:车体各部螺丝是否牢固可靠。 2. 检查车轮与轨道:矿车架有无断裂现象。观察前方轨道上是否有障碍物或其他阻碍物,确保轨道通畅。 3. 检查制动系统:仔细检查制动闸瓦的磨损情况。

表 10-4(续)

流程	检查内容
作业前检查	4. 检查润滑系统:检查轴承和主轴润滑情况。 三、安全装置与工具检查 1. 检查安全装置:检查各种保护装置和闭锁装置是否完好有效。 2. 核对随车工具:核对随车工具是否齐全,确保无丢失或损坏。 四、其他检查 1. 检查砂箱。 2. 检查照明和信号设备
试运行	一、试运行前的准备 1. 检查确认:确认电机车已经完成了作业前的全面检查,包括电气系统、机械部分、安全装置等。 2. 操作人员:操作人员应佩戴齐全的安全防护装备,如安全帽、防护眼镜、防护手套等。 二、试运行步骤 1. 启动电机车:观察电机车的启动过程,确保无异常声响、振动或烟雾等。 2. 低速试运行:观察其运行是否平稳,转向是否灵活。确保制动效果良好,无拖滞现象。 3. 加速与减速试运行:逐步提高电机车的速度,观察其加速过程是否顺畅,速度变化是否稳定。进行减速测试,检查制动距离和制动效果是否符合要求。 4. 紧急制动测试:检查电机车的制动性能是否可靠。 5. 鸣笛与信号测试:确保在作业过程中能够及时发出警示信号。 6. 停车测试:在试运行结束后,将电机车停靠在规定的停车位上,并拉起手刹。 三、试运行后的检查 1. 设备检查:检查电机车的电气系统、机械部分、制动系统等在试运行过程中是否有异常情况。 2. 记录与报告:记录试运行过程中的各项数据,如速度、制动距离等。 3. 维护与保养:根据试运行的结果,对电机车进行必要的维护和保养,如更换磨损的部件、添加润滑油等

（四）双速回柱绞车检查(表 10-5)

表 10-5 双速回柱绞车检查表

流程	检查内容
交接班检查	一、交接班前的准备 1. 时间准备：接班人员应提前到达现场，通常建议提前 20 min。 2. 人员准备：接班人员应确保自己处于良好的工作状态，不得有酒后或精神不正常的情况。 二、交接班检查步骤 1. 设备运行状况和检修情况检查：接班人应详细了解上一班设备的运行状况和检修情况，包括设备运行是否正常、有无异常情况、是否进行了必要的检修等。 2. 设备现场检查：接班人员应按照正常巡回检查路线和项目，对设备的主要部位进行实地检查，如钢丝绳、绞车安装情况、连接螺栓、减速箱内润滑情况等。 3. 工具、资料及记录检查：接班人员应检查工具、资料及记录是否齐全、完好，如绞车操作工具、安全设施、设备维护记录等。 4. 安全设施检查：接班人应检查安全设施是否完好、灵敏，如制动装置、信号装置等。特别注意检查制动装置的操作机构和传动杆件的动作是否灵活可靠。 5. 环境检查：接班人应检查设备周围环境是否整洁安全，如有无杂物、积水等。 三、交接班记录 1. 记录填写：交接班双方应在交接班记录上详细填写设备的运行状况、检修情况、存在问题及建议等信息，并签字确认。 2. 问题处理：对于存在的问题，交接班双方应共同商议解决方案，并在记录中注明处理情况和结果。 四、注意事项 1. 拒绝接班：接班人员如认为交班人员未按规定要求交接清楚或设备存在隐患而不能接班的，有权拒绝接班，并向领导汇报请示。 2. 交接责任：双方认为交接清楚后，应在交接班记录上填写清楚，双方签字后有效。交班后，岗位上发生的一切事情均由接班人负责。 通过以上步骤和要点，可以确保双速回柱绞车交接班检查的全面性和准确性，为设备的稳定运行提供保障

表 10-5(续)

流程	检查内容
作业前检查	一、环境检查 操作区域:确保操作区域平整、无障碍物,并清除可能导致绞车操作不安全的杂物。 二、设备检查 1. 钢丝绳:检查钢丝绳是否符合《煤矿安全规程》的有关规定,确保无磨损、断丝、断股等情况。 2. 绞车安装与连接:检查绞车安装是否牢固,压柱、戗柱、地脚螺栓等是否齐全、牢固可靠。 3. 制动系统:检查制动闸、启动和停止按钮是否齐全、灵活可靠。 4. 润滑与油位:检查减速箱内润滑油是否充足。检查齿轮箱内的油位是否满足绞车的润滑要求。 5. 电气系统:检查使用电源、电缆和电气设备的接线是否正确,接地是否安全。 6. 警示与安全设施:检查警示红灯是否完好有效,是否满足施工要求。检查安全防护装置是否完好,是否配备了紧急停机装置等。 7. 信号系统:检查信号系统是否完好,无线通信系统设备是否清晰,声光信号是否齐全完好。 三、其他检查 1. 装载与连接:检查物件的装车质量、数量是否符合要求。检查巷道的状况、车辆连接以及车辆与绞车主绳的连接、保险绳的拴挂是否符合相关要求。 2. 人员与道路:检查在双速绞车的工作范围内的路道上是否有人在工作、行走或停留。 四、启动前确认 在检查完毕后,操作人员应再次确认各项检查结果,并准备启动绞车。在启动前,应确保电源连接正常,然后按照操作手册的要求启动绞车

表 10-5(续)

流程	检查内容
试运行	一、试运行前的准备 1. 设备检查:确保绞车的各个部件完好,特别是钢丝绳、连接螺栓和绞车安装是否牢固。检查绞车的电气设备是否齐全,并在有效期内,所有电气设备符合安全标准,无损坏或漏电现象。清理绞车周围的杂物,确保工作区域安全无障碍。 2. 安全措施:确保安全防护装置完好,如紧急停机装置等。检查警示红灯是否完好有效。 二、试运行步骤 1. 启动绞车:打开电源开关,按照操作手册的要求启动绞车。根据需要选择快速挡或慢速挡,注意在正常运转或斜坡负载情况下严禁换挡。 2. 观察运行状况:绞车工作时,应集中精力,注意倾听信号。观察钢丝绳的缠绕情况,保持其缠绕整齐,避免钢丝绳打结或乱绕。检查绞车运行是否平稳,有无异常噪声、振动或过热现象。 3. 载荷测试:在绞车运行过程中适当加载,以测试绞车的承载能力和稳定性。注意观察绞车在承载过程中的表现,如升降速度、制动效果等。 4. 紧急停机测试:在试运行过程中,模拟紧急情况,测试绞车的紧急停机功能是否正常。按下紧急停机按钮,观察绞车是否能迅速停止运行。 三、试运行后的检查 1. 设备检查:试运行结束后,再次检查绞车的各个部件是否完好,特别是钢丝绳、连接螺栓等是否松动或损坏。检查绞车的电气设备是否正常运行,无损坏或漏电现象。 2. 记录与反馈:记录试运行过程中的各项数据,如启动时间、运行时间、载荷大小、运行状况等。如有异常情况或问题,及时反馈给相关维修人员或负责人进行处理

（五）调度绞车检查（表 10-6）

表 10-6　调度绞车检查表

流程	检查内容
交接班检查	1. 接班人提前到达：接班人需提前 20 min 到达现场，以便有足够的时间进行交接和检查。 2. 现场交接：接班人需按照操作规程和巡检制度进行现场交接。交接内容包括绞车的运行状态、存在问题、已完成的检修工作等。 3. 设备检查：接班人需对绞车进行详细的检查，包括但不限于以下内容：绞车滚筒、轴承座、护绳板等部件是否齐全完好；绞车制动闸和工作闸的动作是否灵活，制动是否准确可靠；钢丝绳是否有弯折、硬伤、打结、严重锈蚀等问题，断丝是否超限；信号装置是否齐全、声光兼备，声音是否清晰、准确可靠；开关等电气设备是否有异常变化，开关操作手把是否在“零”位。 4. 安全环境检查：接班人需检查绞车周围的环境是否安全，包括顶帮支护是否牢固、无异常变化，绞车至轨道的间距是否满足车辆通行要求等。 5. 试转检查：接班人需进行绞车的试转检查，确保绞车无异常响声和振动，无甩油现象。 6. 问题处理：如果在检查过程中发现存在隐患或问题，接班人需立即进行处理或报告。对于现场无法处理的问题，接班人需及时汇报，并等待处理完毕后再进行交接班。 7. 填写记录：接班人需将本次交接班的详细情况填写在交接班记录上，包括设备运行状况、检修情况、存在问题等。双方认可并签字后，方可交换离岗。 8. 特殊情况处理：如果接班人发现绞车存在严重问题或安全隐患，有权拒绝接班，并向领导汇报。交班人如发现接班人精神状态不佳或存在其他问题，应拒绝交班，并向领导汇报

表 10-6(续)

流程	检查内容
作业前检查	1. 钢丝绳检查:检查钢丝绳接头是否牢固,确保绳卡和轴承支架及电机底脚的基础螺栓紧固完好。检查钢丝绳是否出现结节、扭绕现象,特别是在一个节距内断丝超过10%时,必须予以更换。钢丝绳在穿绳孔处的弯曲不能形成锐角,且直径必须符合标准要求。 2. 绞车安装与固定:检查绞车是否安装牢靠,支座螺栓和地脚螺栓是否完全紧固。确保绞车的安装固定平稳牢固,无晃动或倾斜现象。 3. 刹车机构检查:检查刹车部件制动性能是否良好,动作是否灵活无阻。检查刹车把之顶丝、销轴是否固紧,如有折曲损伤或松动现象,应立即紧固或更换。清除刹车毂上的油脂和污物,确保刹车效果良好。 4. 电气部分检查:检查电气部分是否完好,电动机和开关盒应接地良好,确保无漏电现象。检查按钮、开关等电气设备是否操作灵活可靠。 5. 行车轨道检查:清理行车轨道,确保无障碍物,防止在牵引过程中发生事故。检查钢丝绳经过处有无木柱或障碍物,确保绞车正常运行。 6. 信号装置检查:检查信号装置是否配备声光设备,确保声音清晰、准确可靠。熟悉信号规定,如长点停车、连续两点拉车、连续三点放车等。 7. 试运行检查:在开始工作前,应盘转卷筒一圈,然后刹紧卷筒、松开大内齿圈刹车带,启动电动机进行试运转。检查绞车运行过程中是否有异常响声、振动或甩油现象。 8. 其他检查:绞车司机必须经过培训并持有合格证,熟练掌握绞车的结构、性能及基本原理。检查绞车周围的安全环境,确保顶帮支护牢固,无异常变化

表 10-6(续)

流程	检查内容
试运行	1. 空载试运行:将绞车置于空载状态,进行低速试运行。观察绞车运行情况,包括启动、制动、转向等是否灵活可靠。检查钢丝绳排列是否整齐,无跳槽、咬绳等现象。 2. 逐步提高速度:在低速试运行无异常后,逐步提高绞车运行速度。分别以低速、中速、高速进行试运行,观察绞车在不同速度下的运行情况。 3. 重载试运行:在空载试运行和逐步提高速度试运行均正常后,进行重载试运行。按照绞车设计参数进行重载试运行,观察绞车在重载情况下的运行情况。 4. 信号清晰:试运行过程中,确保信号传递清晰准确。操作人员应严格按照信号指令进行操作。 5. 安全监护:试运行过程中,应有专人进行安全监护。监护人员应随时观察绞车运行情况,发现异常及时停止试运行。 6. 记录完整:试运行过程中,应详细记录绞车的各项参数和运行情况。记录应包括试运行时间、速度、载荷、钢丝绳情况等

(六) 单轨吊检查(表 10-7)

表 10-7 单轨吊检查表

流程	检查内容
交接班检查	一、设备状态检查 1. 外观检查:检查单轨吊机车整体外观,确保无明显变形、裂痕或锈蚀。检查连接件、紧固件是否齐全紧固,无松动现象。 2. 轨道检查:检查轨道是否平整、无杂物,确保单轨吊运行平稳。检查轨道固定装置是否牢固,无松动、变形或损坏。 3. 钢丝绳检查:检查钢丝绳是否完好,无断丝、扭曲、打结等现象。检查钢丝绳与滑轮、卷筒的接触状态,确保无异常磨损。

表 10-7(续)

流程	检查内容
交接班检查	4. 制动系统检查:检查制动装置是否灵活可靠,制动闸块磨损量不超过企业标准规定。检查制动液是否充足,制动管路无泄漏。 5. 电气系统检查:检查电气设备是否完好,无破损、漏电等现象。检查电缆、电线是否整齐无破损,连接牢固。 二、性能检查 1. 运行性能检查:启动单轨吊,检查其运行是否平稳、无异常声响。检查各传动部件的运转情况,确保无卡滞、过热等现象。 2. 安全保护装置检查:检查各种保护装置是否齐全有效,如过卷保护、超速保护等。对保护装置进行试验,确保其灵敏可靠。 3. 信号系统检查:检查信号系统是否完好,信号传递是否清晰准确。检查信号设备是否齐全无损坏,安装位置合理。 三、交接班记录 1. 设备状态记录:记录设备在交接班时的状态,包括设备运行情况、故障情况等。对发现的问题进行记录,并通知下一班注意。 2. 安全事项记录:记录交接班过程中发现的安全隐患、注意事项等。强调下一班必须遵守的安全规定和操作规程。 3. 其他记录:记录其他需要交接的事项,如工作任务、维修任务等。确保信息准确传递,避免出现遗漏或误解
作业前检查	一、外观检查 1. 轨道检查:确保轨道平整、无杂物、无积水,轨道连接处紧固无松动。检查轨道是否有变形、磨损或锈蚀,磨损不应超过10 mm。 2. 单轨吊机车检查:检查机车整体外观,确保无明显变形、裂痕或锈蚀。检查连接件、紧固件是否齐全紧固,无松动现象。 3. 钢丝绳检查:测量钢丝绳直径及根数是否符合要求,检查钢丝绳是否有断丝、磨损、扭曲、打结等现象。钢丝绳磨损不应超过规定标准,有断丝的钢丝绳必须报废处理。

表 10-7(续)

流程	检查内容
作业前检查	二、关键部件检查 1. 制动装置检查:检查制动器闸瓦磨损情况,确保闸瓦座密封面无损伤和变形。检查制动器的间隙是否符合要求,间隙过大应进行调整或更换新件。 2. 减速箱与起吊马达检查:检查减速箱、起吊马达有无异常升温,确保油位正常,润滑油脂充足。 3. 承载架与承载轮检查:检查承载架有无变形,固定螺栓齐全、紧固可靠(有锥度不能磨平)。检查承载轮和导向轮有无变形磨损,磨损不超过 10 mm,固定螺栓齐全、紧固可靠。 三、电气系统检查 1. 主电箱与电机检查:检查主电箱内开关动作情况及指示灯显示是否正常,线路连接是否正确、牢固可靠。检查电动机接线盒内电气元件齐全有效。检查电动机轴承温度不超过 75 ℃,控制柜内的保险管完好。 2. 控制屏与配电盘检查:检查控制屏内各仪表指针指示正常且准确无误。检查配电盘上的接地螺母拧紧到位,保护零线连接牢靠,无漏电现象。 四、安全防护设施检查 1. 司机室检查:检查司机室门窗玻璃应完好无损,门锁开启自如且能防撬盗。检查司机室内操作手柄灵活方便,安全带系紧且牢固安全可靠。 2. 其他安全设施检查:检查排气管畅通不漏气,消防器材配备完整齐备并能正常使用。检查起重臂下方不得站人,作业区通道畅通。 五、其他注意事项 1. 作业环境检查:检查作业环境是否安全,无障碍物影响单轨吊运行。 2. 图纸与现场环境熟悉:作业前要认真熟悉图纸和现场环境,确保操作准确。 3. 特殊条件准备:起升高度超过 20 m 时应设专人在旁指挥。夜间作业应有足够的光源,雨天施工时应确保排水措施得当

表 10-7(续)

流程	检查内容
试运行	一、试运行前准备 1. 路线检查:检查试运行路线,确保路线长度、转弯半径等符合设计要求。清理试运行路线上的障碍物,确保试运行过程中无障碍。 2. 设备检查:对单轨吊进行全面检查,包括轨道、吊挂链、连接螺丝等部件的紧固情况。检查电气设备、制动装置、钢丝绳等关键部件的完好性和工作性能。 3. 安全设施检查:检查安全防护设施是否齐全完好,如司机室门窗、安全带等。检查作业区通道是否畅通,确保试运行过程中的人员安全。 4. 人员准备:操作人员应经过专门技术培训,并持有有效合格证。操作人员应熟悉掌握设备性能、结构、原理及安全操作规程。 二、试运行步骤 1. 空载试运行:在无负载的情况下进行试运行,观察设备运行是否平稳、有无异常声响。检查各传动部件的运转情况,确保无卡滞、过热等现象。 2. 负载试运行:在设备承载一定重量的情况下进行试运行,检查设备承载能力。观察设备在负载运行过程中的稳定性和安全性。 3. 安全保护装置测试:对设备的安全保护装置进行测试,如过卷保护、超速保护等。确保安全保护装置灵敏可靠,能够有效防止事故发生。 三、试运行注意事项 1. 人员安全:禁止人员站在单轨吊下方或负载下方,防止发生人员伤亡事故。操作人员应专心致力于工作,不能分心或进行其他与操作无关的活动。 2. 设备安全:严格控制吊钩高度和速度,避免超过安全限高和安全限距。定期对设备进行维护和保养,确保设备长期处于良好状态。 3. 环境安全:清除试运行区域内的障碍物和杂物,确保试运行环境安全。在试运行过程中密切关注周围环境变化,及时采取措施应对潜在风险

（七）各类刮板输送机检查(表 10-8)

表 10-8 各类刮板输送机检查表

流程	检查内容
交接班检查	一、一般检查 1. 工作环境检查:检查工作地点的顶板、支架、巷道支护和喷雾洒水的情况,确保环境安全。 2. 配电点检查:检查灭火用具是否齐全可靠。检查供电系统图是否符合实际。检查电缆吊挂是否符合要求。检查电动机、开关、按钮等各点接线是否良好。 3. 输送机检查:检查输送机上有无人员作业或其他障碍物。确认无问题后启动刮板输送机,检查其运转是否正常。 二、重点检查 1. 机头检查:检查电动机是否压埋,通风是否良好。检查液力耦合器是否完好,易熔塞是否合格(若无液力耦合器,检查联轴器间隙是否合适,一般为 3～5 mm)。检查减速器油量是否适当(油面接触大齿轮高度的 1/3 为宜)。检查机头各部螺栓是否齐全紧固。检查链轮、分链器、护板和压链块是否完整紧固。检查传动小链或保险销是否合格。 2. 中部刮板输送机槽及刮板链检查:从机头链轮开始,往后逐节检查刮板链、刮板、连接环上的螺栓是否正常。检查 4～5 m 后,在刮板链上用铅丝绑一个记号,然后开动电动机,把带有记号的刮板链运行到机头链轮处,再从此记号向后检查,一直到机尾。在机尾的刮板链上再用铅丝绑一个记号,然后从机尾往回检查中部刮板输送机槽对口有无戗茬或搭接不平、磨环、压坏上槽、陷入下槽等情况。回到机头后,开动电动机把机尾的记号运行到机头链轮处,再往后重复以上检查。 3. 机尾检查:机尾有动力驱动时,检查内容与机头相同。无动力驱动时,需检查机尾滚筒的磨损与轴承的转动情况、机尾环境是否良好(如有积水要挖沟疏通)、压机尾的支柱是否牢固、调节机尾轴的装置是否灵活。

表 10-8(续)

流程	检查内容
交接班检查	三、设备状况及润滑检查 1. 设备状况:检查刮板输送机的机身和输送链条的磨损情况,如有磨损需要及时更换。检查输送链条的张紧度是否合适,如有过紧或过松的情况需调整。 2. 润滑情况:检查润滑油的储备量是否足够,如不足需及时加注。检查润滑系统的工作情况是否正常,如有故障应及时排查。 四、安全设施检查 1. 检查各部位的安全防护盖、防护栏是否完好。 2. 检查设备管理牌板、安全警示牌板、设备铭牌、煤安标志牌、防爆标志牌等是否完好。 五、其他注意事项 1. 接班人员应详细了解上一班设备运转情况、发生的故障及存在的问题。 2. 处理上一班遗留的其他问题。 3. 按规定要求进行试运转和正式运转
作业前检查	一、传动系统检查 1. 电动机:检查电动机是否完好,通风是否良好,有无压埋现象。检查接线情况是否正常,启动是否正常。 2. 减速机:检查油量是否适当,无漏油、渗油现象。检查齿轮磨损是否过度,各部分固定是否牢靠。 3. 液力耦合器:检查液力耦合器的易熔塞、防爆塞等是否正常良好。 4. 传动链:检查牵引链无磨损或断裂,调整牵引链及传动链,使其松紧适宜。 二、刮板及链条检查 1. 刮板:检查刮板应无弯曲、变形、扭劲、断缺及跳牙等现象。 2. 链条:检查链条应无弯曲、变形、断链、链环咬扣等现象。检查链环、联结环、刮板是否安装正常。

表 10-8(续)

流程	检查内容
作业前检查	三、机身及连接部件检查 1. 机身:检查机身各部件是否完好,无变形、开裂等现象。检查刮板输送机槽搭接是否平稳,不卡链条、刮板。 2. 连接部件:检查各部螺栓是否齐全紧固。检查联轴器间隙是否合理,防护装置是否齐全无损。 四、安全防护设施检查 1. 挡煤板及铲煤板:检查挡煤板、铲煤板连接螺栓是否松动。 2. 防护栏及安全警示牌:检查安全防护栏是否完好,安全警示牌是否清晰。 五、电气系统检查 1. 电缆及接线:检查电缆吊挂是否整齐无破损。检查电气设备的接线情况是否正常。 2. 信号系统:检查信号系统是否畅通,操作按钮是否灵活。 六、其他检查 1. 机头、机尾检查:检查机头、机尾处的支护完整牢固。检查机头、机尾附近 10 m 以内无杂物、浮煤、浮渣。检查洒水设施齐全无损。 2. 润滑情况:检查刮板链条润滑情况是否良好,如有需要及时添加润滑油。 3. 试运转:在进行正式作业前,应进行空载试运转,确保设备运转平稳、无异常声响
试运行	一、试运行前准备 1. 全面检查:确保刮板输送机安装完成并经过全面检查,包括润滑、传动部件、刮板链、连接件、刮板输送机槽等部件的安装和状态。 2. 切断电源:切断输送机电源,确保在检查过程中设备不能启动。 3. 润滑系统:确保所有需要润滑的部件已注入推荐量的正确品质的润滑油和润滑脂。

表 10-8(续)

流程	检查内容
试运行	二、空载试运行 1. 点动电动机:接通输送机电源,点动电动机,确保机头、机尾传动部的电动机旋转方向一致。 2. 空载运行:进行连续 4 h 空负荷试运转。运转过程中,及时测量轴承、电动机的温升,确保温度及温升不超过规定值(如滑动轴承温度 70 ℃,温升 35 ℃;滚动轴承温度 80 ℃,温升 40 ℃)。观察设备运转是否平稳,无冲击、振动等现象,无异常噪声,各部螺栓无松动、无跳链卡阻等现象。 三、带负荷试运行 1. 加载试运行:在空载试运行无异常后,进行连续 4 h 带负荷试运转。注意观察刮板链、链轮、刮板等部件的工作状态,确保无异常磨损或卡链现象。 2. 调整与紧固:在试运行过程中,如发现链条松弛或跳动,应及时调整张紧装置,确保链条张紧度适宜。检查并紧固各连接件,确保设备稳定运行。 四、试运行后检查 1. 停机检查:试运行结束后,停机检查设备各部件的完好程度,如链轮、刮板、链条等是否有磨损或损坏。 2. 清理与维护:清理设备上的煤尘和杂物,保持设备清洁。根据试运行情况,对设备进行必要的维护和保养。 五、注意事项 1. 安全操作:试运行过程中,应严格遵守安全操作规程,确保人员和设备安全。 2. 监测记录:记录试运行过程中的各项参数和异常情况,为后续的设备维护和故障排除提供参考

（八）带式输送机检查（表 10-9）

表 10-9　带式输送机检查表

流程	检查内容
交接班检查	一、设备整体状况检查 1. 外观检查：检查带式输送机整体结构是否完好，无严重变形或损坏现象。 2. 紧固件检查：检查所有紧固件（如螺栓、螺母等）是否紧固，无松动现象。 二、胶带与滚筒检查 1. 胶带检查：检查胶带是否完好，无破损、撕裂等现象。注意胶带的张紧程度，确保胶带在运行中不打滑、不跑偏。 2. 滚筒检查：检查滚筒表面是否光滑，无磨损、凹陷等现象。滚筒轴承应转动灵活，无异常声响。 三、驱动与传动装置检查 1. 电机检查：检查电机运转是否正常，无异响、过热等现象。注意电机的绝缘性能和接线情况。 2. 减速器检查：检查减速器油位是否正常，油质是否清洁。检查减速器传动齿轮是否完好，无磨损、断裂等现象。 3. 联轴器检查：检查联轴器是否完好，无损坏、变形等现象。检查联轴器的连接螺栓是否紧固，无松动现象。 四、保护装置与安全设施检查 1. 跑偏保护装置检查：检查跑偏保护装置是否完好，动作灵敏可靠。 2. 打滑保护装置检查：检查打滑保护装置是否完好，动作准确可靠。 3. 烟雾保护装置检查：检查烟雾保护装置是否完好，能够及时发现并报警。 4. 紧急停车装置检查：检查紧急停车装置是否完好，能够迅速切断电源，实现紧急停车。

表 10-9(续)

流程	检查内容
交接班检查	五、电气与控制系统检查 1. 电气元件检查:检查电气元件是否完好,无损坏、烧毁等现象。注意检查电气元件的接线情况,确保接线牢固、无松动。 2. 控制系统检查:检查控制系统是否完好,能够正常控制带式输送机的启动、停止和调速等功能。 六、工作环境与卫生检查 1. 工作环境检查:检查带式输送机周围的工作环境是否整洁,无杂物、积水等。 2. 卫生检查:检查带式输送机及其周围的卫生情况,确保无灰尘、油污等污染现象。 七、交接记录与确认 1. 交接记录:详细记录交接班时的设备状况、存在问题及注意事项等,确保信息准确完整。 2. 确认签字:交接双方应认真核对记录内容,确认无误后签字确认,确保责任明确
作业前检查	一、电源与电气系统检查 1. 电源接地:检查电源是否接地良好,防止触电事故。 2. 电缆状况:检查电缆是否有磨损、松动或接触不良的现象,确保电气线路安全。 3. 紧急停机按钮:检查紧急停机按钮是否完好,能够在紧急情况下迅速切断电源。 二、机械部分检查 1. 电机、减速器、液力耦合器:检查螺栓是否齐全紧固。检查液力耦合器的易熔塞、防爆塞等是否正常良好。检查减速器的油量是否适当,有无漏油、渗油现象。 2. 胶带与滚筒:检查胶带的松紧程度,确保其在规定范围内。检查胶带是否有破损、撕裂等现象,及时调整或更换。检查滚筒的旋转是否平稳,是否存在转动不灵等情况。

表 10-9(续)

流程	检查内容
作业前检查	3. 托辊与挡辊:检查各托辊、挡辊、压辊等是否齐全完好。检查轴承、减速箱及各旋转部位的润滑是否良好。 4. 张紧装置:检查张紧装置是否完好,能够正常调节胶带的张紧程度。 5. 挡煤皮(板)、卸料器、清扫器:检查是否齐全、牢固良好,无过度磨损。 三、安全保护装置检查 1. 综合保护器:检查综合保护器是否正常,各项保护应灵敏可靠,符合规定要求。 2. 跑偏、打滑、烟雾等保护装置:确保这些保护装置齐全完好,能够在异常情况下及时报警或停机。 四、其他检查 1. 煤仓装载情况:了解煤仓的装载情况,确保给料闸门灵活好用。 2. 转载点喷雾效果:检查转载点喷雾效果是否满足要求,减少粉尘污染。 3. 周围环境:检查带式输送机及转动部件处有无人员工作,确保设备周围无障碍物。 五、空载试运行 在进行以上所有检查并确保无误后,空载试运行 3～5 min。检查电机、减速器等转动部位的声音、温升情况,确保设备运行平稳、无异常声音
试运行	一、试运行前的准备工作 1. 全面检查:检查各紧固部件和螺栓,确保完好齐全紧固。检查电机、电机控制系统及胶带保护系统,确认其正常工作。解体检查减速器,清理机壳内的杂物,检查轴承、齿轮和轴,按照油标注入适量、合格的润滑油。检查电机与减速器、减速器与胶带滚筒之间的联轴器,确保两端轴的同心度和端面间隙达到完好标准。检查各导向滚筒、张紧装置、胶带托辊、压辊、防跑偏辊等,确保齐全良好。检查胶带及胶带接头应完整、平滑,无开胶、剥层划破等现象。

表 10-9(续)

流程	检查内容
试运行	2. 润滑与清洁：确保各润滑部位有适量的润滑油。清理设备上的杂物和灰尘，保持设备清洁。 二、试运行过程 (一) 空负荷试运转： 1. 时间：进行不少于 2 h 的空负荷连续运转。 2. 电机检查：点动电机，检查电机运转方向是否正确，防止倒转。 3. 启动与停车：进行启动、停车试验，检查启动电流是否正常。 4. 保护装置测试：人为动作跑偏开关、紧急拉线开关、堆煤开关以及低速保护开关，进行跑偏、急停、堆煤以及低速保护试验。 5. 检查结果：要求运行平稳可靠，不跑偏、不打滑；电机电流正常；胶带保护装置动作准确。轴承、减速器温升不得大于 40 ℃，其最高温升不得超过 75 ℃，各处不得泄漏。 (二) 带负荷试运转： 1. 时间：进行不少于 8 h 的带负荷连续运转。 2. 胶带检查：检查胶带及胶带接头，应完整平滑，无开胶、剥层、磨损、划破等现象。 3. 运转部位检查：检查带式输送机各运转部位应无明显噪声，各轴承无异常温升，各滚筒、托辊的运转及紧固情况；清扫器的清扫效果；卸料车带料正、反向运行的情况及停车后应无滑移。 4. 电气与设备检查：检查各电气设备、按钮应灵活可靠。检测带速、空载电流以及带负荷时的电机电流。 三、试运行注意事项 1. 专人观察：在试运转过程中，带式输送机全线各主要部位都要派专人观察输送带和各组成部分的运转情况。 2. 记录与调整：记录试运行过程中的各项数据，如温度、电流、噪声等，并根据实际情况进行必要的调整。 3. 安全第一：在试运行过程中，要始终注意安全，确保人员和设备的安全

（九）各类挡车设施、运输装置、保护和防护装置检查（表10-10）

表 10-10　各类挡车设施、运输装置、保护和防护装置检查表

流程	检查内容
交接班检查	1. 交接班准备工作：接班人员应提前20 min到达现场，以便有足够的时间进行准备和检查。接班人员应详阅安全运行记录，听取交班人员的情况介绍，了解上一班的工作情况和存在的问题。 2. 挡车设施检查：检查挡车设施（如阻车器、挡车栏等）是否完好，确保其能够正常工作。检查挡车设施的固定和连接部分是否牢固，没有松动或损坏现象。 3. 运输装置检查：检查运输装置（如轨道、矿车、绞车等）的运行状态，确保其处于良好状态。检查运输装置的润滑、紧固等保养情况，确保其运行平稳、无异响。检查运输装置的电气控制系统，确保其工作正常、安全可靠。 4. 保护和防护装置检查：检查各类保护和防护装置（如安全阀、制动器、限位器等）是否完好，能够正常工作。检查保护和防护装置的设定值是否符合要求，能够在必要时有效保护设备和人员安全。对于局部接地极、接地导线及连接导线等保护接地装置，应进行一次表面检查，确保其连接良好，无锈蚀现象。 5. 记录与确认：将检查结果记录在交接班记录本上，以便后续查阅和追溯。如果发现问题或异常情况，应及时向交班人员提出，并汇报给当班负责人或相关部门。双方签字确认交接班无误后，方可进行交接。 6. 注意事项：在检查过程中，应严格按照操作规程和巡检制度进行，确保不漏检、不错检。对于发现的问题或异常情况，应及时处理或采取相应措施，确保设备和人员的安全。在交接班过程中，应保持沟通畅通，及时交流信息，确保工作交接顺利进行

表 10-10(续)

流程	检查内容
作业前检查	一、挡车设施检查 1. 阻车器、挡车栏状态检查：应为常闭状态，只有车辆通过时方准打开。检查其固定和连接部分是否牢固，确保没有松动或损坏现象。 2. "一坡三挡"检查：每班在正式提升前，当班信号工、把钩工、绞车司机联合对"一坡三挡"进行一次检查。重点检查信号装置是否完好、"一坡三挡"是否稳固以及动作是否灵活等。 3. 检查频率：机电运输科技术管理人员对井下全部"一坡三挡"进行不定期检查，每旬的检查次数不得少于1次。 二、运输装置检查 1. 提升系统安全保护装置检查：逐一检查提升系统安全保护装置、阻车器、挡车栏、跑车防护装置等是否完好。任何一项不符合要求，不得开机运行。 2. 机车检查：每趟运行前必须检查机车的闸、灯、警铃(喇叭)、连接装置和撒砂装置。任何一项不正常或失爆时，机车不得使用。 3. 架空乘人装置检查：运行速度必须符合《煤矿安全规程》第383条的规定。每日至少对整个架空乘人装置进行1次检查，包括超速、打滑、全程急停等保护以及钢丝绳磨损、断丝、锈蚀等情况。 三、保护和防护装置检查 1. 井口信号装置检查：必须与提升机的控制回路相闭锁，只有在井口信号工发出信号后，提升机才能启动。除常用的信号装置外，还必须有备用信号装置。 2. 电气系统检查：检查电缆和插头、电控箱和电控器、电机和变频器等是否正常工作。检查报警装置和安全开关是否正常可靠。 3. 制动系统检查：检查制动系统的工作情况，包括制动蹄片、制动鼓等。检查制动器的紧急制动装置，确保在紧急情况下能够立即停止

表 10-10(续)

流程	检查内容
试运行	一、挡车设施试运转 1. 检查设施状态:确保挡车设施(如阻车器、挡车栏等)安装稳固,无损坏或缺失部件。检查设施与地面的连接是否牢固,无松动现象。 2. 功能测试:模拟车辆通过情况,测试挡车设施是否能正常打开和关闭。检查挡车设施在车辆通过后是否能自动复位。 3. 安全性能测试:在不同速度下测试挡车设施的反应时间和拦截效果。确保挡车设施在紧急情况下能够迅速、有效地拦截车辆。 二、运输装置试运转 1. 设备检查:检查运输装置(如轨道、矿车、绞车等)的完整性,确保无损坏或缺失部件。检查设备的润滑、紧固等保养情况,确保设备处于良好的工作状态。 2. 空载测试:对运输装置进行空载运行测试,检查设备运行是否平稳、无异响。检查设备的电气控制系统和制动系统是否工作正常。 3. 负载测试:逐步增加运输装置的负载,测试设备的承载能力和稳定性。检查设备在满载状态下是否能正常运行,无超载或过载现象。保护和防护装置试运转。 4. 功能测试:对保护和防护装置(如安全阀、制动器、限位器等)进行功能测试,确保其能够正常工作。检查保护装置在设备出现故障或异常情况时是否能及时切断电源或停止设备运行。 5. 性能测试:测试保护和防护装置的灵敏度和可靠性,确保其在关键时刻能够发挥作用。检查防护装置是否能有效地保护设备和人员免受伤害。 三、注意事项 1. 严格遵守操作规程:在试运转过程中,必须严格遵守设备的操作规程和安全规定。禁止违规操作或擅自改动设备参数。 2. 加强安全监控:在试运转过程中,应加强对设备的安全监控和检查。一旦发现异常情况或安全隐患,应立即停止试运转并采取相应的处理措施。 3. 记录试运转数据:在试运转过程中,应详细记录设备的运行数据、测试结果和存在的问题,为后续的设备调试和维护提供重要的参考依据。

（十）无轨胶轮车检查（表 10-11）

表 10-11　无轨胶轮车检查表

流程	检查内容
交接班检查	1. 到达交接地点：准时到达本岗位规定的接班地点。确保精神状态良好，准备进行交接班工作。 2. 询问工作情况：了解上班工作任务完成情况。询问车辆运行及完好情况，包括是否有故障或异常情况。了解作业环境安全情况，如路况、天气等。确认工器具齐全完好情况。 3. 车辆检查： (1) 车体状况检查：检查车身设备附件有无缺损，车身内外附件是否完好无损。检查车辆油位、水位是否正常。 (2) 仪表和照明检查：检查各种仪表（如速度表、里程表等）是否完好正常。检查照明设备（如前灯、尾灯、信号灯、倒车灯）是否完好正常。检查喇叭是否工作正常。 (3) 连接部件检查：检查油、水、气连接的各个部件有无渗漏。 (4) 制动系统检查：检查手刹车、脚制动操作是否灵活可靠。 (5) 操控系统检查：检查操控转向机构操作是否灵活可靠。检查离合操纵机构、换挡机构、油门操作是否灵活可靠。 (6) 其他系统检查：检查液压系统是否灵活可靠。检查冷却系统，确保风扇及三角带完好，冷却液量足。检查电气及保护系统，确保外观完好，保护齐全，无失爆，电缆无破损。 4. 工具及环境卫生检查：检查专用工具数量是否齐全。检查消防器材是否齐全。检查作业区卫生，确保整洁无杂物。 5. 履行交接手续：查看上班运行记录，确保字迹清晰准确，无涂改、无缺项。办理交接班手续，签字确认已经检查过的车辆。 6. 注意事项：交接班时需要进行仔细检查，确保车辆安全运行。交接班需要提前准备，确保准时交接。交接班不仅是交接车辆，也是交接工作任务和注意事项

表 10-11(续)

流程	检查内容
作业前检查	一、外观检查 1. 检查机壳、轮胎:查看机壳是否有损坏,轮胎是否完好,无破损、漏气等现象。轮胎的胎面花纹磨损深度应符合规定,无硬伤。 2. 检查车身结构:检查车体前后结构是否有破损现象,各结构连接处的结构是否有脱落的现象,车体结构是否完好无裂缝。 二、安全设施检查 1. 检查灭火器:确保灭火器完好,配备不小于 8 kg 的灭火器,并检查其有效性。 2. 检查瓦斯报警仪:检查瓦斯报警仪是否完好有效,确保在瓦斯浓度达到 0.5%时能够报警、停机、断电。 三、油位、水位检查 1. 检查发电机油位:通过高、低位可视窗检查液压油位,确保油位正常。 2. 检查油箱油位:用油量表检查油箱油位,确保油量充足。 3. 检查冷却水位:用高、低位可视窗检查机器冷却水位,如需要,则加入清洁水到高位可视窗的中间位。 四、连接与润滑检查 1. 检查软管连接:检查车辆内部所有软管连接处是否有松动、破损等情况。 2. 检查铰接部位:检查各铰接部位润滑是否到位,连接是否可靠,配合间隙是否符合要求。 五、轮胎与轮毂检查 1. 检查轮胎磨损:检查轮胎的磨损情况是否满足作业需求,如果不满足应及时更换轮胎。 2. 检查轮毂螺栓:检查轮胎和轮毂螺栓的紧固状况,确保无松脱或断裂现象。

表 10-11(续)

流程	检查内容
作业前检查	六、电气与机械系统检查 1. 检查发电机皮带：检查发电机皮带是否完好，胶管、缆线有无破损，绑扎是否牢固可靠。 2. 检查废气处理箱：检查废气处理箱是否干净、防爆栅栏(尤其是排气防爆栅栏)是否堵塞。 3. 检查照明、通信系统：检查照明、通信、倒车雷达系统是否可以正常工作。 七、启动气压表检查 检查启动气压表的读数应显示为规定值，如果压力低于此值需重新充压。 八、其他检查 1. 检查货箱：检查无轨胶轮车运输货箱是否连接稳定、可以自由升降。 2. 检查附件：检查座椅、各开关按钮、门锁、仪表、安全带、后视镜、照明信号灯、倒车语音装置、倒车影像、定位及通信系统等附属设施是否完好。 九、注意事项 1. 驾驶员必须持有国家颁发 C1 及以上有效驾驶证件，并经过培训取得培训合格证后上岗。 2. 驾驶员必须熟悉所驾驶车辆的各项性能，入井前必须对所驾车辆按照点检要求进行自检，严禁不完好车辆入井
试运行	一、试运行前准备 1. 车辆状态检查：确保车辆外观无损坏，轮胎完好，油位、水位正常。检查车辆内部软管连接、铰接部位润滑、轮毂螺栓紧固等情况。验证电气、照明、通信系统工作正常。 2. 安全设施检查：确保瓦斯报警仪、灭火器等安全设施完好有效。检查车辆是否配备有效的自救器、安全帽和矿灯等个人防护装备。

表 10-11(续)

流程	检查内容
试运行	3. 司机状态检查:司机必须经过专业技术培训,持有效操作证上岗。司机不得酒后上岗,需保持良好的精神状态。 二、试运行步骤 1. 启动操作:将启/停开关打到启动位置,挡位打至1挡。将前进/后退打至中间位置,按下启动按钮,发动机启动。如启动失败,需重新按下启/停开关,使机器处于停止状态15 s后,重新启动。 2. 启动后检查:检查各仪表及保护系统是否正常工作。用油尺检查传动箱油位,如偏低则补加合格的油。检查方向指示灯、喇叭、工作制动闸及停车闸等操作是否正常。检查机车转向系统的操作,确认无异常声响或振动。 3. 预热与运行:当水温达到40～60 ℃时,起步运行。选择前进挡或后退挡,选择第一挡传动,并适当调节速度选择器杆。通过脱开自动锁定装置,并把停车制动移至“关”位置,以释放停车制动。 4. 行驶中注意事项:遵守交通规则,时刻注意前方,遇有人或障碍物时,鸣笛减速,做好停车准备。注意仪表指示是否正常,尤其是柴油机水温,应保持在75～95 ℃的范围内。在特殊区域(如弯道、坡道、涉水区域)行驶时,需提前减速,谨慎操作。 5. 故障处理:如在试运行过程中出现故障或异常情况,应立即停车检查,并采取相应的处理措施。如遇制动失灵等紧急情况,应正确使用避险车道,确保安全。 三、试运行后总结 1. 检查记录:试运行结束后,应详细记录试运行过程中的各项参数、操作情况及遇到的问题。 2. 问题反馈:如发现车辆存在故障或问题,应及时向相关部门反馈,以便及时维修和处理。 3. 安全总结:对试运行过程中的安全情况进行总结,提出改进措施和建议,确保车辆后续运行的安全性和稳定性

第三节 组织文明生产

一、组织开停机

(一) 刮板输送机开停机

1. 检查与准备

在开机前,工作人员需要检查机槽内是否有人员或其他障碍物,确保工作环境安全。检查刮板输送机的传动装置、电动机、减速器等部件是否完好,紧固件是否牢固。检查链轮、链条、刮板等是否磨损严重,如有需要应及时更换。

2. 启动设备

确认无异常后,按照操作规程启动刮板输送机。在启动过程中,应观察设备的启动情况,如有异常应立即停机并报告。

3. 正常停机

在需要停机时,应按照操作规程逐步降低刮板输送机的运行速度,直至完全停止。停机后,应切断电源,确保设备处于安全状态。

4. 紧急停机

在遇到紧急情况(如人员被卷入、设备故障等)时,应立即按下紧急停机按钮,切断电源,停止设备运行。同时,应迅速报告相关人员,并采取必要的应急措施。

(二) 绞车开停机

1. 检查与准备

在开机前,工作人员需要对绞车进行整体检查,确认钢丝绳、制动装置、传动装置等部件完好。确认无异常后,按照操作规程启动绞车。

2. 启动设备

在启动过程中,应观察绞车的运行情况,如有异常应立即停机并报告。同时，应注意观察钢丝绳的张力情况，确保其在允许范围内。

3. 正常停机

在需要停机时，应按照操作规程逐步降低绞车的运行速度，直至完全停止。停机后，应切断电源，确保设备处于安全状态。同时，应将钢丝绳妥善盘绕好，以备下次使用。

4. 紧急停机

在遇到紧急情况（如钢丝绳断裂、设备故障等）时，应立即按下紧急停机按钮，切断电源，停止设备运行。同时，应迅速报告相关人员，并采取必要的应急措施。

二、其他注意事项

（1）严格遵守操作规程：无论是刮板输送机还是绞车等煤矿运输设备，在开机和停机过程中都应严格遵守操作规程，确保操作规范安全。

（2）加强设备维护保养：定期对设备进行维护保养，包括清洗、润滑、紧固等，确保设备处于良好的工作状态。

（3）加强安全教育培训：定期组织员工进行安全教育培训，提高员工的安全意识和操作技能水平。

（4）做好安全检查与隐患排查：定期对设备进行安全检查与隐患排查，及时发现并处理潜在的安全隐患。

（5）煤矿运输设备的开停机过程需要严格遵守操作规程和注意事项，确保设备的正常运行和安全使用。同时，加强设备维护保养、安全教育培训以及安全检查与隐患排查等工作也是必不可少的。

三、劳动组织与管理

（一）设备管理与维护

（1）严格执行设备的“定人定机”专机负责制，确保设备操作人员经过专业培训并熟悉设备性能及操作规程。

(2) 建立设备维护保养制度,定期对设备进行检查、保养和润滑,减少设备磨损,延长设备使用寿命。

(3) 发现设备故障或安全隐患时,及时排除并做好记录,确保设备始终处于良好状态。

(二) 运输线路与安全标志

(1) 在运输线路的重要位置设立明显的安全标志和警示牌,提醒驾驶员注意安全。

(2) 定期对运输线路进行检查和维护,确保轨道、道岔等设施处于良好状态,避免或减少运输过程中的安全隐患。

(三) 操作人员培训与管理

(1) 严格审查作业人员资质,确保其具备相关岗位要求的资格证书和操作技能水平。

(2) 定期组织安全知识、操作技能、应急处理等方面的培训,提高作业人员的安全意识和操作技能。

(3) 设立监督检查机制,对违规操作和不安全行为进行纠正和处理,防止事故发生。

(四) 安全检查与隐患排查

(1) 建立日常安全检查制度,通过定期、不定期、专项等多种形式的安全检查,全面排查各类安全隐患。

(2) 制定详细的安全检查内容和标准,确保检查的全面性和准确性。

(3) 针对排查出的隐患,制定具体的治理措施,明确责任人和整改时限,确保隐患得到彻底消除。

(五) 应急救援与事故处理

(1) 制定完善的应急救援预案,并进行专业培训和演练,确保在事故发生时能够迅速响应。

(2) 配备先进的应急救援装备,包括通信设备、消防器材、急救药品等，以满足应急救援需求。

（3）发生事故后，立即报告上级主管部门及有关部门，并启动应急预案进行现场处置。

（4）煤矿运输设备安全生产管理需要综合考虑设备管理、运输线路、操作人员、安全检查以及应急救援等多个方面，确保煤矿运输设备的安全、高效运行。

第四节　交　　班

一、交班准备、内容与要求

交班是一项重要的任务，需要把当班的多项工作内容整理清楚，然后进行面对面的现场交接，并且等待接班人员对交接的各项基本情况确认之后最终在交接班记录上双方签字之后才算结束。

（一）交班准备

交班的主要准备工作如下：

（1）检查设备：交班班组长应在下班前 1 h，将所属的机械设备、管线阀门、仪表等进行全面检查，发现问题及时解决，不得拖延给下一班。

（2）清理工作现场：交班前 30 min，由操作工擦拭好本岗位的机器、电器仪表，清扫工作现场，检查工具、仪器、防护用品、消防器材等，做好岗位交班前的准备工作。

（3）整理工作记录：交班前，班组长需要整理当班的工作记录，包括生产情况、设备运转情况、事故处理情况、设备检修情况等，确保记录真实、准确、完整。

（二）交班程序和内容

1. 交班程序

（1）现场交接班：交班班组长需要在现场对当班的生产情况、设备情况、安全情况、领导有关指示，以及上一班未完成的工作任务、设备存在的故障、未处理的安全隐患、存在的问题等特殊情况向接班班组长进行全面交接。

(2) 确认交接事项：接班班组长需要对交班班组长交代的各项事项进行确认，如果有不清楚或不明白的地方，需要及时向交班班组长询问。

(3) 签字确认：交接班双方要按照交接班规定项目逐项检查，并在交接票上互相签字，若有异常，两班协调解决，解决不了及时汇报。只有接班班组长确认了所有交接内容并签字，交班班组长的工作才算完成。

2. 交班内容

(1) 生产情况交接

① 当班生产任务完成情况：详细记录当班完成的煤炭运输量、运输车次等关键指标，确保数据准确无误。

② 剩余工作任务说明：对未完成的运输任务进行详细说明，包括剩余煤炭量、预计完成时间等，以便下一班次合理安排工作。

(2) 设备状态交接

① 设备运行状况：详细描述当班期间运输设备的运行状况，包括设备是否正常运行、有无异常响声、温度是否正常等。

② 故障处理情况：如有设备故障发生，需详细说明故障现象、处理过程及结果，确保下一班次了解设备状况。

③ 维修与保养记录：记录当班期间设备的维修与保养情况，包括更换的零部件、润滑油的添加量等，以便下一班次了解设备维护情况。

(3) 安全隐患交接

① 安全隐患排查情况：详细记录当班期间对运输线路、设备等进行的安全隐患排查情况，确保下一班次了解潜在的安全风险。

② 安全事故处理情况：如有安全事故发生，需详细说明事故经过、处理过程及结果，分析事故原因，提出改进措施，确保下一班次能够降低安全风险。

(4) 其他事项交接

① 物资交接：对当班使用的物资进行清点，如有剩余或损坏，需进行说明，以便下一班次了解物资使用情况。

② 人员安排：如有特殊情况需要下一班次人员注意或协助处理的事项，需进行详细说明。

③ 交接记录：认真填写交接班记录表，确保各项内容准确完整，以备查询和考核。

(5) 总结与建议

① 当班工作总结：对当班工作进行总结，分析工作中的亮点和不足，提出改进措施。

② 对下一班组的建议：根据当班工作经验和实际情况，对下一班组提出合理化的建议和意见，以促进运输工作的持续改进。

(三) 交班要求

交班要执行“十交、六不交”的相关要求：

(1)“十交”：① 本班生产情况；② 工艺指标的执行情况和存在问题；③ 事故原因和处理情况及处理结果；④ 设备运转和维护保养情况；⑤ 仪器、仪表、工具的保管和使用情况；⑥ 记录表的填写情况；⑦ 室内外及设备卫生情况；⑧ 跑、冒、滴、漏及机械用油情况；⑨ 安全生产情况；⑩ 领导的指示。

(2)“六不交”：① 工艺指标不符合条件不交；② 设备保养不好不交；③ 事故原因查不清不交；④ 工具不全不交；⑤ 记录表不齐全不整洁不交；⑥ 设备及环境卫生不清洁不交。

二、交班注意事项

(1) 交接班人员必须在井下指定地点、指定时间交接班，认真填写交接班记录，做到内容齐全、字迹工整清晰。

（2）交接班人员应在交接班前 15 min 到达现场。

（3）交接班时，必须将当班情况交接清楚，并由交班人员填写交接记录，接班人同意后接班并签字，严格按照规定的项目认真进行检查，交班做到“完全彻底”，接班做到“心中有数”。

（4）交班中发生的问题由交班人员负责，交班后出现的问题由接班人员负责。

（5）在规定的交接班时间内，如接班人员未到，交班人员有权汇报队值班领导，并坚守岗位；交接班人员未办理手续，不得擅自离开岗位。

（6）交班人员与接班人员在现场交接后，必须同时向调度和队部值班领导汇报交接情况。

通过以上步骤和注意事项，可以确保采煤班组长交班工作的顺利进行，保障生产的安全和稳定。同时，也有利于接班班组长更好地了解生产情况，做好下一步的工作计划。

第十一章　运输作业安全风险分级管控与隐患排查治理

第一节　运输作业风险与管控措施

一、危险源的概念

危险源是可能导致人身伤害或健康损害的根源。比如煤尘、瓦斯、地下水、运转的机械、噪声、顶板等，这些危害因素都可能导致人身伤害或健康损害，我们把这些危害因素称为危险源。

二、风险的概念

风险是危险源发生危害的可能性和严重性的组合，也就是危险源发生危害概率的大小和导致后果的严重程度。如果发生危害的概率大、导致的后果严重，那么我们就说风险大；如果发生危害的概率很小、导致的后果不严重，那么我们就说风险小。在煤矿作业中，存在着各种各样的风险。例如，采煤机是危险源，运转的采煤机有伤人的风险；顶板是危险源，顶板具有垮落、掉矸石伤人的风险；煤尘是危险源，煤尘可能导致爆炸、患尘肺病、损坏设备的风险。

风险具有不确定性，它可能发生，也可能不发生。例如，电缆可能漏电，也可能不漏电，如果不漏电也就不会导致触电等伤害事故。

三、风险控制方法

在一定条件下，对现场岗位中的风险进行预先辨识、风险评估，继而采取有效措施，消除、减少、控制风险，使风险降到人们可接受程度的一系列活动，称为风险预控管理。

风险预控管理的基本原理是运用风险管理技术，通过探求风险发生、变化的规律，认识、估计和分析风险对安全生产所造成的危害，运用计划、组织、指导、管制等一系列手段，实现"一切意外均可避免""一切风险皆可控制"的风险管理目标。

煤矿风险预控管理体系的基本内涵，是指在煤矿整个过程中，对煤矿各个生产系统、生产环节中的各种危险源进行预先辨识，对各种风险进行评价分析，继而采取有效措施，消除、减少和控制风险，并在一定经济、技术条件下，通过"人、机、环、管"（即人员、机电设备、环境、管理）的最佳匹配，防止风险转化为事故，实现本质安全，做到安全生产。

煤矿作业现场风险预控可以从以下几个方面进行：

(1) 提高安全意识和安全素质。员工按规定参加安全培训，贯彻落实"以人为本"的指导思想，通过安全培训，提高煤矿从业人员的安全意识和技术水平，变"要我安全"为"我要安全"。

(2) 落实各项规章制度。主要以各种制度规范煤矿从业人员的行为，如操作人员的手指口述、现场班组长验收签字、安全检查工检查等。

(3) 落实操作程序。在现有安全技术操作规程的基础上，对每一个工种作业中的每一道工序，都制定出详细的操作程序，任何人在同一岗位上完成某一工序时，都按照规定的操作程序执行，这就避免了违章操作和误操作的发生，在很大程度上降低了风险发生的可能性。

(4) 执行操作标准。以《煤矿安全规程》、安全技术操作规程为依据，对每一项工作都制定出操作标准，提高操作水平，降低事故发生的概率。

第二节 运输作业隐患排查与治理措施

一、隐患的概念

隐患是指人的不安全行为、物的不安全状态、管理上的缺陷和环境的不安全因素，具有确定性，如果不消除隐患，就容易引发事故。例如：输送机胶带的老化可能导致传输功率的损耗，影响运输效率；顶板具有垮落伤人的风险，而支护不良就是隐患；煤尘具有爆炸的危险，而喷雾降尘、除尘措施不完善就是隐患。隐患可以理解成不到位的风险防控措施，它会让风险失控，让风险往不好的方向倾斜，最终导致事故的发生。

从煤矿井下的工作实际来看，危险源是无处不在的，只有通过排查和治理隐患，让人与各种危险源隔离开，才能大幅度降低事故发生的概率和事故发生导致的后果的严重程度。

按照可能造成的严重后果和治理难度将隐患分为一般事故隐患、重大事故隐患两类。一般事故隐患是指危害和整改难度较小，发现后能够立即整改排除的隐患。重大事故隐患是指危害和整改难度较大，应当全部或者局部停产停业，并经过一定时间整改治理方能排除的隐患，或者因外部因素影响致使生产经营单位自身难以排除的隐患。

二、班组隐患排查治理措施

作业现场的隐患排查治理是围绕消除人的不安全行为、物的不安全状态和环境的不安全因素展开的，针对作业的常见事故隐患，要采取以下措施：

（1）规范操作人员的安全行为，结合班组的具体情况，以及国家的法律法规、相关规定和标准，制定规章制度和操作规程。

（2）正确穿戴和使用劳动防护用具、用品。

(3) 严格执行《煤矿安全规程》、安全技术操作规程、作业规程的相关规定。

(4) 加强对作业场所的安全检查,及早发现问题,及时妥善地整改。

(5) 加强生产设备管理,尤其是设备的防爆管理,按规定做好设备和安全设施、防护装置的维护保养,使之始终保持完好状态。

(6) 保证各种保护和监测系统灵敏可靠,井下设备、电缆完好。

(7) 设备布置、物料码放要尽可能地科学合理,保持通道畅通。

(8) 及时清扫垃圾、废料,整理现场的原材料、产品和工具。

班组在生产作业前由当班班组长负责组织进行一次现场事故隐患排查和安全确认,排查出的事故隐患必须做好记录并告知现场其他相关人员。

职工到岗后开始作业前,必须首先进行事故隐患排查工作,对本岗位危险因素进行一次安全确认,在作业过程中随时排查事故隐患,发现危及人身安全的事故隐患时必须立即停止作业,排查出的事故隐患必须做好登记。

对能够立即治理的事故隐患,岗位工必须立即进行整改,并由下一班岗位工或当班班组长以上人员进行验收;对不能立即治理的事故隐患应报告当班班组长或跟班队长,由当班班组长或跟班队长组织人员进行整改,并负责督办和验收;对当班班组无法整改、没有整改结束的事故隐患由当班班组长或跟班队长汇报区队,由区队值班队干或队长组织治理或上报,并由岗位工在交接班期间相互交接清楚。

第三节　运输作业常见风险隐患排查与治理

一、运输设备工作岗位常见风险隐患排查与治理措施

1. 提升机司机岗位常见风险隐患排查与治理措施(表 11-1)

表 11-1　提升机司机岗位常见风险隐患排查与治理措施

序号	风险隐患内容	治理措施
1	没有按照规定对提升机电动机、联轴器、滚筒、减速器、制动系统、润滑系统、深度指示器和各控制柜仪表、指示灯、操作台、安全保护装置、电气系统、安全防护设施进行检查	按照交接班时全面检查 1 次，运行中每 1 小时检查 1 次，根据检查路线和检查内容依次逐项检查；发现问题，及时处理，不能处理的，汇报工区，通知维修工处理；应将检查情况认真填入交接班记录、设备运行记录中
2	没有按照“一人操作，一人监护”制度执行	严格落实“一人操作，一人监护”制度；运送炸药、雷管和提升大型设备、材料时，必须正司机操作，副司机监护，其他司机巡查设备
3	司机接收信号不清或有疑问	立即用电话与井口信号工联系，重发信号，再进行操作
4	主滚筒轴承缺润滑油或油路阻塞	停机停电挂牌，通知维修工，补充润滑油，疏通油路
5	主滚筒轴承油质不良	停机停电挂牌，通知维修工，清洗过滤器或换油
6	主滚筒轴瓦端盖磨轴	停机停电挂牌，通知维修工，调整轴瓦端盖

表 11-1(续)

序号	风险隐患内容	治理措施
7	主滚筒连接件松动	停机停电挂牌,通知维修工,紧固或更换连接件
8	液压制动装置溢流阀元件磨损	停机停电挂牌,通知维修工,更换磨损元件
9	液压制动装置管路、阀门漏油	停机停电挂牌,通知维修工,维修管路、阀门
10	主电机温升超限、轴承温度超限,螺栓松动	停机停电挂牌,通知维修工,维修电机,紧固设备的连接部件,紧固螺栓
11	转动部位无防护罩	加装防护罩
12	深度指示器失效保护、过卷保护、过速保护、闸瓦间隙保护失效	停机,通知维修工检修保护装置,达到灵敏安全可靠
13	高压操作不戴绝缘手套,不穿绝缘靴或站在绝缘台上停送电	按规定戴绝缘手套,穿绝缘靴或站在绝缘台上停送电
14	机械设备、电气设备在运转过程中,温度超高、异响、异振或安全保护装置失灵	紧急停掉设备供电电源,查找引发问题的原因,停机挂牌进行检修
15	提升机运送硝化甘油类炸药、雷管,吊运特殊大型设备及长材料时,运行速度超限	运送硝化甘油类炸药、雷管时运行速度不超过 2 m/s,吊运特殊大型设备及长材料时,运行速度不超过 1 m/s
16	长时间停车,司机离开操作台时,主令手柄没有打到零位,制动手柄没有打至闭闸位置,没有切断控制回路电源	及时将主令手柄打到零位,制动手柄打至闭闸位置,切断控制回路电源

2. 绞车司机岗位常见风险隐患排查与治理措施(表 11-2)

表 11-2　绞车司机岗位常见风险隐患排查与治理措施

序号	风险隐患内容	治理措施
1	制动闸、离合闸不灵活或失效	制动闸、离合闸不灵活或失效严禁开动绞车
2	绞车基础及螺栓松动,压超柱及生根不牢	严禁使用绞车
3	倒拉绞车前方无护身柱	倒拉绞车前方无护身柱严禁开车
4	操作按钮不灵活	暂停使用绞车
5	信号不灵敏,通信不畅通	暂停使用绞车
6	绞车无护绳板或护绳板不起作用	必须安装牢固,起防护作用,否则不准开车
7	绞车滚筒内剁股穿绳或压绳板压绳不牢	严禁使用绞车
8	钢丝绳排绳乱,有咬绳、爬绳、弯折、硬伤、打结现象	停止使用,排绳、插接、换绳
9	信号不明确开车	信号不明确严禁开车
10	司机站在绞车侧面、出绳侧操作绞车	规范开车行为
11	不带电松车	严禁不带电松车
12	绞车在斜巷高速运行中急刹车	严禁急刹车,出现断电或接到停车信号后应缓慢刹车
13	放飞车;下放车辆有余绳	严禁放飞车;司机应与把钩工配合好,随推车随放绳,不准出现余绳

表 11-2(续)

序号	风险隐患内容	治理措施
14	司机一手开车、一手处理爬绳	绞车运行中严禁司机一手开车、一手处理爬绳
15	车场内有行人或有人作业时开车	严格执行“行车不行人、不作业,行人不行车”制度,车场内司机视线范围内发现有人行走、作业,严禁开动绞车
16	车辆掉道时使用绞车硬拉车辆复轨	司机应拒绝使用绞车硬拉复轨车辆,斜巷内有车辆掉道时,在没有得到稳车处理前,必须刹紧制动闸,手不得离开闸把(座位)
17	绞车停运后未将开关停电闭锁	绞车开关必须停电闭锁

3. 电机车司机岗位常见风险隐患排查与治理措施(表 11-3)

表 11-3 电机车司机岗位常见风险隐患排查与治理措施

序号	风险隐患内容	治理措施
1	制动闸失效	停止使用,进行维修更换
2	照明灯不亮或亮度不够	更换或检修照明灯,灯光有效距离不小于 40 m
3	喇叭不响或声音小	检查检修喇叭,使其音响有效距离不小于 40 m

表 11-3(续)

序号	风险隐患内容	治理措施
4	撒砂装置不灵活或未装合格的砂子	调整撒砂装置保持灵敏可靠,砂管畅通,管口对准轨面中心;使用的砂子必须干燥充足,粒度合适
5	机车通信设备(手机)不能正常通话	通信设备(手机)应保持完好,时刻处于开机状态,不得关闭
6	控制器手把及机械闭锁失灵	检修控制手把,要保持灵活,位置准确,闭锁可靠,否则不准开车
7	司机室变形、固定不牢,门链缺失	检修司机室顶篷、紧固螺栓,检修门链保持完好,否则不准开车
8	不挂门链,启动前不鸣笛;不按调度指令行车	开车前应挂好车门链,鸣笛示警 3 s 后启动;严格执行调度指令,不得擅自改变行车路线和会车地点
9	遇行人、过弯道、道口、道岔不鸣笛不减速	机车行近道口、硐室口、弯道、道岔、坡度较大或噪声大等地段,必须减速并发出警号
10	运行中将头或身体探出车外	机车运行中司机应目视前方,严禁将头或身体探出车外
11	运行中两列车同向行驶间距小于 100 m	两机车或两列车在同一轨道同一方向行驶时,必须保持不小于 100 m 的距离
12	运输装封车不合格车辆和无措施运输“四超”设备	装封车不合格车辆严禁运输,运输超长、超宽、超高、超重设备必须执行专项措施
13	异轨顶、拉车及顶车不连环	严禁异轨顶、拉车,车场调车或处理事故时顶车必须连环

表 11-3(续)

序号	风险隐患内容	治理措施
14	使用电机车硬拉、硬顶车辆复轨	禁止使用机车牵引复轨，复轨作业严格执行复轨作业规定
15	超速行车	严禁超速行车
16	超出警冲标停车	严禁任何车辆超出警冲标停车，超长材料车停放时应保证末端不超警冲标，停放车辆应采用可靠方式掩车
17	停车后司机离开座位不切断电动机电源取下手把，不扳紧车闸，关闭车灯	司机离开座位时，必须切断电动机电源取下手把，扳紧车闸，但不得关闭车灯
18	防爆部位失爆	电机车电源引线、插销连接器、控制器及电源装置等失爆时严禁使用；及时汇报检修
19	人员扒乘蓄电池机车	严禁任何人扒乘蓄电池机车

4. 单轨吊司机岗位常见风险隐患排查与治理措施(表 11-4)

表 11-4　单轨吊司机岗位常见风险隐患排查与治理措施

序号	风险隐患内容	治理措施
1	单轨吊机车的载重能力有限，如果超载可能导致设备失稳或解体；设备老化、磨损或维护不当也可能引发故障	定期对单轨吊机车进行检查、保养和维修，确保设备处于良好状态；及时更新老化或损坏的部件

表 11-4(续)

序号	风险隐患内容	治理措施
2	司机缺乏专业操作技能或注意力不集中,可能导致操作失误,如超速、碰撞等	对司机进行专业培训,提高其操作技能和安全意识;要求司机在操作前检查设备状态,了解设备结构和运作原理
3	煤矿井下环境复杂,可能存在瓦斯爆炸、煤层塌落等危险;轨道状态不佳、照明不足也会影响司机的操作安全	加强煤矿井下的通风、瓦斯监测等安全措施;定期检查和维护轨道,确保其平整、稳固;提供充足的照明设备,确保司机视线清晰

4. 无轨胶轮车司机岗位常见风险隐患排查与治理措施(表 11-5)

表 11-5 无轨胶轮车司机岗位常见风险隐患排查与治理措施

序号	风险隐患内容	治理措施
1	驾驶纪律不好、疲劳驾驶、交通规则不熟悉等引发碰撞、翻车等事故	提高司机对交通规则和安全驾驶技巧的认识,增强其预防事故的能力
2	狭小的工作空间、设备不稳定、交通流量大以及瓦斯、煤尘爆炸等井下特有的危险环境	扩大工作空间,减少障碍物,提高工作环境的安全性;合理规划井下道路布局,设置路牌和标志
3	刹车失灵、转向不灵活、车辆“带病作业”等,可能引发车辆失控或事故	选用性能稳定、质量可靠的无轨胶轮车,避免因设备故障引发安全事故;加强安全设备检查,经常检查车辆的安全设备和保险机构是否完好,确保合理使用

第十二章　运输作业典型事故案例分析

案例一　某煤矿“12·23”违章作业运输一般事故

一、事故经过

2020 年 12 月 23 日白班 16 时左右，某煤矿井下三采区轨道下山上平台挂钩工罗某准备打铃通知同平台绞车司机谢某将已挂钩好的 7 部矿车向轨道下山 310 车场放车，并打开了阻车器、挡车栏。罗某在没有将阻车器、挡车栏重新关闭的情况下推来 3 部矿车，将已挂好的 7 部矿车绞车钢丝绳摘下，挂到新增加的 3 部矿车上。由于加挂的 3 部矿车与前 7 部矿车之间的连接环插销未插到位，加之前 7 部矿车保险绳及鱼尾装置未挂，致使前 7 部矿车溜过平台变坡点进入轨道下山造成跑车，其中 6 部矿车在 3103 巷道口往下 10 m 处挤满巷道，这 6 部矿车中有 1 部矿车撞到了正在轨道下山检修 3103 车场信号灯线路的机电科科长吴某，造成吴某死亡，1 部矿车跑过事故位置点在轨道下山方向约 30 m 处停止。

二、事故原因

（一）直接原因

三采区轨道下山上平台替班挂钩工罗某违章作业、操作失误，造成跑车，将违章进入三采区轨道下山 3103 车场检修信号灯线路的吴某撞压致死。

（二）间接原因

（1）轨道下山斜井防跑车装置管理不到位。防跑车装置失效，斜巷运输“一坡三挡”管理不到位，在矿车挂钩时不关闭阻车器、挡车栏。斜巷防跑车装置自动触发机构未投入使用，动作机构与执行机构没有连接装置，把自动防跑车装置“自动触发”擅自改为“人工操作”，造成防跑车装置失效。

(2) 挂钩工人员配备不足。该矿规定井下平台摘挂钩时，要由 2 人操作，其中 1 人摘挂连环钩，另 1 人摘挂副绳。事发当班只有替班工人罗某 1 人上班。

三、防范措施

(1) 强化运输安全管理。深刻吸取教训，全面排查矿井斜巷轨道运输“一坡三挡”安全设施，严格落实提升运输管理制度。

(2) 强化现场安全管理。加强重点部位关键岗位的巡查，特别是三采区轨道下山上、下平台岗位人员配备及挡车栏、阻车器、防跑车装置日常检查工作；全面掌握当班井下作业人员数量和安全生产情况，及时发现并消除事故隐患；严格对岗对位配足人员，严禁违章指挥和违规操作行为。

(3) 强化安全培训教育。要加强全矿从业人员安全知识、操作技能、规程措施和新设备、新技术方面的安全培训，提高从业人员实际操作技能和自保互保能力。

案例二　某煤矿“6·16”违章作业运输一般事故

一、事故经过

2021 年 6 月 16 日 13 时，某煤矿机运队技术员杨某受队长呑某委托召开了 16 日中班班前会，强调了按章操作、杜绝各类违章等安全注意事项。入井后，电机车司机温某将装有木板和工字钢的花架车及装有刮板输送机护板的平板车运至集中轨道大巷渡线道岔处的辅道上，然后返回井底将 5 辆装有物料的矿车运送至集中轨道大巷渡线道岔口，之后会同黄某将平板车推至主道上，并与主道上的5辆矿车连接。两人合力将花架车推上主道后，黄某继续往平板车方向推车，温某去扳渡线道岔，扳完道岔后，温某返回电机车。

20时12分左右，温某启动电机车进行顶车作业。电机车运行了约36 m，温某听到“啊”的一声，立即停车到前方查看情况，发现花架车在阻车器处向右侧翻将黄某挤在了巷帮上，致其死亡。

二、事故原因

（一）直接原因

挂钩工黄某违反作业规程，未将最前端花架车与其他车辆连接且未按照作业规程要求站在预定停车地点前方2 m外的安全地点，花架车被后方车辆撞击速度加快，经过弯道后侧翻将黄某挤压在巷帮上并致其死亡。

（二）间接原因

（1）现场作业人员未及时发现现场存在的安全隐患，自保互保意识不强。

（2）矿井安全隐患排查不到位，未及时消除轨面高差超标的安全隐患。

（3）矿井反“三违”工作不细致，对辅助运输缺乏监管。

三、防范措施

（1）加强职工安全教育培训。遵守安全规章制度提高职工素质，强化安全意识，提升职工自保互保及应急处置能力。

（2）深刻吸取事故教训，牢固树立“安全第一”的理念，健全安全管理制度，深入开展反“三违”活动，做到安全管理无盲点、无死角。

（3）扎实开展隐患排查治理工作，确保作业现场设施、设备安全可靠，夯实基础管理工作。

案例三　某煤矿“10·20”无极绳绞车运输一般事故

一、事故经过

2020 年 10 月 20 日 10 时左右，某煤矿张某随无极绳绞车行驶到绞车尾轮处准备工作。10 时 05 分左右装有 2 个过渡支架顶盖的平板车辆开始向切眼方向运输，由虎某操作双速绞车，任某操作切眼上口处双速绞车对拉。车辆提升至巷道约 2 530 m 处慢速绞车跳闸，任某负责操作的绞车与虎某负责操作的绞车为同一路母线，由叶某检查后进行复位送电，未发现异常情况。不久绞车第二次跳闸，于是虎某进行第二次复位送电，绞车正常运行，车辆运输过切眼上口道岔后，发现倒车距离不够，又把车辆向切眼方向再运输约 1 m 的距离，在松绳的过程中虎某发现运行的钢丝绳向左侧巷帮偏移，钢丝绳脱出导向轮，此时接到停车信号，绞车停止运行。

10 时 50 分左右，安全督查组发现张某附近巷帮约 9 m 范围内电缆挂钩被打断，张某趴在靠左侧巷道的水沟内，张某经抢救无效死亡。

二、事故原因

（一）直接原因

安装工作面回风巷绞车钢丝绳弹出后击中张某致其死亡。

（二）间接原因

（1）现场设备设施管理不到位。对安装工作面回风巷双速绞车管理不到位，钢丝绳导向轮存在缺陷，槽深浅且没有安装可靠的闭锁装置，不能保证其转动安全、灵活可靠，使钢丝绳易脱落、弹起。

（2）现场安全设施缺失，隐患排查整改不到位，该安装工作面回风巷双速绞车摘挂钩点未设置照明设施、警戒绳、警示牌等安全设施。

(3) 技术管理不到位,设施设计把关不严。未结合具体情况采取针对性的规范设计,设计中没有考虑钢丝绳从导绳轮上脱落的防护措施。

(4) 规章措施执行力不强。工作面安装期间,未严格执行"行车不行人,行人不行车"的规定,未安排专人设置警戒,使张某擅自进入对拉绞车运输区域。

(5) 安全教育培训工作不到位。对从业人员培训实效性差,对培训效果缺乏有效跟踪监督,作业人员自保、互保意识差,对岗位风险点辨识不足。

案例四　某煤矿"12·9"带式输送机运输一般事故

一、事故经过

2022 年 12 月 9 日,某煤矿班前会安排魏某为跟班副队长,王某为带班班组长,安排带式输送机司机雅某巡检 11 采区运输下山带式输送机。11 时 10 分左右,带式输送机司机雅某发现带式输送机钢丝绳芯外露,随即用电话通知带式输送机司机姬某停机,处理外露的钢丝绳芯。11 时 42 分左右,带式输送机司机雅某按下急停按钮后,快速跑到一驱驱动滚筒行人扶梯与隔离围栏处,跨越围栏,在带式输送机未完全停止运行的情况下,穿越带式输送机时被输送带卷入,带进二驱导向滚筒,输送带停止运转后,雅某掉落在二驱硐室底板上,经抢救无效死亡。

二、事故原因

(一) 直接原因

带式输送机司机雅某闭锁带式输送机后,在带式输送机未完全停止运转的情况下,违章作业,跨越输送带,被卷入运转中的带式输送机。

（二）间接原因

（1）职工岗位危险源辨识不清，安全自保意识淡薄，且对带式输送机工作原理、操作流程、安全注意事项理解不透彻，掌握不全面。

（2）该煤矿安全生产监督检查不到位，隐患排查不严、不深、不细，入井带班岗位职责履行不力，机电设备安全管理监督不到位，未按规定设置防护设施。

（3）安全教育培训工作实效性差。对工人安全教育培训不深不实、流于形式，安全意识未深入人心，培训实效性差。

三、防范措施

（1）认真排查和消除现场存在的隐患和问题，强化作业规程和安全技术措施在现场的执行力度，严格按照作业规程和安全技术措施进行作业。

（2）加大机电运输安全生产投入，提高管理、装备水平，加强设备日常检测和维修维护，确保各类安全保护装置齐全、灵敏、可靠。

（3）加强对重点部位、关键环节的巡视检查及重点岗位监控视频回看，及时发现并组织消除事故隐患和险情，认真履行带班下井职责，严禁作业人员违章作业，及时制止并严厉处罚习惯性违章行为。

（4）严格按照要求对作业人员现场隐蔽致灾因素进行培训告知，加强作业人员对作业规程和操作规程的学习贯彻。

案例五　某煤矿“8·31”电机车运输事故

一、事故经过

2020 年 8 月 31 日 13 时 30 分左右，班组长吴某驾驶 5 t 蓄电池电机车牵引 15 个矿车（均为装满煤矸的重车）向陈家岭井方向行驶，该班组其他 3 人均搭乘在该列矿车上，范某站在与电机车相连的第

1辆矿车碰头上，张某站在最后一辆矿车碰头上负责跟车。列车运行到±0 m人车上山交岔口处时，遇上机电副矿长彭某，彭某爬上第4辆矿车。约14时20分，彭某看到电机车与矿车分离并继续向前运行，在第1辆矿车上的范某不见了。待矿车停下来后，彭某跑到第一辆矿车前查看，发现范某被挤压在矿车碰头下，颈部枕在南侧轨道上，脚呈弯曲状。范某经抢救无效死亡。

二、事故原因

（一）直接原因

因连接电机车与矿车用的非标准插销脱落，电机车与矿车分离，导致范某从矿车上掉落，被后方继续滑行的矿车碰撞挤压致死。

（二）间接原因

（1）矿井风险管控不到位，安全管理失控。未及时排查出运输过程中使用非标准插销的事故隐患；安全管理人员对作业人员违章搭乘矿车的行为查处不力。

（2）运输安全管理混乱。班组长吴某未经培训随意驾驶电机车；当班班组长吴某在启动电机车前，未检查电机车是否完好、连接装置是否正常等情况，未发现使用非标准插销连接矿车的事故隐患。

（3）安全投入不足。矿井未及时清理淘汰井下矿车运输过程中使用的非标准插销；未采用平巷人车运送人员。

（4）安全培训教育不到位。未认真进行安全培训教育，作业人员安全意识淡薄，违章搭乘矿车，职工岗位职责不清、风险辨识不明。

三、事故防范

（1）进一步加强运输安全管理。重新修订矿井运输管理制度及机车司机操作规程和岗位责任制，并确保落实到位；加大安全投入，运输大巷应按规定设置平巷人车；要对全矿井下机电运输设备进行一次全面大排查，坚决淘汰非标设施设备。

（2）认真开展警示教育，严厉整治“三违”行为。煤矿要深刻吸取此次事故教训，举一反三，开展反“三违”专项整治，严厉整治未经培训上岗、违章驾驶电机车搭载作业人员等“三违”行为。

（3）切实加强煤矿安全风险管控和隐患排查整治。建立完善的隐患排查治理机制和安全风险防控责任体系，落实各级安全管理职责，加强安全生产责任制考核，切实落实岗位责任制和安全风险防控措施。

（4）扎实开展员工安全教育培训。强化日常安全生产培训和教育工作，严格规范职工的安全行为，提高职工的安全意识，形成自我约束机制，杜绝作业中的不安全行为。

参考文献

[1] 国家安全生产监督管理总局宣传教育中心.运输班组长安全培训教材[M].北京:中国工人出版社,2009.
[2] 国家矿山安全监察局.煤矿安全生产标准化管理体系基本要求及评分方法[M].北京:应急管理出版社,2024.
[3] 国家煤矿安全监察局行管司,中华全国总工会劳保部.运输班组长[M].北京:煤炭工业出版社,2010.
[4] 毛新华,方新秋.山西省《全省煤矿智能化建设基本要求及评分方法(试行)》专家解读:2022 年版[M].北京:应急管理出版社,2022.
[5] 邵小平,李重良,张罡.《煤矿安全生产条例》专家解读[M].徐州:中国矿业大学出版社,2024.
[6] 沈国才.带式输送机司机 刮板输送机司机[M].北京:煤炭工业出版社,2007.
[7] 王太续,代星军,李长青.煤矿安全生产管理人员安全生产知识和管理能力培训教材[M].徐州:中国矿业大学出版社,2022.
[8] 袁河津.《煤矿安全规程》专家解读:井工煤矿[M].2022 年修订版.徐州:中国矿业大学出版社,2022.
[9] 袁河津.煤矿班组长手册[M].徐州:中国矿业大学出版社,2016.
[10] 张晓军,穆三奴,宋明明.煤矿岗位作业流程标准化建设指南[M].北京:应急管理出版社,2022.
[11] 邹光华,师皓宇.采矿新技术[M].徐州:中国矿业大学出版社,2020.